山东省研究生精品课程配套教材

军事信息技术

闫文君◎主编

徐从安 刘传辉 凌 青◎编著

MILITARY
INFORMATION
TECHNOLOGY

人民邮电出版社

北 京

图书在版编目（CIP）数据

军事信息技术 / 闫文君主编；徐从安，刘传辉，凌
青编著. -- 北京：人民邮电出版社，2024.2
ISBN 978-7-115-63408-5

Ⅰ. ①军… Ⅱ. ①闫… ②徐… ③刘… ④凌… Ⅲ.
①信息技术－应用－军事 Ⅳ. ①E919

中国国家版本馆CIP数据核字(2024)第000345号

内 容 提 要

　　本书从信息获取、信息传输、信息处理等维度，对雷达、导航与定位、遥感、通信、物联网、大数据、云计算、区块链、机器学习、人工智能、数字孪生和仿真、扩展现实和元宇宙等信息技术进行了比较详细的介绍，并结合典型应用案例介绍目前信息技术的工业、军事应用。本书旨在为读者提供军事信息技术领域较为完整的知识架构，为读者今后从事相关专业的研究提供必要的军事信息技术基础知识，为继续学习军事信息技术和开展相关工作打下基础。

　　本书可作为普通高等院校或军事院校非信息类专业研究生的教材，也可以作为希望了解军事信息技术现状和发展前景等相关知识的读者的参考书。

- ◆ 主　　编　闫文君
  　编　　著　徐从安　刘传辉　凌　青
  　责任编辑　冯　华
  　责任印制　马振武
- ◆ 人民邮电出版社出版发行　　北京市丰台区成寿寺路 11 号
  　邮编　100164　　电子邮件　315@ptpress.com.cn
  　网址　https://www.ptpress.com.cn
  涿州市般润文化传播有限公司印刷
- ◆ 开本：787×1092　1/16
  　印张：16　　　　　　　2024 年 2 月第 1 版
  　字数：390 千字　　　　2025 年 8 月河北第 3 次印刷

定价：129.80 元

读者服务热线：(010)53913866　印装质量热线：(010)81055316
反盗版热线：(010)81055315

序

  《军事信息技术》是一本颇具特色的面向军事院校非信息类研究生编写的信息技术科普教材。

  一是教材体系新颖，视角独到。与国内同类图书相比，它吸收了现有教材的优点，除包括了传感器、通信、大数据等内容外，还涵盖了云计算、区块链、人工智能、虚拟现实等内容，更加符合新工科的要求和信息技术课程的特点。

  二是教材重案例、重应用。教材将军事应用和信息技术结合，全面分析了军事装备和技术的发展现状和趋势，在此基础上强化案例教学内容，突出信息技术导论类课程的实践性，达到学与用的有机结合，实用性强。

  三是教材编排有新意。本书是教学团队多年来对军事信息技术知识的积累，其中大量采用了最新的信息技术成果，在编写方法上较多使用对比式、启发式的图表，加强学生对大量抽象概念的理解，在内容深度和广度上适合非信息类学生培养的需要，也适合军事爱好者作为科普读物阅读。

清华大学教授
国家杰出青年科学基金获得者
中国青年科学奖获得者

前　言

　　本书是面向军事院校非信息类研究生编写的信息技术科普教材，也可以作为军事爱好者的科普读物。本书内容秉承"需求指引、区分阐述"的原则，涵盖雷达、遥感、导航、通信、物联网、大数据、云计算、区块链、人工智能、虚拟仿真、虚拟现实、新质作战、无人作战等内容。其中"需求指引"是指按照新工科要求，信息技术应该包括传感器、通信、人工智能、云计算、物联网、虚拟现实等诸多领域，但是目前面向军事院校的教材多数只涉及传感器、通信、大数据等内容，对新兴的人工智能、云计算等技术鲜有涉及，相比这些教材，本书更加符合新工科要求；"区分阐述"是指在介绍基本技术的基础上，根据军事信息技术的特点，从通用应用和军事应用两方面介绍信息技术的应用情况，更加符合军队院校对教材的需求。

　　本书由闫文君制定大纲，并负责全书统编。闫文君负责第 1、6、7、8、10、11、13 章的编写；徐从安负责第 9、12 章的编写；刘传辉负责第 4、5 章的编写；凌青负责第 2、3 章的编写。

　　在本书的编写过程中，作者参阅并引用了国内外同行的著作、论文或博客，在此向他们致谢，同时衷心感谢为本书编写提供帮助和支持的其他老师。限于作者认知，书中不免存在错误，敬请批评指正，不吝赐教。

作　者

2023 年 6 月

目　录

第1章

绪论

力求主动，力避被动，执行有利决战，避免不利决战，应慎重初战。每战须预有准备，立足于能够应付最困难最复杂的情况，力求有胜利把握，不打无准备无把握之仗。

——毛泽东

1.1 信息和军事信息概念

1.1.1 信息

关于信息的定义，并没有统一的标准，目前常见的几种定义如下。

克劳德·艾尔伍德·香农（Claude Elwood Shannon）定义：信息是用来消除随机不定性的东西。创建一切宇宙万物的最基本万能单位是信息。

能量角度：人类社会发展和利用的 3 种基本资源是信息、物质、能量，物质是本源的存在，能量是运动的存在，信息是联系的存在。

现代汉语词典：信息论中指用符号传送的报道，报道的内容是接收符号者预先不知道的。人通过获得、识别自然界和社会的不同信息来区别不同事物，从而认识和改造世界。在一切通信和控制系统中，信息是一种普遍联系的形式。

本书倾向于把信息定义为：以适合于通信、存储或处理的形式来表示的知识或有意义的消息。

信息是所有"有价值"数据的集合。以物理学的观点来看，熵是混乱程度，即不确定性，那么信息就是消除不确定性，即负熵。也就是说，本书研究的内容是有价值的数据，一切没有价值的数据不在本书研究范围内。

1.1.2 军事信息

军事信息是所有有价值军事数据的集合。

军事信息伴随军事实践活动而产生。《孙子兵法》中的"知彼知己，百战不殆"，以及卡尔·菲利普·戈特弗里德·冯·克劳塞维茨《战争论》中关于信息不确定性带来战争迷雾的著名论断，都强调了信息在战争中的重要作用。

军事信息是军事指挥、军事决策、执行决策所必需的各种情报、命令、消息、资料等数据的统称，它以数字、文字、符号、图表等形式，反映军事活动特征及其发展变化情况。在军事斗争和军事活动中，军事信息除了包括敌方信息、我方信息、战场环境信息等客观信息外，还包括军人的思维信息等主观信息。其中，军人的思维信息是指军人在获得与军事有关的信息之后，经过自己的思维分析和加工处理后形成的知识和观点。

1.1.3　信息的特性

（1）可识别性

信息可以通过某种媒介，以某种方式被人类感知，人类进而可掌握信息反映的客观事物的状态和运动方式，这就是信息的可识别性。目前，人类能够接收和使用的信息，只是无限信息中的一部分，还有许多信息尚未被人们所认识，但这并不是说这些信息不可识别，只是受科学技术水平所限，人类尚未了解承载该信息的媒介和方式。

（2）共享性

信息可以被无限制地复制、传播和分配给众多用户，并能在这个过程中保持低损耗甚至无损耗，这就是信息的共享性。信息的共享性突出表现在两个方面：①信息脱离所反映的事物独立存在并附于其他载体，而载体在空间的位移使信息能够在不同空间和不同对象之间传递；②信息不像水、石油、货币这些物质一样遵循守恒定律（即总量固定，与他人共享必然带来损耗甚至丧失），信息可以被大量复制、广泛传递。

（3）可伪性

信息能够被人类主观地加工、改造，进而产生畸变。同时，通过一定的方式和手段，可以使人类对信息产生失真甚至错误的理解，这就是信息的可伪性。信息具备可伪性的原因在于信息不是事物本身，人们主观片面地理解信息，或根据自己的意图，有意或无意地对信息的内容及负载信息的载体施加影响，有可能使信息无法真实反映事物本身及其运动状态的原貌。

（4）时效性

信息的价值会随时间的推移而改变，这就是信息的时效性。由于事物本身在不断发展变化，信息必须随之变化才能准确反映事物的运动状态和状态的变化方式，信息被传递后就会脱离事物，原信息便不能反映事物的新的运动状态和状态变化方式，效用会逐渐降低甚至完全丧失。

（5）价值相对性

信息的价值相对性是指同样的信息对于不同的人具有不同的价值，信息的价值与信息接收者的观察能力、想象能力、思维能力、注意力和记忆力等智力因素密切相关，同时也依赖于接收者的知识结构和水平。街口的信号灯变化对于色盲患者是没有价值的无用信息，对于非色盲患者却至关重要。莎士比亚说"一千个读者就有一千个哈姆雷特"，就是这个道理。

1.1.4　军事信息特性

军事信息除了军事领域的限定，其本质与一般信息并无根本区别；但军事信息由于其特殊的应用领域，我们应重点关注以下 5 个特性。

- 可信性。美军在现代战争中特别强调"信息制胜"的思想，强调绝对信息优势，目的就是通过各种信息系统"知彼知己"，尤其是消除或降低对敌方认知上的不确定性，增加可信性，以消减战争迷雾。
- 可转移性。这一特性决定了军事信息能够被处理、融合和共享。同一内容的军事信息可以在不同的军事系统之间传递和复制；选择适当的载体，军事信息就可以在时间和空间上实现转移，经过适当变换和处理后的军事信息可以被多次利用。
- 可压缩性。这一特性是指可以进行归纳、综合、概括，使军事信息更加精练，通过对原始信息进行加工和浓缩，去粗取精、去伪存真，最大限度地减少其不确定性和多余部分，使军事信息增值，为指挥员决策提供更多帮助。
- 时效性。获得信息的时间不同，信息的价值就会不同。在指挥控制中，及时、准确、持续地获取军事信息，并保证信息在需要的时间到达需要的地方，可使己方遂行高速度、快节奏的作战行动，击败不具备这种能力的对手。
- 可度量性。一般来说，军事信息的质量可用完整性、正确性、及时性、准确性和一致性来衡量，而军事信息价值的度量则比较复杂，需要考虑多方面的因素，如军事信息系统效能、部队作战效能等。

无论是在冷兵器时代，还是在热兵器时代，军事信息和军人的思维信息在战争中都发挥着重要作用。由于历史环境与客观条件的局限性，以前的信息获取能力、传输能力与处理能力比较落后，军人获得的军事信息种类和数量都较少，经过加工处理后输出的思维信息也相应较少，因而它对武器能量释放的干预作用也就相对有限。由此导致当时人们对信息价值论的认识比较孤立和分散，并带有较大的主观随意性，智力与思维信息转换为武器能量释放的过程一直没有得到准确的描述与研究。随着现代信息技术在军事领域的广泛应用，特别是 20 世纪 90 年代以来几场局部战争爆发以后，军事信息的作用越来越受到人们的重视，逐渐形成了争夺信息控制权、展开全面信息对抗的观点。

1.2　军事信息技术概念

1.2.1　信息技术

信息技术实际上是一个新兴的技术群，包括基础信息技术、主体信息技术和应用信息技术。

基础信息技术主要包括微电子技术、光电子技术、真空电子技术、超导电子技术和分子电子技术等。信息技术和信息系统在性能上的提高，归根结底来源于基础信息技术的进步。

主体信息技术是指信息获取技术、信息传输技术、信息处理技术和信息控制技术，这 4 项技术被称为信息技术的"四基元"。

应用信息技术泛指由信息技术派生的针对各种应用目的的技术群类。它包含了信息技术在军事、工业、农业、交通运输、科学研究、文化教育、商业贸易、医疗卫生、体育运动、文学艺术、行政管理、社会服务、家庭娱乐等各个领域的应用，以及随之形成的各行各业的信息系统。

1.2.2　军事信息技术含义

军事信息技术是军事上用于信息获取、传输，并在信息材料、器件、设备以及系统的研究、设计中发挥关键作用的技术，是军事技术的重要组成部分。

军事信息技术种类多样。从组成的角度，军事信息技术可分为军事信息基础技术和军事信息装备技术两大类。军事信息基础技术是支持军事信息装备的微电子、光电子、真空电子技术，以及相关特种器件、电子材料、电源等技术，是制造军事信息装备和信息化武器装备的核心。军事信息装备技术主要用于满足对军事信息的获取、传递、处理、控制和应用等各方面的需求，主要包括：指挥控制技术、预警探测技术、情报侦察技术、军事通信技术、导航定位技术、军用计算机技术、武器制导技术、信息对抗技术、信息安全技术、测量控制技术、军事电子信息系统技术等。另外，从信息流程的角度，军事信息技术还可分为信息获取技术、信息传输技术、信息存储技术、信息加工技术、信息应用技术和信息安全技术等，其中信息安全技术贯穿于整个信息流程。

军事信息技术是综合性很强的技术，是国防技术群中的核心和骨干技术之一。信息技术用于迅速获取并快速处理和传送信息，大大延伸了人的感官和触角，这决定了其在军事中广泛的应用价值。军事信息技术包含的学科内容非常丰富，已经形成门类齐全、技术复杂、特点突出的高技术群，其主要特点如下。

- 发展迅速。军事信息技术在现代军事技术群中是发展变化最迅速的技术，如军事信息获取、传输和处理技术，导航定位技术，军用计算机技术等，从被提出后就不断地更新换代，能力越来越强，水平越来越高。
- 应用广泛。军事信息技术已被广泛、深入地应用于各类武器装备中，现代高技术战争的突出特征就是大量使用信息化技术装备。
- 效果出众。例如，精确制导技术、导航定位技术应用于武器装备中，极大地提高了打击精度，使精确作战成为现实。
- 多学科交叉。军事信息技术综合性强，领域跨度大，学科分支多，如军事信息装备技术就包含了诸多的领域和学科。
- 渗透性、连通性强。使用军事信息技术可方便地把各种作战力量、作战单元、作战要素融合为一个结构合理、协调运行的整体。

1.3　信息技术的发展

1.3.1　信息技术发展简史

人类进行通信的历史已很悠久。早在远古时期，人们就通过简单的语言、壁画等方式交换信息。千百年来，人们一直用语言、图符、钟鼓、烟火、竹简、纸书等传递信息，古代人的烽火狼烟、飞鸽传信、驿马邮递就是这方面的例子。现在还有一些国家的个别原始部落，仍然保留着诸如击鼓鸣号这种古老的通信方式。在现代社会中，交通警察的指挥手语、航海中的旗语等都是古老通信方式进一步发展的结果。这些信息传递都是依靠人的视觉与听觉完成的。

从历史上看，信息技术发展主要经历了 5 个阶段，具体如下。

第一次信息技术革命的标志是语言的使用，发生在距今 35000 年～50000 年前。

第二次信息技术革命的标志是文字的创造。大约在公元前 3500 年文字出现了。文字的创造是信息第一次打破时间、空间的限制。这一阶段诞生了多种多样的文字形式并保留到现在。如陶器上的符号诞生于原始社会母系氏族繁荣时期（河姆渡和半坡原始居民）；甲骨文记载了商朝的社会生产状况和阶级关系；金文（也叫铜器铭文）出现在商周一些青铜器上，常被铸刻在钟或鼎上，金文又叫"钟鼎文"，常用于记录重要活动和事件。

第三次信息技术革命的标志是印刷术的发明。约在公元 1040 年，我国开始使用活字印刷技术（欧洲人 1451 年开始使用印刷技术）。汉朝以前使用竹木简或帛作为书的材料，直到东汉（公元 105 年）蔡伦改进造纸术，开始使用"蔡侯纸"。从后唐到后周，官府雕版刊印了儒家经书，这是我国官府大规模印书的开始，印刷中心分布在成都、汴京（今开封）、临安、福建建阳。北宋毕昇发明活字印刷术，比欧洲相似技术早了 400 年。

第四次信息技术革命的标志是电报、电话、广播和电视的发明和普及应用。19 世纪中叶以后，随着电报、电话的发明和电磁波的发现，人类通信领域产生了根本性的变革，实现了使用金属导线上的电脉冲传递信息及通过电磁波进行无线通信。1837 年美国人塞缪尔·莫尔斯（Samuel Morse）研制了世界上第一台有线电报机。1864 年英国著名物理学家詹姆斯·克拉克·麦克斯韦（James Clerk Maxwell）预言了电磁波的存在。1875 年，亚历山大·格拉汉姆·贝尔（Alexander Graham Bell）发明了世界上第一台电话机，1878 年在相距 300 千米的波士顿和纽约之间进行了首次长途电话实验并获得成功。电磁波的发现产生了巨大影响，实现了信息的无线电传播，其他无线电技术也如雨后春笋般涌现。1876 年 3 月 10 日，贝尔用自制的电话同他的助手通了话。1888 年，德国青年物理学家海因里希·鲁道夫·赫兹（Heinrich Rudolf Hertz）用电波环进行了一系列实验，发现了电磁波的存在，他用实验证明了麦克斯韦的电磁理论。这个实验轰动了整个科学界，成为近代科学技术史上的一个重要里程碑，促进了无线电的诞生和电子技术的发展。1895 年俄国人亚历山大·斯捷潘诺维奇·波波夫和意大利人伽利尔摩·马可尼分别成功地进行了无线电通信实验。1894 年电影问世。1925 年英国首次播映电视。静电复印机、磁性录音机、雷达、激光器都是信息技术史上的重要发明。

第五次信息技术革命始于 20 世纪 60 年代，其标志是电子计算机的普及应用，以及计算机与现代通信技术的有机结合。为了解决资源共享问题，单一计算机很快发展成计算机联网，实现了计算机之间的数据通信、数据共享。通信介质从普通导线、同轴电缆发展到双绞线、光纤导线、光缆；电子计算机的输入输出设备也飞速发展起来，扫描仪、绘图仪、音频视频设备等使计算机如虎添翼，可以处理更多的复杂问题。20 世纪 80 年代末，多媒体技术的兴起使计算机具备了综合处理文字、声音、图像、影视等各种形式信息的能力，计算机日益成为信息处理最重要和必不可少的工具。人类也由工业社会转入信息社会，各国在信息技术研究方面投入大量资金，以构建"信息高速公路"社会。

特别是过去的十年，3G/4G/5G、智能手机开创了移动互联网时代，随之而来的是数据量急速增长，处理大量数据的大数据技术、云计算（Cloud Computing）技术、人工智能技术蓬勃发展，共享单车、移动支付等应用彻底改变了人们的生活。如今，我们站在时代的路口，不免会想——未来的十年，有一件事情一定会发生，那就是第四次工业革命的全面爆发。而这次工业革命，可能将再次改写全球经济秩序和战略格局。回首过去已经发生的 3 次工业革命，已经毫无疑问地证明了这一点。工业革命的发展见表 1-1。

表 1-1　工业革命的发展

阶段	时间	标志事件	代表性国家	名称
第一次工业革命	18 世纪 60 年代	蒸汽机的发明	英、法、美	蒸汽革命
第二次工业革命	19 世纪 60 年代	电力的广泛应用和内燃机的出现	美、德、英、法、日、俄	电力革命
第三次工业革命	20 世纪 40 年代	电子计算机、原子能等的发明和应用	美、德、英、法、日、苏联	信息技术革命
第四次工业革命			−	

人类政治、经济和文化领域的发展，被 3 次工业革命深深影响。世界列强的地位，也由 3 次工业革命奠定。我国因为历史原因，很遗憾错过了前两次工业革命以及第三次工业革命的黄金期。但是，今时不同往日。现在的中国，经历了改革开放 40 多年的高速发展，综合国力与日俱增。面对摆在面前的第四次工业革命，我们是万万不能再次错过的。

1.3.2　信息技术的智能革命

如今我们所处的社会是一个空前多样化的社会，除了第一产业（农林牧渔）和第二产业（工业制造和能源），还有包含众多行业的第三产业（商业、交通、金融、教育、通信等）。事实上，目前全球范围内工业的占比缓慢下降。

我们要提升的生产力是全部产业的生产力。第四次工业革命是以石墨烯、生物基因、虚拟现实、人工智能、可控核聚变、清洁能源及生物技术为技术突破口的工业革命。第四次工业革命就是智能革命。

（1）数字化是智能革命的基础

数字革命（信息技术革命）是第三次工业革命带给我们的。香农的信息论奠定了信息时代的理论基础，数字化是传递和处理信息最高效的方式。自第三次工业革命以来的关键发明，例如计算机、半导体、通信网络，都是围绕数字进行工作的。数字产业，包括软件和硬件，都进入了空前的繁荣阶段。所有行业都在向数字化靠拢，因为只有实现数字化，才能最大化利用信息，从而获取价值。

（2）数据累积到算力突破

人工智能技术得到快速发展的重要因素是数据和算力。

算力的提高使计算速度不断加快，随着神经网络层数、深度不断增加，以往的神经网络技术的计算能力往往达不到网络复杂度的要求，但随着算力的提高，更深、更复杂的网络不断出现，人工智能技术得到了长足的发展。

同时，强大的物联网技术为海量数据的采集提供了条件，配合以大数据技术，这些数据将被高效处理和分析。这将实现整个系统效能的跃升。当算力足够强大的时候，人工智能被引入，它会以更合理、更高效的方式实现对整个系统的控制，进而实现生产力的再次跃升。这就是智能革命。

在数字和智能革命中，连接和计算是核心主线。5G、物联网、人工智能、区块链、云计算、大数据、边缘计算都是它的组成部分。它们紧密联系，共同形成一个系统——5IABCDE。

综合来看，第四次工业革命是智能革命，数据是智能革命的重要前提，其核心是计算和连接，人工智能是最终形态。

1.4　军事信息空间

军事信息空间是军事信息研究的重要内容，建立军事信息空间基本理论对完善军事信息学理论体系、洞悉军事信息空间对作战的深刻影响、加快军事信息空间的开发利用、促进军队信息化建设具有非常重要的意义。

传统作战空间概念经历了从陆海空等地域空间拓展到天和电的过程，形成了较为公认的"陆海空天电"的五维空间提法。在网络空间得到认可之后，有学者将网络列为第六维空间，形成"陆海空天电网"的说法，并形成了信息空间和军事信息空间的概念，通常人们认为信息空间由现实空间、表述空间和思维空间组成。因此，军事信息空间主要包括电磁空间、网络空间、认知空间等，与陆战场空间、海战场空间、空战场空间、太空战场空间等物理空间信息控制和支援保障活动密切相关，最终通过物理空间获得和控制，实现军事信息优势和信息主导能力。

1.4.1　电磁空间

电磁空间是指电磁波充斥的空间和电磁能量作用的物理领域，是作战双方围绕取得电磁优势和信息主导权，综合运用现代信息技术和各种电子、光学装备，凭借电磁信号和电磁能力进行激烈争夺的领域，是军事信息空间中形成最早且覆盖广泛的空间之一，是信息赖以生存的重要空间，直接影响着信息的获取和传输。电磁空间作为军事信息空间的基本组成，通常以电磁波、光波的形式存在于无形的电磁领域，是军事信息系统进行信息获取、传播的主要媒介。现代信息技术在军事领域的广泛应用使电磁空间成为信息化战争作战指挥的重要信息载体，电磁空间被称为"第五维战场"。

1.4.1.1　电磁空间的构成

在一定的外部条件下，各种电磁辐射源在特定空间内产生的电磁辐射形成了电磁波谱，根据电磁波谱的性质和形成机理可知，电磁空间主要包括人为电磁辐射、自然电磁辐射和电磁传播因素三部分。

（1）人为电磁辐射

人为电磁辐射是电磁空间形成的主体，包括各种电磁应用活动形成的电磁辐射、电子干扰等有意电磁辐射和人类活动产生的无意电磁辐射。其中，有意电磁辐射是电磁空间的核心影响因素。人为电磁辐射是由人工操控各种电子或其他电器设备向空间发射电磁能量的电磁辐射，是形成电磁空间的有形依托和最终归宿。

① 有意电磁辐射

有意电磁辐射是为了特定的电磁活动目的而进行的、由人工有意向空中特定区域实施的电磁辐射，一般通过发射天线向外辐射。有意电磁辐射源的种类、分布、工作状态等直接决定电磁空间的形态，是电磁空间的关键构成要素。军事领域的有意电磁辐射源主要包括：电子干扰系统、通信电台、雷达、光电设备、制导设备、导航系统、敌我识别系统、测控系统、无线电引信、广播电视系统等。

② 无意电磁辐射

无意电磁辐射是电子设备或电器设备在工作时非期望地形成的电磁辐射，是无意的、且没有任何目的性的电磁辐射，它一般不通过天线向外辐射。无意电磁辐射具有两个典型特征：一是辐射的非主观操控性，二是辐射空间的随意性。它是人们不需要的一种电磁辐射，往往对电子设备产生不利影响，通常人们所说的电磁污染就属于无意电磁辐射。无意电磁辐射以电磁能量为作用媒介，对电磁空间的影响要远小于人为电磁辐射。

（2）自然电磁辐射

与人为电磁辐射相对应，非人为因素产生的电磁波构成了电磁空间的另一部分——自然电磁辐射。在自然电磁辐射中，静电、雷电和地磁场等自然辐射是几种重要的电磁辐射。这些自然电磁辐射对电磁空间的影响有时是相当明显的。同时，自然电磁辐射对武器装备的影响往往是巨大的，对短波通信的干扰更为严重，有些影响甚至是毁灭性的。

（3）电磁传播因素

电磁传播因素是电磁空间的重要构成要素，它对人为电磁辐射和自然电磁辐射都会产生作用，从而改变电磁空间的形态，主要包括电离层、地理环境和气象环境等。

1.4.1.2　电磁空间的主要特征

电磁波的传播在空域上纵横交错，在时空域上流动多变，在频率域上密集交叠，在能量域上强弱起伏，使战场电磁空间呈现出不同特征。

（1）信号密集

在信息化战场上，敌我双方电子设备体制复杂、数量庞大、种类繁多，电磁空间中电磁信号密集，大功率、高灵敏度的电子设备云集，频段涉及包含超长波、长波、短波、超短波、微波、毫米波甚至光电频谱在内的极宽频段，在时域上的密度也达到了前所未有的状态。

（2）样式复杂

信息化条件下作战，通信电台、雷达及光电等信息系统日新月异，各种新体制电子设备层出不穷，辐射源复杂多样。同时，信息系统的配置和运用依据作战要求部署而定，导致电磁信号在制式、空域、时域和频域上的分布不均匀。因此，电磁辐射信号在制式、空域、时域、频域和能量域上分布的复杂性决定了战场电磁空间的复杂性特征。

（3）冲突激烈

冲突激烈的特点是由战场对抗性和电磁空间的合成态势决定的。战场电磁空间的合成态势体现在两个方面：一是战场电磁空间在人工和非人工的、敌我双方的、电子对抗和非电子对抗信号的共同作用下综合而成，各式各样的电磁波信号充斥整个物理空间；二是众多电子系统被容纳于一定的空间范围，相似的电子系统应用于相似的频谱范畴，使电磁空间呈现出兼容与非兼容的矛盾状态。

（4）动态交叠

首先，电磁空间的复杂程度在很大程度上取决于电子设备的工作状态、工作性质、系统数量和工作性能，而不仅仅是某一空间的电子设备、系统的数量和设计性能。其次，在同一空间内，季节、天候、地形等条件的不同，以及电离层高度、介质性质、地磁场分布等因素的变化也会造成电磁空间的变化，电磁空间的动态交叠主要表现为电磁波传播在空域上的交错、电磁辐射行为在时域上的集中、电磁辐射信号在频域上的拥挤和电磁辐射强度在能量域上的起伏。

1.4.1.3　电磁空间对信息化条件下作战的影响

电磁空间是联系陆海空天物理战场的重要媒介，起着纽带的作用。在未来联合作战中，雷达探测、光电探测和电子侦察等电子信息系统，无一不依靠电磁波活动来实现其功能；各种作战平台及其与指挥机构之间，都要依靠无线电波来传输情报、指挥控制、协同等信息。在相对有限的战场空间内，各种电子系统密布，敌对双方绞尽脑汁展开异常激烈的电磁对抗，大量真伪难辨的电磁信号和辐射体充斥战场，电磁空间不仅对作战行动、指挥决策、作战效能产生重要影响，更重要的是它对战争的胜负起着决定性的作用。复杂电磁空间增加了战场感知的难度，制约着指挥控制的效率，影响作战行动的时效，增大了作战保障的难度。因此，认清电磁空间对信息化条件下作战的影响，把握其特点规律，是打赢信息化战争的必然要求。

1.4.2　网络空间

网络空间本质上是指以计算机技术、现代通信技术、网络技术和虚拟技术的综合应用为基础，由地理上分散的多台独立计算机通过通信线路互联互通构成的计算机信息网络系统。通常，人们对网络空间有两种理解：一种是从物理角度看，包括分布在各地的计算机网络终端、通信传输支撑网络、各种路由器，以及交换、处理、存储、分发设备等，也可以理解为网络化基础设施；另一种是从虚拟角度看，是一种与人们能获得的物质空间相对应的数字化空间，即存在于由图像、声音、文字、符号等构成的信息世界之中，也可以理解为存在于电磁频谱之中的军事信息。因此，从广义角度看，网络空间既是一种现实存在的物理空间，也是一种无形的信息虚拟空间。

美军把网络空间称作赛博空间（Cyberspace）。美国国家安全第 54 号总统令中对赛博空间的定义是："赛博空间是信息环境中的一个全球域，由独立且相互依存的信息技术基础设施网络组成，包括互联网、电信网、计算机系统以及嵌入的处理器和控制器。"这一概念在美国国家层面的文件中被普遍使用。《美国国防部军事词汇辞典》（联合出版物 J—02）指出：赛博空间作战是赛博能力的运用，其主要目的是在赛博空间内或通过赛博空间实现军事目标或军事效果。这类行动包括支持全球信息栅格运行和防御的计算机网络行动和行为。从目前美军对"赛博空间"的最新定义可以看到，"赛博空间"已从单纯的计算机网络扩展到无形的电磁频谱，是处于电磁环境中的一种物理领域，甚至可以将赛博空间称为电磁赛博空间。

1.4.2.1　网络空间的构成

网络的出现极大地拓展了人类的视野和生存环境。由计算机及网络组成的计算机互联网世界，对人类的活动和认知思维产生了前所未有的冲击和影响。网络空间是一个客观存在的物理和虚拟空间综合体，从网络空间的物理特性和信息传递特性看，主要包括网络基础设施、网络应用及网络信息等。

（1）网络基础设施

网络基础设施是一个物理的、技术的物质空间，通常指由通信技术、计算机技术及相关设备组成的实体系统，也就是人们通常所说的物理网络。

（2）网络应用

网络应用既包括应用者，也包括各类终端，还包括支撑人机接口的软件系统，也可以理解为使用者、终端和应用系统。

（3）网络信息

在民用领域，网络信息有时也被称为数码空间，指网络用户通过网络基础设施传递或获取的各类信息。根据美国国防部的定义，信息是通过网络化系统及相关的物理基础设施，利用电子和电子频谱存储、修改和交换数据的领域。根据这一定义，我们可以理解为用户通过网络最终所要达到的目的和结果，通常包括信息的创造、存储和传递等一系列活动及过程。

1.4.2.2　网络空间的主要特征

网络空间与电磁频谱、网络化系统密切相关，这决定了它具有一些与陆、海、空、天、电等物理空间不同的特点。

（1）虚拟性

虚拟性是网络空间一切特征的基础。网络空间的虚拟性是一种在现实基础上通过人自身的符号和观念构造能力创造出的具有间接性、虚拟性和开放性的新空间。这种虚拟性在军事活动领域有特殊的应用，特别是依托网络化系统的作战指挥、视频会议、态势共享、作战协同、作战训练等，具有信息聚能、虚拟现实、效能倍增的优势。

（2）交互性

电磁频谱缺乏地理界限和自然界限，使得网络空间中作战几乎能够在任何地方发生，可以超越通常规定的组织和地理界限，可以跨越陆、海、空、天全领域作战。交互性是网络存在和基于信息系统体系作战能力形成的根本依托，没有广泛的战场交互，就没有信息化条件下的各类作战行动。

（3）开放性

开放性是网络空间一个显著的核心特征。网络空间的开放性是与网络的虚拟性、交互性紧密相连的。网络空间的开放性能够动态配置基础设施和设备操作要求，随着技术的创新而进一步发展，从而更好地推动作战中的应用，同时网络空间的开放性也为各类网络攻防行动提供了可能，网络作战及信息攻防行动正是由于开放性的特征而产生的。

（4）兼容性

网络空间是不断变化的，敌方可在毫无预兆的情况下，替换先前易受攻击的目标或采取新的防御措施,这将降低己方的赛博空间作战效果,同时对基础设施的调整或改变也可能会暴露或带来新的薄弱环节。

（5）对抗性

网络空间由利用电磁能量的电子装置和网络化系统组成。利用赛博空间主要指权衡己方的电磁频谱作战,并阻止敌方利用赛博空间,实现赛博空间作战能力与陆、海、空、天作战同步化和一体化;控制赛博空间包括赛博空间防御性对抗作战和赛博空间进攻性对抗作战;建立赛博空间包括全球远征赛博空间作战、网络与安全作战的指挥控制及赛博空间民用保障作战支援等。

1.4.2.3 网络空间对信息化条件下作战的影响

计算机和网络技术的飞速发展及其在军事领域的广泛应用,催生了以网络空间为战争中介的全球性军事变革和军事转型,使战争形态的基本要素发生了全方位、系统性的质变,使战争主体之间的中介系统从人体中介、平台中介转变为网络中介,人类战争从人体中心战、平台中心战转变为网络中心战。网络空间的不断拓展使战争空间基本形态由现实空间向"现实+虚拟"的二元空间形态转型,使网络空间成为敌对双方争夺的新的军事制高点,网络空间战正式登上战争舞台。由此看出,网络空间已成为信息化条件下作战的主要领域,并将产生深远的影响。

1.4.3 认知空间

军事信息认知空间可以理解为:由对战场指挥员和部（分）队、人员的意识、思想、心理、知觉、理解、信仰、情绪、决策、行动以及战斗意志等作斗争的诸多行为主体构成的信息依存领域。有学者认为:认知空间是以影响心理状态为目标,以各类信息为手段,以削弱、瓦解敌军以及鼓舞、巩固我军为目的的心理空间领域。因此,认知空间也被称作心理空间。我们认为心理空间是认知空间的有机组成部分,两者是包含与被包含的关系,特别是在作战指挥领域。随着认知技术的发展,指挥员的"认知优势"逐渐转化为决策优势,并转化为战争优势,这表明认知空间的范畴要远远大于心理空间,其作用越来越重要。因此,应将认知空间作为信息空间的专门领域进行研究,并探讨认知的本质、机制、获取途径、对作战的影响等问题。

1.4.3.1 认知空间的构成

一般来说,认知有广义和狭义之分。广义的认知与认识的含义相同,指个体通过感觉、知觉、表象、记忆、思维等形式,把握客观事物的性质和规律的认识活动;狭义的认知与记忆含义基本相同,是指个体获取信息并进行加工、存储和提取的过程。本书中,我们不去试图全面剖析认知空间的组成与构成,仅从作战指挥的角度对认知结构、组成内容进行初步的探讨。为此,引入四维认知空间这个基本概念,对认知的理解和分析的过程,总是处在这个四维工作空间中,通过对四维空间的把握,剖析军事信息领域认知的基本理论。我们把这个四维结构称作 UICM 空间,包括用户维（User）、信息维（Information）、指挥控制维（Command and Control）和方法维（Method）。

（1）认知的主体

认知的主体即处于认知空间的各类机构和人，在军事领域是指各级作战指挥机关、指挥人员、作战人员、保障人员等与军事相关的一切人员。用户维分为指挥层、作战层、作战保障层。

指挥层的认知主体主要是各级指挥员和指挥机关，按军事领域进行划分，可分为战略指挥、战役指挥、战术指挥 3 个层次。

作战层的认知主体主要是各级作战部队和执行作战任务的单兵个体，通常需要对战场信息进行侦察，对战场打击效果进行反馈，相对于指挥层而言，是命令、指示、计划的执行者和传递者。

作战保障层的认知主体主要是提供装备、技术、后勤、通信、情报、水文、气象等作战保障要素的信息系统及所属人员等，其主要任务是提供作战物质装备保障、信息保障。现代战争一般为信息化条件下的作战，这对作战保障层的认知主体的要求越来越高，其作用越来越重要。

（2）认知的客体

认知的客体是信息，即信息维是认知掌握和决策的关键领域。在军事领域，客体就是军事信息。在军事信息认知空间中引用信息维的意义和价值在于，军事信息是军事环境中客观事物运动和发展、联系和作用状态的一种反映，它是军事环境中有关实体运动状态和变化方式的一种表征。军事人员为了准确地认识和把握战场态势和作战空间，顺利完成军事行动，就要全面获取军事信息，实施作战决策，并协调和控制部队的作战行动。

军事信息具有时间维度和空间维度。时间维度表示军事信息的及时性和有效性；空间维度表示军事信息的便利性，即不管用户在战场上的什么地方，都要能够获得信息。

（3）认知的目的

对信息认知的目的是指挥控制。指挥控制维是作战全部活动涉及的指挥控制时空、实体、形态等要素的总称，从作战活动的基本要素和涉及的主要领域来看，指挥控制涵盖了作战全过程、全要素，并随着战争样式和形态的演进不断拓展。指挥控制既是认知的目的和结果，也是认知较量的重要表现领域。指挥员作战指挥水平的高低表现为信息利用、思维谋略、技术对抗、全程控制等方面的认知较量。

（4）认知的过程

认知过程是认知主体对认知客体的加工过程，为达到指挥控制的目标需要选择相应的方式方法。

信息认知理论涉及认知的普遍方法，如思维方法、数学方法、预测方法、系统分析方法、模拟/建模方法等，这些是信息认知和分析的基石，也可以称之为元方法。思维方法主要有比较、分类、归纳、演绎、分析、综合、联想、类比、想象、灵感和直觉等，是一种定性分析方法，具有直观、推理严密等特点。数学方法主要有统计学方法、运筹学方法、线性代数方法、图论方法、模糊数学方法等，是一种定量分析方法，具有精度高、结论具体、高度抽象、适用性强等特点。预测方法有时间序列分析法、趋势外推法、德尔菲法等。系统分析方法中系统动力学和层次分析法是两种经常采用的分析方法。模拟/建模方法是对逻辑事件的准确表示，使用统计技术反映自然界中的随机事件。模拟方法还有情景分析法、博弈对抗法等，博弈对抗法在军事领域应用更加广泛。

1.4.3.2 认知空间的主要特征

（1）个体性

认知是绝对个别化、个体化的。在军事信息对抗和谋略领域，由于各类真假信息充斥其间，绝对一致的认同或许是对战场态势和作战决策的错误判断。只有拥有绝对的制信息权，并具备信息化战争谋略思维的指战员，才能准确判断战场态势并作出正确的作战决策。

（2）多维性

认知结构、认知过程的内涵十分丰富，具有典型的多维性。在军事作战指挥领域，由于佯动、欺骗等战术的广泛运用，同一个客体、同一个现象背后的真实意图往往恰恰相反。因此，同一个事物从不同角度看就会产生不同的认知结果，个体的认知总有一定的局限性和片面性。正确全面地认知事物本质必须从多个方面观察和思考，完整的认知应充分考虑其多维性。

（3）相对性

在军事作战指挥领域，一定作战时期和阶段掌握的信息和决策在另一作战时期和阶段未必是正确的，必须结合变化的战场态势和作战进程进行综合判断。

（4）发展性

对个体而言，认知是一个不断发展变化的过程。必须加强对信息化条件下作战指挥人员的培训和谋略能力的培养，必须围绕军事信息活动进行全流程、全领域、全要素的教育和训练。

（5）选择性

在军事作战指挥领域，认知的选择性决定了指战员必须选择战场态势中的关键信息进行决策判断，摈弃虚假信息、欺骗信息或次要信息。

（6）先验性

在军事作战领域，需要有选择地发挥先验性的作用，但绝不能以先验性看待变化着的战场，必须结合实际客观准确地分析、判断各类态势和信息。

（7）综合性

在军事作战领域，认知的综合性表明指挥者既需要综合各种认知信息，也需要综合作战指挥机关集体的智慧和认知判断能力，在形成共同的判断和决策后，由指挥者下达决策，并监督执行情况。

1.4.3.3 认知空间对信息化条件下作战的影响

认知空间对信息化条件下作战的影响主要表现在心理战等作战样式的运用，以及对官兵思维、意识、决策、行动的影响上。有时甚至可以说，认知空间的争夺更突出地表现在人脑思维空间的角斗，"制认知权"成为争夺军事发言权的焦点。"制认知权"的争夺使争夺军事指挥权达到了一个新的境界。未来，随着大数据、云计算、信息服务、认知辨析等技术和体系的发展，认知空间对作战的影响将集中表现在对战争指导、作战筹划、作战谋略、指挥艺术等更高一级的影响上。总体来看，认知空间对信息化条件下的作战具有以下影响：一是认知空间已经成为信息领域直接对抗的战场空间；二是认知空间对抗形式广泛多样；三是认知空间对抗催生信息辨析能力的螺旋上升；四是认知空间更强调发挥人对信息化战争的能动作用。

1.5 军事信息技术对战争的影响

在未来信息化战争的战场上，没有及时准确的情报信息支援，军队的战斗力将无法发挥，飞机、坦克、导弹找不到目标，反而成为对方的靶子。而拥有信息优势的一方则能充分发挥其战斗力，实施陆、海、空、天、电多维一体的整体协同作战，发挥各种作战力量的整体作战效能，最终赢得战争的胜利。

近年发生的几场战争都充分证明了这一点。在信息化战争中，谁控制了信息，谁便拥有了战争的主动权。随着信息技术的飞速进步，武器装备效能倍增，军事理论演化更新，军队编成精干高效，信息行动、信息对抗在战争中已不单单是支援保障行为，信息战成为战争中一种独立的作战样式。夺取制信息权是取得现代战争胜利的重要前提，于是人们提出了"信息制胜"的作战理论。

信息技术条件下作战理论发生了深刻的变化，现代信息技术使现代战争发生了前所未有的变化，呈现出大立体、全纵深、高强度的特点。作战行动使地面、海上、空中、外层空间及电磁频谱领域昼夜不断地进行。敌对双方的作战力量将在作战地进行全纵深的无后方作战和非线性作战。作战将在较短的时间内，消耗大量作战物资，给敌对双方以巨大的毁伤和破坏，由此引起了作战理论各方面的深刻变化。

1.5.1 胜负观

在信息技术条件下，杀伤摧毁的目标是重物、轻人。传统战争的胜负衡量标准是是否灭国亡民、攻城略地多少、人员伤亡多少、掠取物资多少等，而现代作战的衡量标准是是否严重削弱了对方的军事、经济、政治势力，破坏了对方的舆论形象，震慑了对方，惩罚教训了对方，遏制了对方，打掉了对方的某一部分，给对方造成了一定的麻烦，使对方倒退或延缓发展，给对方加上各种限制等。

1.5.2 时空观

随着作战进程的明显缩短和更加紧凑，作战计算时间的单位逐渐缩小，以适应分秒必争、瞬息万变的特点。现代作战分分秒秒的价值已经远远高出以往作战日日月月的价值。及时动态、迅速反应成为新的要求。自古兵贵神速，中外皆然，未来亦然。"快"在传统战争中的本意是指机动速度，在现代战争中，世界先进国家的军队对"快"字的含义已有了全面而丰富的认识。

信息技术的发展使现代作战空间不断膨胀，以往无法达到和逾越的空间陆续被征服，地球已变成"地球村"。因而，在美国，陆军强调发展"远距离投送能力"，海军则提出"由海到岸"战略，空军规定"全球到达"。航天兵将战场引向了太空，形成了空天一体化。新的更加广阔的作战空间已形成并迅速扩大。继第五维电磁作战空间之后，又有人推出第六维作战空间的概念，即计算机网络战场。信息技术的进步使人类驾驭作战空间的能力提升，使曾长期困扰作战的空间因素大大贬值。

1.5.3 力量观

传统力量观一味追求数量优势和大威力。随着高技术的发展及其在军事领域的广泛应用，并立数量优势的观念受到冲击，武器大威力的观念受到挑战。因为信息技术武器装备的作战性能已非传统武器装备所能比拟，用并立数量的优势弥补装备力量的劣势正在变得越来越困难。武器威力达到一定程度时反而受到强有力的限制，成为难以在实战中使用的力量，比如核武器。新的力量观则重在信息技术装备和高素质人才共同作用，形成优势的战斗力，军队的优势与劣势不能简单地用数量进行对比，而应以质量来衡量。在信息技术条件下，武器应追求高精度、好控制、有效的杀伤破坏和杀伤破坏得恰到好处。在作战中要有区别和精确地使用力量，以减少双方伤亡，便于决策者灵活地交替使用外交和武力两种手段，达到政治和战略目的；同时又可以减少摧毁目标所需要的弹药数量，相应地减轻后勤和国防工业的负担。

1.5.4 信息观

人类正在步入信息化社会。信息具有全球到达、非线性效应、光速传播、多方共享、用之不竭等特性。信息既是力量倍增器，又是一种重要的"杀伤"力量。在信息技术迅猛发展的今天，它在现代作战中的地位变得越来越重要，它能操纵和控制作战中的物质和能量，从而大大提高作战效能，减少其他战斗力要素的投入。信息技术促使战场数字化建设加速发展，现代战场信息化程度大幅度提高。对抗双方谁收集到的信息更多，传输、处理信息的能力更强，利用信息的水平更高，谁就能在战场上占据主动。信息能力正在成为军队战斗力的核心构成要素。未来作战，交战双方必将大量使用更先进、信息化程度更高的武器装备，信息能力的强弱直接决定着武器装备作战的效果。因此，加强和提高信息观念，不断地增强军队的信息系统水平，削弱、破坏敌人的信息系统，是未来战争的重要方面。

战争的发展趋势可以用"一个中心，八个特征"来概括，即：以夺取制信息权为中心，以一体化、网络化、精确化、实时化、多维化、有限化、社会化、无人化为特征。

所谓制信息权是指运用以信息技术为核心的战场认识系统、通信系统、指挥控制系统和火力打击系统等来夺取战场信息的获取权、使用权和控制权。制信息权主导着制空权、制海权、制陆权、制天权等主动权的争夺。没有制信息权，就没有战争的控制权和主动权，只能被动挨打，因此，信息进攻和防护的斗争将贯穿战争的始终，是交战双方争夺的中心。

1.6 现代信息战争的发展趋势

随着云计算、物联网、大数据、人工智能等电子信息技术的快速发展，以及电子信息技术向其他领域的不断渗透和深度融合，各作战要素的数字化、网络化、智能化进一步深化，基于信息系统的信息化战争进入新的发展阶段，逐步形成基于网络信息体系的智能化战争。

现代战争是在陆、海、空、天和网电等物理空间及认知领域进行的以体系对抗、信息主导、智能较量为主要形式的战争。军事信息呈现出大发展、大繁荣的局面，信息的获取、传递、处理、分发和利用水平不断提高。

1.6.1 态势感知

智能化态势感知主要体现为战场态势感知的自学习特性。空天飞机、军事卫星、自主式机器人等各类网络化、集成化的装备将感知到的信息汇集为战场全景图，能够在复杂、多变和未知的战场环境中自感知、自适应、自学习、自进化，对感知信息的种类、精细程度、态势判断等具备自主规划和决策能力，使战场空间进一步透明化，实现战场信息感知精细化、实时化、全球化。

态势感知更加全面精细，可有效实现战场透明，主要表现在以下 3 个方面。

一是具备覆盖全球的态势感知能力。客观上要求态势感知向覆盖全球内陆、远洋、水下的全时段、全天候监视发展，尤其是天基、海基等具有全球性、广域性特点的战略型系统装备，实现陆海空天一体的全球感知能力，为全球化作战提供对全球重点区域、热点地区、热点时段的持续监视。

二是具备更加精细的态势感知能力。未来智能化战争中，各类武器装备小型化、隐形化、分布式、高机动的特征更加明显，分布式集群目标、临近空间目标、地面隐蔽目标、新型掠海目标、水下静音目标等新式目标威胁日益严峻，要求能够探测到更小、更高、更远、更快的目标，分辨率、数据率更高，全天时、全天候能力更强，具备助推段拦截的威慑能力。

三是具备面向公共安全和社会稳定的新型态势感知能力。国际政治形势复杂多变，恐怖主义、重大传染性疾病、气候变化等非传统安全威胁持续蔓延，有可能演化为武装冲突或局部战争。要发展基于天空地、无人、网络、新频段、新体制等多种态势的感知手段，实现对公共场所人员活动、隐蔽可疑装备的实时成像侦察，以及对恐怖活动计划、恐怖分子信息联络的及时感知，为精准高效地应急处突和反恐行动提供强有力的信息保障。

1.6.2 信息传输

信息传输的重要性主要体现在信息传送的精准性和安全性方面。综合采用激光通信、微波通信（Microwave Communication）、量子通信等各类传输手段，有效利用各个传输频段，形成覆盖全物理空间的陆海空天一体化信息传输网络，具有高度的弹性、自适应性和集成性，能够按照作战需求将战区内的各军兵种作战力量、各类武器装备等作战单元以及其他相关的作战要素有选择性地连接在一起，提供及时、精准、可靠的信息服务，真正实现"在正确的时间，将正确的信息传给正确的人"的终极目标。

信息传送更加精准高效，可有效支撑柔性作战，主要表现在以下 3 个方面。

一是具备泛在的网络传输能力。智能化战争中，各种作战要素分布在陆、海、空、天和网电等物理空间及认知领域中，各种作战要素的灵活组网是体系对抗、发挥信息优势的基础，要求实现对陆、海、空、天、水下所有物理空间的无缝覆盖，军队所有等级的场景覆盖，无线通信、卫星通信、光纤通信等所有通信方式的业务覆盖等，实现各层级网络的无缝融合，真正实现一体化的网络泛在能力。

二是具备人-机-物高效互联能力。智能化战争中，作战人员、各种武器装备等作战要素都是作战网络中的节点，其蕴含的各类战场信息都可能成为战争成败的关键。要求大力应用以物联网为基础的万物互联技术，通过人、机、物的智能互联和信息交互，实现虚拟和现实之间的有效沟通和融合，有力拓展未来作战的时域、空域和频域，将分散的各种作战力量形成有机整体，实现一体化联合作战功能。

三是具备精准的按需信息服务能力。智能化战争中，各种作战要素汇集起来的信息呈指数级增长，如何提高信息服务的效率、维护信息安全是确保获取信息优势的关键。这就要求综合应用人工智能、云计算、大数据等新兴信息技术，有效利用数量剧增、种类繁多、内容复杂多样且质量各异的各类信息，强调需求和信息之间的对接匹配，提供多种服务模式，适应不同服务场景，满足用户不同层次的需求，避免出现"信息淹没""信息迷茫"现象，确保获取信息的优势。

1.6.3　指挥控制

现代信息战争的指挥控制主要体现为指挥控制的自适应特性。人机交互技术和机器学习技术广泛应用，指挥控制系统将作战空间侦察预警、监视、指挥、控制、通信、精确打击融为一体，能够对各种作战力量、武器装备平台等进行有效管理，并根据不同的作战需求和作战目的，自主制定最佳的作战决策并传达给每一个相关的作战要素。计算机辅助决策向自主指挥的方向发展，并能适应战场变化自主调整作战决策，把信息优势转化为决策优势，实现战场资源配置最优化、作战力量编成自主化、作战行动高效化。

指挥控制更加敏捷灵活，可有效提高决策效率，主要表现在以下 3 个方面。

一是具备联合态势综合分析与认知能力。未来的智能化战争是跨作战域、跨军兵种、成体系对抗的联合作战，必须对整个战场进行联合态势分析与认知，才能正确展现出战场态势。要求利用大数据等技术，及时辨识和挖掘出有价值的战场信息，动态展示多作战领域相互影响的战场态势，运用网络中心技术、协同作战概念和前端处理技术，实现以网络为中心的协同目标定位，与现存的特种情报侦察监视（Intelligence Reconnaissance and Surveillance，ISR）系统的补充能力实现交互，提高目标探测的可能性，减少虚警次数，显著提高准确性和及时性，提高关键目标攻击的速度和准确性。

二是具备多域、灵活的联合作战指挥控制能力。针对跨作战域、跨军兵种、成体系对抗的联合作战，需要根据不同的作战任务，有选择性地将相关作战要素组织起来，制定最佳的作战决策，从而真正发挥联合作战的优势。要求综合考虑陆、海、空、天、网、电等各作战领域和各军兵种作战力量，构建具有易响应性、可恢复性、鲁棒性、灵活性、自适应性和创新性 6 个特征的指挥控制系统，支撑全域的指挥控制信息共享、联合作战态势认知、联合作战规划与方案优选、作战效能评估与战中计划调整，打造联合作战优势，满足从战略到战术不同级别的联合作战任务要求。

三是具备无人化作战指挥控制能力。针对未来战场上大量部署的无人化作战力量，需要构建无人化和无人有人混合的指挥控制系统，能够将不同作战领域的无人和有人作战力量的感知信息进行有效融合和综合分析，对无人集群、无人有人混合作战的效果进行计划、集成和同步，实现无人力量集群的作战效应，促进智能化战争中无人化装备效能的充分发挥。

1.6.4　信息对抗

现代信息战争中的信息对抗主要体现在网电空间主动防御和智能化攻击方面。一方面，广泛应用电子干扰、虚拟现实、增强现实等技术，根据军事任务需求利用己方设备发出的电磁信号制造特定的现实场景，实现迷惑和扰乱敌方电子设备和作战力量的目的；另一方面，可以按照敌方目标的系统要素和特征要素，自主进行目标分类描述、打击重心分析、执行攻击行动等，通过攻击目标网电体系的漏洞或脆弱点，实现敌方网电空间作战体系整体效能数量级的降低。

网电对抗以攻为主、攻防结合，可有效维护网电空间安全，主要表现在以下 3 个方面。

一是具备动态、主动的网电空间防御能力。网电空间作为新的作战域，是未来智能化战争的必争之地，拥有强大的防御能力，对确保网电空间安全至关重要。要求重点突破移动目标防御、深度数据包检测、数据融合和挖掘、网络追踪溯源（或归因性）和反向攻击或拦截等前沿技术，加强跨陆、海、空、天等物理空间领域的主动防御能力，避免信息内容被窃取、篡改和删除。

二是具备精准的网电空间攻击能力。网电空间作战作为未来战争的新型作战形式，具有隐蔽性、突然性、破坏性、不对称性等特点，必须先发制人。要求发展关键基础设施远程渗透、漏洞探测和情报获取、移动互联网规模致瘫、行业网络远程与定点精准打击、攻击反溯源与隐蔽通联等手段，实现对敌关键基础设施"纵深、精准、规模"的定向打击能力，对敌陆海空天战场的指控网络、数据链、组网雷达和军事卫星系统等战场关键电子信息系统进行综合对抗和体系破击。

三是具备全面的网电空间侦察能力。在"防御性"侦察与利用方面，针对己方、友方网电空间进行侦察与利用，确保己方网电空间的安全；在"攻击性"侦察与利用方面，针对敌方、第三方网电空间进行侦察与利用，为获取敌方、第三方的网电空间情报及进行后续的网电攻击奠定基础。

1.6.5　打击评估

现代信息战争中的打击评估主要体现在打击行动的自组织特性。人机交互、机器智能、精确制导技术广泛应用于实战，人识武器、武器识人、人机一体、融合高效将成为现实，人脑的智慧和意图可以有选择地植入武器系统中，使武器具有自我判断、自我调控和自我评估的新功能，实现按照指战员的"大脑"遂行自主行动，有效缩短打击链路周期，达成"发现即摧毁"的目的。

打击具备智能无人作战能力之后，可有效提高作战效能，主要表现在以下 3 个方面。

一是具备精确的火力打击能力。智能化战争中，信息优势得以充分发挥，其在火力打击上的表现就是更加精准，大幅提高火力打击的效率和效益。要求无人飞行器、地面机器人、水面和水下机器人等无人作战系统采用无人集群的方式发射打击弹药或利用无人平台本身直接攻击敌方目标，使敌方的反抗能力在短时间内处于无法应对的饱和状态，提高突防概率。

二是具备多样的非火力打击能力。智能无人作战系统携带非火力武器，破坏敌方的电气、通信网络等关键基础设施；携带非致命武器，实现对目标的驱散和非致命性打击；携带电磁干扰载荷，实现规模化干扰、多样化干扰、近距离干扰等集群电子战的目的。

三是具备基于大数据的智能决策能力。智能无人作战系统汇聚各类作战要素的环境、状态等信息，对海量数据进行挖掘和分析，为特定军事任务制定作战方案和效果预评估，为作战人员提供智能化的打击决策建议。

1.7　本章小结

本章从信息技术和军事信息技术的角度，分析了信息、军事信息、信息技术和军事信息技术等概念的定义，以及信息技术的发展、军事信息空间、军事信息技术对战争的影响、现代信息战争的发展趋势等，为后续章节打下基础。

1.8　思考题

1. 信息技术的概念和应用是什么？
2. 信息系统在战争中的作用是什么？

第 2 章

雷达

当前，雷达技术已被广泛应用于导航、海洋、气象、环境、农业、森林、资源勘测等领域，在军事侦察中，雷达更是将利用电磁波对目标进行检测、定位、跟踪、成像、识别的功能发挥得淋漓尽致。雷达究竟经历了怎样的发展历程？军用雷达怎么分类？军用雷达有什么样的技术和发展趋势？

2.1　定义

雷达，是英文 Radar 的音译，源于 Radio Detection and Ranging 的缩写，意思为"无线电探测和测距"，即用无线电的方法发现目标，并测定目标的空间位置。因此，雷达也被称为"无线电定位"。

雷达是利用电磁波探测目标并获取信息的传感器。雷达发射电磁波对目标进行照射并接收其回波，由此获得目标到电磁波发射点的距离、径向速度、方位、高度等信息。除无源雷达外，雷达一般采用主动工作模式。信号情报获取属于电子战中的无线电侦察。

1935 年 6 月，首台实用雷达在英国人罗伯特·沃特森·瓦特（Robert Watson Watt）的手中问世。从此，雷达一直活跃在战场上。雷达在现代战争中的作用主要表现在 3 个方面：第一，它是现代作战指挥系统中能够实时、主动、全天候获取信息的探测手段；第二，雷达是各类作战平台武器系统不可缺少的组成部分，是实现精确打击的必要手段，是发挥系统作战效能的倍增器；第三，雷达是发展各类先进武器系统过程中的重要测试评估手段。

2.2　简易工作原理

各种雷达的具体用途和结构不尽相同，但基本形式是一致的，包括：发射机、发射天线、接收机、接收天线、处理部分、显示器，以及电源设备、数据录取设备、抗干扰设备等辅助设备。

雷达的作用与眼睛和耳朵相似，它的信息载体是无线电波。可见光或无线电波本质上是同一种东西，都是电磁波，在真空中传播的速度都是光速，差别在于它们各自的频率和波长不同。雷达的工作原理是雷达设备的发射机通过天线把电磁波能量射向空间某一方向，处在此方向上的物体反射碰到的电磁波；雷达天线接收此反射波，并将其送至接收设备进行处理，提取有关该物体的某些信息（目标物体至雷达的距离、距离变化率或径向速度、方位、高度等）。

雷达设备的发射机产生足够的电磁能量，经过收发转换开关传送给天线。天线将这些电磁能量辐射至大气中，集中在某一个很窄的方向上形成波束，向前传播。电磁波遇到波束内的目标后，沿着各个方向产生反射，其中一部分电磁能量反射回雷达的方向，被雷达天线获取。天线获取的能量经过收发转换开关送到接收机，形成雷达的回波信号。由于在传播过程中电磁波会随着传播距离的增大而衰减，雷达回波信号非常微弱，几乎被噪声所淹没。接收机放大微弱的回波信号，经过信号处理机处理，提取出包含在回波中的信息，送到显示器，显示出目标的距离、方向、速度等。雷达基本原理如图 2-1 所示。

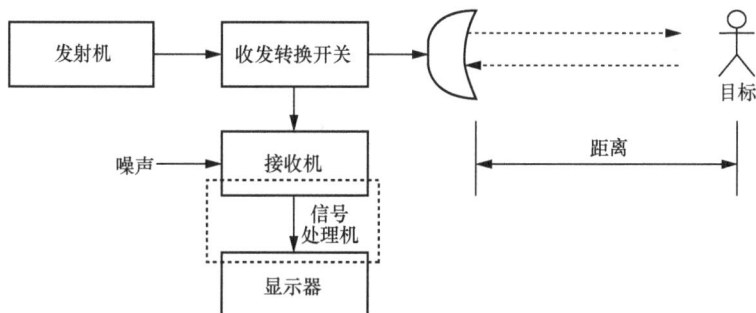

图 2-1　雷达基本原理

速度测量是利用雷达和目标之间相对运动产生的多普勒频率实现的。雷达接收到的目标回波频率与雷达发射频率不同，两者的差值被称为多普勒频率。从多普勒频率中可提取的主要信息之一是雷达与目标之间的距离变化率。当目标与干扰杂波同时存在于雷达的同一空间分辨单元内时，雷达利用它们之间多普勒频率的不同，从干扰杂波中检测和跟踪目标。测量目标方位的方法是利用天线的尖锐方位波束，通过测量仰角靠窄的仰角波束，根据仰角和距离计算出目标高度。测量距离的方法是测量发射脉冲与回波脉冲之间的时间差，因电磁波以光速传播，据此就能换算成雷达与目标的精确距离。雷达设备在探测、定位、识别和确定军事目标及其特征方面具有不可比拟的优势。

雷达的战术指标主要包括作用距离、威力范围、测距分辨力与精度、测角分辨力与精度、测速分辨力与精度、系统机动性等。其中，作用距离是指雷达刚好能够发现目标的距离，它取决于雷达的发射功率与天线口径的乘积，并与目标本身反射雷达电磁波的能力（雷达散射截面积的大小）等因素有关。威力范围是指由最大作用距离、最小作用距离、最大仰角、最小仰角及方位角范围确定的区域。

2.3　电磁波波段

C 波段、L 波段、Ku 波段、Ka 波段等，都属于我们常说的微波波段。微波是电磁波的一部分。微波波段的最早命名记录可以追溯到第二次世界大战（以下简称二战）时期，德国人占领欧洲大陆之后，想通过空中闪击战让英国屈服。英国为了对抗德国的空袭，建立了大量的雷达站（如图 2-2 所示）。

图 2-2　二战时期的英国雷达站

最早用于搜索目的的雷达，电磁波波长是 23cm（后来改为 22cm），英国人将其定义为 L 波段。L 是英文"Long"的首字母。L 波段也就是长波波段。后来，工程师们又做出了波长为 10cm 的雷达，定义为 S 波段。S 是"Short"的首字母。没错，S 波段就是短波，比长波"短一点"的波。再后来，3cm 波长的雷达出现了，这种雷达专门用于火控（Fire Control）瞄准，因此被称为 X 波段。X 来自瞄准镜的那个"准心"，也代表坐标上的某个点。S 波段和 X 波段的雷达在军舰上被广泛使用。S 波段雷达一般用作中距离的警戒雷达和跟踪雷达。X 波段雷达一般用作短距离的火控雷达。

为了结合 X 波段和 S 波段雷达的特点，科研人员研究出了波长为 5cm 的雷达，称之为 C 波段。C 就是单词"Compromise"的首字母，表示"结合"的意思。

德国人独立开发雷达选择了 1.5cm 作为雷达的中心波长。这一波长的电磁波被称为 K 波段（K 取自"Kurtz"，德语"短"的意思）。然而德国人发现 K 波段的电磁波很容易被水蒸气吸收，因此不能在雨雾天气使用。为了避免这一问题，德国人开始使用比 K 波段更长或者更短的电磁波作为雷达工作波。比 K 波段波长略长的，叫作 Ku 波段（Ku 即英语 K-under 的缩写，意为在 K 波段之下）。比 K 波段波长略短的，叫作 Ka 波段（Ka 即英语 K-above 的缩写，意为在 K 波段之上）。

最早的雷达还大量使用过米波，米波被称为 P 波段（P 为"Previous"的缩写，即英语"以往"的首字母）。后来，这些源于雷达的波段叫法进一步延伸到卫星、微波、广播电视等通信领域，成为行业的惯用叫法。

二战时期美国艾奥瓦级军舰上的雷达系统如图 2-3 所示。

图 2-3　二战时期美国艾奥瓦级军舰上的雷达系统（SG Radar，工作在 S 波段的雷达）

基于这些波段的叫法，电气与电子工程师协会（Institute of Electrical and Electronics Engineers，IEEE）进行了规范统一，具体见表 2-1。

表 2-1 IEEE 频率划分方法

名称	符号	频率	波段	波长	传播特性	主要用途
甚低频	VLF	3～30kHz	超长波	1000～100km	空间波为主	海岸潜艇通信、远距离通信、超远距离导航
低频	LF	30～300kHz	长波	10～1km	地波为主	越洋通信、中距离通信、地下岩层通信、远距离导航
中频	MF	0.3～3MHz	中波	1～100m	地波与天波	船用通信、业余无线电通信、移动通信、中距离导航
高频	HF	3～30MHz	短波	100～10m	天波与地波	远距离短波通信、国际定点通信
甚高频	VHF	30～300MHz	米波	10～1m	空间波	电离层散射（30～60MHz）、流星余迹通信、人造电离层通信（30～144MHz）、对空间飞行体通信、移动通信
特高频	UHF	0.3～3GHz	分米波	1～0.1m	空间波	小容量微波中继通信（352～420MHz）、对流层散射通信（700～10000MHz）、中容量微波通信（1700～2400MHz）
超高频	SHF	3～30GHz	厘米波	10～1cm	空间波	大容量微波中继通信（3600～4200MHz）、大容量微波中继通信（5850～8500MHz）、数字通信、卫星通信、国际海事卫星通信（1500～1600MHz）
极高频	EHF	30～300GHz	毫米波	10～1mm	空间波	入大气层时的通信、波导通信

更完整的 IEEE 微波波段规范见表 2-2。

表 2-2 IEEE 微波波段规范

波段代号	标称波长/cm	频率/GHz	波长范围/cm
P	–	0.23～1	130～30
L	22	1～2	30～15
S	10	2～4	15～7.5
C	5	4～8	7.5～3.75
X	3	8～12	3.75～2.5
Ku	2	12～18	2.5～1.67
K	1.25	18～27	1.67～1.11
Ka	0.8	27～40	1.11～0.75
U	0.6	40～60	0.75～0.5
V	0.4	60～80	0.5～0.375
W	0.3	80～100	0.375～0.3

2.3.1 多普勒雷达

利用多普勒效应进行目标检测和信息提取的脉冲雷达就是脉冲多普勒（Pulse Doppler，PD）雷达。脉冲多普勒雷达于 20 世纪 60 年代研制成功并投入使用。自 20 世纪 70 年代以来，随着大规模集成电路和数字处理技术的发展，脉冲多普勒雷达被广泛用于机载预警、导航、导弹制导、卫星跟踪、战场侦察、靶场测量、武器火控和气象探测等方面，成为重要的军事装备。装有脉冲多普勒雷达的预警飞机已成为应对低空轰炸机和巡航导弹的有效军事装备。此外，这种雷达还可用于气象观测，对气象回波进行多普勒速度分辨，可获得不同高度大气层中各种空气湍流运动的分布情况。脉冲多普勒雷达需要解决以下 3 个关键问题。

- 脉冲多普勒雷达应用的是目标回波的多普勒信息，在频域上通过滤波器分离目标和杂波，从而在强地物杂波中检测出微弱的运动目标。因此要具备在比目标回波强几十万倍的杂波中"筛选"出目标信号的高性能信号处理器，并且还要满足高分辨力处理的要求。
- 脉冲多普勒雷达从信号频率域中检测目标，因此雷达本身产生的各种频率信号及最终的功率（发射）信号都应是高稳定性的，即这些频率信号在频谱上是高纯度的。
- 副瓣杂波是指雷达天线各方向的副瓣照射地面时产生的杂波，取决于天线副瓣电平和地面散射特性。副瓣杂波的频谱很宽，且其强度与天线副瓣关系密切，只有有效降低天线副瓣电平，才能提高抑制杂波的能力。因此采用低副瓣天线是脉冲多普勒雷达的关键技术之一。

脉冲多普勒体制主要用于机载雷达，有时也用于舰载雷达和地面雷达。脉冲多普勒雷达的典型应用和要求见表 2-3。机载火控系统主要使用脉冲多普勒雷达。在脉冲多普勒技术应用之前，低空突防一直是非常安全有效的攻击方式，直到脉冲多普勒技术在机载雷达的应用中取得突破，即 20 世纪 70 年代以后的第三代战斗机和预警机普遍装备了 PD 雷达以后，以地杂波为低空突防入侵者保护的时期由此结束。

表 2-3　脉冲多普勒雷达的典型应用和要求

雷达应用	要求
机载或空间监视	探测距离远、距离数据准确
机载截获或火控	中等探测距离、距离和速度数据精确
地面监视	中等探测距离、距离数据精确
战场监视（低速目标检测）	中等探测距离、距离和速度数据精确
导弹寻的头	可以不要真实距离信息
地面武器控制	探测距离近、距离和速度数据精确
气象	距离和速度数据分辨率高
导弹告警	探测距离近、非常低的虚警率

2.3.2　相控阵雷达

相控阵是指由许多辐射单元排成阵列形式构成的天线，各单元之间的辐射能量和相位都是可以控制的。典型的相控阵利用电子计算机控制移相器改变天线孔径上的相位分布来实现波束在空间扫描，即电子扫描。在一维上排列若干辐射单元即线阵，在二维上排列若干辐射单元被称为平面阵。辐射单元也可以排列在曲线或曲面上，这种天线被称为共形阵天线。可以说，相控阵雷达是因为其天线为相控阵型而得名的。

相控阵雷达之所以具有强大的生命力，是因为它优于一般的机械扫描雷达，它具有以下特点。

（1）多目标能力

相控阵雷达利用电子扫描的灵活性、快速性和按时分割原理或多波束，可实现边搜索边跟踪的工作方式，与电子计算机配合，能同时搜索、探测和跟踪不同方向和不同高度的多批目标，并能同时制导多枚导弹攻击多个空中目标。因此，相控阵雷达适用于多目标、多方向、多层次空袭的作战环境。

（2）多功能、机动性强

相控阵雷达能够同时形成多个独立控制的波束，分别用于执行搜索、探测、识别、跟踪、照射目标以及跟踪、制导导弹等多种功能。一部相控阵雷达能起到多部专用雷达的作用，如一部美国"爱国者"多功能相控阵雷达可以完成相当于"霍克"和"奈基2型"9部雷达的功能，而且能同时对付更多的目标。因此，相控阵雷达可大大减少武器系统的设备数量，提高系统的机动能力。

（3）反应速度快

相控阵雷达不需要传统雷达天线伺服驱动系统，波束指向灵活，能实现无惯性快速扫描，缩短了对目标信号检测、录取、信息传递等所需的时间，具有较高的数据率。雷达与数字计算机结合起来，能大大提高自动化程度，简化了雷达操作，缩短了目标搜索、跟踪和发射控制准备时间，便于快速、准确地实施操作处理，因而可提高跟踪空中高速机动目标的能力。

（4）抗干扰能力强

相控阵雷达可以利用分布在天线孔径上的多个辐射单元合成非常高的功率，并能合理地管理能量和控制主瓣增益，可以根据不同方向上的需要分配不同的发射能量，易于实现自适应旁瓣抑制和自适应抗各种干扰，有利于发现远距离目标和小雷达反射面目标（如隐身飞机），还可以提高抗反辐射导弹的能力。

（5）可靠性高

相控阵雷达的阵列组较多，且并联使用，即使有少量组件失效，相控阵雷达仍能正常工作。此外，随着固态器件的发展，相控阵雷达的固态器件越来越多，雷达的可靠性大大提高，如美国的"爱国者"雷达，其天线的平均故障间隔长达15万小时，即使有10%的单元损坏，也不会影响雷达的正常工作。

相控阵雷达一出现就得到了广泛的应用，在军事上主要用作地面远程预警雷达、机载和舰载预警雷达、炮位测量雷达、靶场测量雷达等，广泛用于弹道导弹防御、靶场测量，以及对空监视、地面炮位侦察、火控、制导和航行管制等方面。

2.3.3 合成孔径雷达

合成孔径雷达（Synthetic Aperture Radar，SAR）是利用雷达与目标的相对运动，把尺寸较小的真实天线孔径用数据处理的方法合成一个较大的等效天线孔径的雷达，是目前应用最多的成像雷达，它可以同时提供距离和方位二维高分辨力图像。距离分辨力由雷达采用的信号带宽决定，信号带宽越宽，距离分辨力越高。方位分辨力取决于天线的方位波束宽度，方位波束宽度与天线孔径成反比，与雷达工作频率成正比，这两者受实际工程实现的限制，导致常规雷达的方位分辨力较低。为此通过雷达平台的移动，把一段时间内收到的信号进行相干合成，等效为一个长的合成孔径，即天线只作为天线阵中的一个单元天线，当载体以一定的速度飞行时，将经过 $1 \sim n$ 个位置，如果能把载体在第 $1 \sim n$ 个位置时接收到的目标信号振幅和相位存储下来，当经过第 n 个位置后，再把之前存储的信号提取出来，同时叠加和处理，这样就等效为孔径为 nd 的天线了，从而使波束宽度变窄。因为这不是一个实际的天线孔径，而是人工合成的等效孔径，所以称之为合成孔径，根据这种原理构成的雷达即合成孔径雷达。合成孔径雷达的基本工作模式是条带工作模式，雷达安装在沿一定轨道运动的载体上。

逆合成孔径雷达（Inverse Synthetic Aperture Radar，ISAR）是在 SAR 基础上发展起来的一种新的微波成像雷达体制，是雷达成像的重点发展方向之一。它是雷达不动、目标运动的成像雷达。ISAR 能从固定或运动平台对飞机、导弹、卫星、舰船、天体等运动目标进行全天候、全天时、远距离成像，在战略防御、反卫星、战术武器及雷达天文学中有重要的应用价值。

干涉合成孔径雷达（Interferometric Synthetic Aperture Radar，InSAR）是在 SAR 基础上发展起来的一种干涉测量雷达。InSAR 利用两部具有一定视角差的 SAR 进行成像，并对成像复数数据进行干涉处理，得到干涉相位，再配合目标与雷达之间的几何关系计算出目标的高程，完成对目标区域的三维成像工作。

合成孔径雷达技术复杂，造价昂贵，体积较大，定型初期主要用于星载探测，发展迅速。随着大规模集成器件的发展，SAR 系统越来越多地被应用于飞机上，特别是小型飞机和无人机上。Lynx 是美国开发的专用于无人机的 SAR 系统，仅重 55 千克，分辨率为 0.1～0.3 米，工作于 Ku 波段，有多种工作模式：聚束照射模式、两种条带照射模式、地面动目标显示模式、相干变化检测模式。

SAR 作为一种主动式传感器，不受光照和气候条件的限制，可以实现全天时、全天候对地观测，还可以透过地表和植被获取地表下的信息。随着合成孔径技术的不断进步，合成孔径雷达成本、功耗、体积等不断降低，其应用将越来越广泛。

2.3.4 毫米波雷达

通常毫米波雷达是指工作频域在 30～300GHz（波长为 1～10mm）的雷达。毫米波的波长介于厘米波和光波之间，穿透雾、烟、灰尘的能力较光波强，具有近全天候（大雨天除外）、全天时的特点。同时也应注意，不同频率的毫米波雷达波束，其大气的吸收率不同，即存在大气窗口，因此，毫米波雷达大多选在这些"窗口"频率上。按照世界无线电行政会议（World Administrative Radio Conference，WARC）的分配，毫米波雷达的"窗口"频率共有 10 个，分布在 59～248GHz 范围内。

自 20 世纪 80 年代以来，国外出现了大量的毫米波雷达测试系统，有一些毫米波雷达用于直升机的防撞和目标搜索与跟踪的多功能雷达系统。当前毫米波雷达广泛应用于武器末制导雷达、近程火控雷达、靶场测量雷达、战场监视与成像雷达。在航天应用中，毫米波雷达用于宇宙飞船的会合、对接和着陆等。可以预见，毫米波制导技术作为全天时、准全天候的精确制导技术，将被更多的精确制导武器使用。

近几年，随着计算机技术、毫米波固态技术、信号处理技术、光电子技术及材料、器件、结构、工艺的发展，固体共形相控阵天线和毫米波集成电路技术等相关技术的成功应用为毫米波雷达性能的提高打下了良好的基础。

美国 AH-64D "阿帕奇" 武装直升机装载在桅杆上的 "长弓" 雷达是一种全天候工作的毫米波雷达。它有对 128 种目标进行扫描、检测和分类的能力，并能优先识别最具威胁性的 16 种目标。作战时，在 7 架 "阿帕奇" 组成的攻击群中，有 2 架是带毫米波雷达的，雷达获取的目标数据可供武装直升机群共享。美国军方对 AH-64D 进行试验评估后认为，与原型机 AH-64A 相比，其生存力提高了 7 倍，杀伤力提高了 4 倍，战场有效性提高了 27 倍。

2.3.5　无源雷达

通常人们所说的雷达指有源雷达，它依靠自身定向辐射电磁波，照射空中目标，并进行探测、定位和跟踪。无源雷达自身不辐射电磁波，它借助外部非协同式的辐射源进行探测和定位。外部辐射源包括两大类：一类是待观测的目标自身携带的辐射源，包含雷达、通信、应答机、有源干扰机、导航等电子设备；另一类是待观测的地区已有的非协同式的辐射源，包含地面广播电台、电视台、通信台站、直播电视卫星、导航与定位卫星、各种平台上的有源雷达等。

无源雷达利用目标辐射、转发和反射的电磁信号对目标进行探测、定位、跟踪及识别。一般来说，无源雷达有两种工作方式。第一种工作方式是利用目标上辐射源发射的电磁信号，通过单站或多站测量完成目标定位，这类雷达的测量参数可以是到达时间（或时间差）、到达方位（或方位角 w 随时间的变化率）和到达频率及其差值。无源雷达就是利用这些测量值通过几何关系计算来确定目标位置的。第二种工作方式是利用外部辐射源（合作和非合作）通过目标反射的电磁信号定位目标。这类雷达常用的外辐射源的频率为 100MHz 左右的广播调频信号以及 48～958MHz 的电视信号。这类外辐射源雷达利用广泛分布的外辐射源信号，测量发射台的辐射信号，得到目标到发射台和接收站的距离之和，利用接收站方向性很强的天线波束完成对目标的无源定位。

无源雷达第一种工作方式得到了重点研究和广泛应用。由于其借助外部辐射源来探测目标，本身不发射电磁信号，具有以下优点：①隐蔽性好，生存能力强；②抗干扰能力强；③无源雷达只经受单程传播衰减，尽管目标辐射、应答和反射的电磁信号大大弱于有源雷达发射的电磁信号，但作用距离可与有源雷达的作用距离相比拟；④无源雷达由于采用目标辐射的电磁信号，载有目标类型和工作模式的有用信息，可形成 "细微" 识别数据库，具有很强的目标、平台分类和识别能力；⑤无源雷达工作不受目标反射面积的限制，且隐身飞机不可能长期处于电磁静默状态，因此具有探测隐身飞机的能力；⑥无源雷达的工作频带一般设计得特别宽，从几百兆赫到 18GHz，适应性非常强，可以对许多类型的辐射源进行定位跟踪。

无源雷达的缺点也是显而易见的：首先它是一种被动雷达，依赖敌方发射的电磁信号，即使采用广播电视信号，也难免因广播等发射台遭到轰炸而被摧毁或者由于广播台不发射电磁信号而无法工作；当然目标上的辐射源处于静寂状态时，第一类无源雷达也无法工作，因此无源雷达只能起到电子支援和补充有源雷达的作用。

目前无源雷达已在许多国家得到大力研究和开发，最著名的是捷克的 WERA-E 电子情报和无源空中监视系统，它是集侦察和雷达于一体的无源雷达探测工作系统。它的前身 "塔马拉"雷达是 1999 年南斯拉夫防空部队击落美国 F-117A 隐身战机的幕后功臣，它是一种可用于三维搜索的被动式雷达，主要根据电磁波到达的时间差来探测、监视、识别和跟踪目标。从最近几次局部战争来看，无源雷达探测定位在现代强电磁环境中具有与有源雷达探测定位同等重要的地位，是未来应对空中预警机、电子干扰飞机、隐身飞机等高价值目标以及其他大功率辐射源的重要电子战手段。无源雷达与有源雷达相互配合构成雷达网是今后雷达的一个发展方向。

2.4　雷达对抗

　　雷达对抗是为削弱和破坏敌方雷达使用效能、保护己方雷达正常发挥效能采取的措施和行动的总称。

　　雷达对抗的内容主要包括：雷达对抗侦察、雷达干扰和雷达防护。

　　雷达通过电子波对目标进行测量，雷达设备在探测、定位、识别和确定军事目标及其特征方面具有不可比拟的优势。同时，由于雷达不受光照及气象条件的限制，其可以在黑夜状态下或穿透云雾探测目标，工作在特定波段的雷达甚至能穿透树冠和地表侦察隐蔽目标。因此，雷达在军用及民用领域都已得到广泛应用，从战场侦察到目标监视，从精确打击到毁伤评估，是火炮瞄准、导弹制导等先进武器系统的核心，也是飞机、军舰等主战武器平台的重要组成；而采用先进体制的合成孔径雷达更能够实现对目标的高精度成像。雷达技术及雷达装备的发展能极大地提高军队战斗力，对战争的胜利起着关键的作用。

　　雷达对抗是电子对抗的重要分支。雷达对抗行动针对雷达预警探测系统、雷达制导武器系统及携带雷达的先进武器平台，通过电子侦察获取敌方雷达设备的技术参数及军事部署，采用电子干扰、电子欺骗和电子攻击等软硬杀伤手段，达到削弱和破坏敌方雷达系统及作战武器效能的军事目的。雷达对抗技术即实施雷达对抗采用的所有技术措施。

2.4.1　定义

　　雷达对抗侦察的任务是：利用雷达对抗侦察设备截收敌方辐射源信号，经过信号分析、处理和识别，获取敌方辐射源的工作频率、信号调制方式等技术参数，进而获取敌方辐射源的部署配置、用途及威胁等级等战术情报。

2.4.2　雷达对抗侦察的地位

　　（1）雷达对抗侦察是电子对抗的基础

　　为了有效干扰敌方雷达的工作，必须全面、准确地掌握敌方雷达的技术参数和抗干扰能力。这些情报通常依赖电子对抗情报侦察（Electronic Intelligence，ELINT），在长期、大量和全面地掌握了敌方雷达的各项技术参数后，通过分析和综合，找出敌方雷达的体制和构成特点，为选择合适的干扰样式提供依据。同时，在全面掌握敌方干扰设备的性能和技术特点后，又可以结合己方雷达的特点，制定有效的反干扰措施。

（2）雷达对抗侦察是电子干扰的保障

现代电子对抗的手段已经越发多变和具有针对性，如果不能获取雷达侦察情报并及时调整己方的对抗手段，有针对性地对敌方设备进行干扰并对己方实施电子防护，将失去电子战的主动权。

2.4.3　电子对抗情报侦察

电子对抗情报侦察的任务是全面地、准确地获取雷达的技术参数和战术情报，并为电子对抗支援侦察预先提供基础情报。

电子对抗情报侦察的特点如下。

- 全面详尽地侦察敌方雷达的有关技术、战术参数，掌握其活动规律和发展动态，以供上级指挥机关参考和情报部门中心数据库存档。
- 无论战时还是平时，都要求不间断地、定期地进行电子对抗情报侦察，侦察时间比较充裕。
- 电子对抗情报侦察设备通常包括专门的地面侦察站、侦察飞机、侦察卫星、侦察船等。

2.4.4　电子对抗支援侦察

电子对抗支援侦察的任务是实时侦察敌方雷达当前的工作状态、威胁等级、部署配置和机动情况等信息，作为指挥员制定当前作战计划的参考。

电子对抗支援侦察的特点如下。

- 侦察的目的是满足当前作战的需求，对雷达参数测量的全面性要求低于情报侦察，但对具有较高威胁等级的雷达，要求及时、准确地截获信号并进行分析识别。
- 电子对抗支援侦察通常在战斗前夕和战斗中进行，对于敌方制导雷达和火控雷达，通常要求及时和准确测定其空间位置，引导杀伤武器予以摧毁或实施有源、无源干扰。
- 要求装配这种侦察设备的平台机动性能好，具有自卫能力，如电子战飞机、军舰、地面机动侦察站或无人机等。

2.4.5　雷达寻的和告警

雷达寻的和告警（Radar Homing and Warning，RHAW）的任务是在作战中实时截获和识别敌方雷达的威胁信号并告警，使飞机、舰艇和地面机动部队等作战力量能够及时采取机动回避等自卫手段。

雷达寻的和告警的特点如下。

- 为了自身安全，不要求对雷达信号做全面或精确的测量，只要求针对当前战斗环境中最具威胁的辐射源、最有特性的参数，对其进行实时、无遗漏的截获和识别，以便实时进行电子干扰或及时进行机动回避。
- 雷达寻的和告警在战斗中进行，随时处于最优先的告警状态。

- 雷达寻的和告警设备通常搭载在作战飞机和舰艇上，由于它针对的雷达对象比较明确，测量的参数也比较简单，因此设备体积较小。

2.4.6　引导电子干扰或杀伤武器

引导电子干扰或杀伤武器的雷达对抗侦察设备，在结构上可以与干扰设备或杀伤武器融为一体，也可以是独立的设备。

用于引导干扰设备时，通常侦察设备实时提供雷达的方位、工作频率、调制参数和威胁等级等参数，引导干扰设备根据侦察参数，选择最优的干扰样式、干扰参数和干扰时机。

用于引导杀伤武器时，主要由侦察设备提供雷达的准确位置。反辐射导弹就是搭载雷达对抗侦察设备的导弹，它的出现使雷达对抗侦察技术由被动的、无源的发展为进攻性的电子对抗装备的重要组成部分。

2.5　雷达目标识别

2.5.1　定义

雷达目标识别的含义为：根据获取的战场目标暴露特征（该特征具有同背景和干扰物可分离性与分辨性、物理表征不变性），通过对目标特征信息进行深入分析、处理和判断，实现对被发现目标属性和国籍、归属部门的判别（识别）。一般而言，目标暴露特征主要有外表特征、活动特征、配置特征、电磁波辐射和反射特征及已获知目标某些特殊的知识或规则等。根据获取信息的类型不同，目标暴露特征信息可分为图像特征信息、信号特征信息、量测特征信息等。

2.5.2　雷达目标识别重要性

目标识别在战争中具有重要地位。第一，在战场上，快速准确识别敌我是制胜的先决条件，也是信息化战争中联合作战至关重要的前提。在 20 世纪 90 年代的海湾战争中，联军共发生了 28 次自相残杀的事故，英军有 9 人被美军误认为敌军而遭受袭击致死；在 2003 年的伊拉克战争中，两架美国陆军直升机被己方的战斗机击落。这些事实表明，战争中，目标敌我识别错误导致的后果是十分严重的。第二，信息获取技术与武器系统交联时，尤其是精确打击，需要及时、准确识别目标类型，提供目标定位信息，基于这些信息，武器系统才能实施准确攻击。第三，在战场态势评估中，需要掌握敌方的目标类型，支持战场态势估计和威胁评估，从而为决策提供有力依据。

2.5.3　回波特性目标识别

（1）定义

雷达回波特性的目标识别技术是指利用目标对雷达回波信号的时频调制特性、极化特性、散射特性及其他特性，提取各类目标的雷达信号特征，选择目标的有关信息标志和稳定特征，对获取的信息进行分析，从而对目标的真假或敌我属性等做出相应的判别，确定目标的种类、型号等。基于回波信号的雷达目标识别系统一般由目标识别预处理、特征信号提取、特征空间变换、模式分类、样本学习等模块组成。模式分类就是设法找出区分各类目标的函数，即判决函数。分类器实质上是一个存储若干判决函数的数据库，用于判决模式的类别，以达到目标识别的目的。

（2）分类

雷达目标特征识别技术大致有下列 6 种。

① 根据回波信号的多普勒分析进行识别

有一些目标各部分运动速度不同，会在回波中产生不同的多普勒频移。

例如螺旋桨飞机的螺旋桨部分与机身会产生不同的多普勒频率。利用回波信号的频谱分析就可以对目标进行识别。这类雷达要有较高的频率分辨能力，因此连续雷达波或高重复频率脉冲多普勒雷达比较适用。这种技术只适用于目标上有相对运动部分的情况。

② 根据目标极化特性进行识别

雷达目标可视为一极化变换器，回波极化相对于发射极化的变化反映了目标特性，包含了有关目标的信息，因而可用于目标识别。

③ 根据目标频率响应进行识别

将目标看成一个线性非时变系统，并用极点表征目标的固有信息。

雷达目标如同一个多输入、多输出的线性非时变系统，在 4 米立体角内目标的任一姿态角都可视为一对输入和一对输出，分别对应一对正交极化，不同的姿态角对应着不同的输入与输出。因目标的极点是独立于姿态角的，故其极点可作为目标的识别参数。通过解卷积与提取极点识别目标，适当设计发射信号，找到目标某一特定自然谐振频率。确定其极点的方法也属于这一类识别法。

④ 根据对目标回波进行空间相干处理的方法进行识别

这种方法是利用逆合成孔径成像（雷达波束不动，依靠目标移动成像）原理来实现的。任一目标都可用一个特定的二级反射函数来表征其反射特性。由于目标运动，通过逆合成孔径雷达，可求得此函数。其处理步骤为变频至基带补偿因目标运动产生的相位项，然后再作二维逆傅里叶变换以复原反射函数。根据反射函数的知识，利用经典的图像处理技术即可识别目标。可得到的分辨力取决于目标姿态角的变化范围，即取决于目标的运动和观察时间，姿态角变化 $360°$，理论上分辨力为 $0.2A$（A 为波长），而与目标距离无关。

⑤ 谐波识别

人造目标的金属接缝有类似半导体结构的非线性特征，在电波反射过程中会产生谐波分量。不同的目标产生各次谐波分量的强弱不同，借此可对目标进行分类。此法需在雷达接收机中增加若干个谐波接收通道，且要求天线必须有足够宽的频带。

⑥ 轨道识别

对多次目标回波进行处理，获得目标运行轨道，判明目标种类，例如区分卫星与导弹的识别方法就是基于这种识别方法的。

上述各种识别分类法各有其特点，要使目标识别更准确，可以考虑综合应用两种或多种分类法对目标进行分类。随着自适应多维处理技术和雷达网的发展，这种综合的目标识别技术无疑将是今后的发展方向。

2.5.4　合成孔径雷达目标识别

大多数合成孔径雷达将未经处理的数据通过一个宽带数据链发送到地面，由地面处理器实施成像算法、运动补偿、降噪滤波和几何校正等处理后，得到高分辨力的雷达成像。因此采用合成孔径雷达或逆合成孔径雷达可获取目标成像图像，从而获得目标的几何形状信息。

对合成孔径雷达形成的图像进行目标识别，其过程与光学图像处理过程相似，对图像进行滤波降噪，进行感兴趣地区分割和目标特征提取，再利用图像特征模式识别方法，对 SAR 图像场景中的目标（如机场、舰艇、装甲车辆等）进行识别。

SAR 成像的目标识别技术主要有模板匹配识别技术、统计模式识别技术及基于模型的目标识别技术。这些识别技术的关键是提取目标的影像特征或目标的判读标志，主要有目标比例大小、目标形状、色调、纹理、图案等。

2.5.5　雷达辐射源目标识别

电子信号主要包括雷达信号、敌我识别询问应答信号、测控信号。

雷达信号或雷达辐射源的识别通过雷达接收机截获敌方雷达信号，通过信号与信息处理，测量雷达技术参数，进行辐射源的信号分选与识别。主要信号识别参数如下。

- 到达方向：供信号分选和定位。
- 射频频率：可根据射频频率信息对信号进行分选，估计雷达类型。
- 到达时间：对脉冲重复间隔稳定的雷达，到达时间可用来产生可靠的分选和识别参数——脉冲重复间隔周期。对于采用时差定位体制的侦察系统，到达时间的精确测量是确定辐射源位置的前提。
- 脉冲幅度：可用于估计辐射源的等效辐射功率，从而判断辐射源的用途和类型。
- 脉冲宽度：可用于分选和识别雷达，但精确测量脉冲宽度比较困难。

通过测定这些雷达参数，采用模式识别方法（如统计模式识别、模糊模式推理识别、神经网络识别、黑板模型、专家分析系统）完成雷达辐射源的识别。

2.5.6　雷达指纹（个体）识别

与通信信号指纹识别类似，对侦收的信号，提取其"指纹"特征（话音特征、手发报的报调、数字报的频域特征和时域特征）、调制细微特征（调制深度、调制失真等）、载波细微特征（载波功率谱、载波相位、载波的频率稳定度、寄生调制、谐波失真等），再采用累积的信号特征模式进行分析与比对，根据其相似程度进行判决，实现辐射源的个体识别，提供该通信电台的使用情况与活动规律。

"指纹"识别与辐射源识别区别在于，辐射源识别区分不同型号的雷达（通信）设备，而"指纹"识别适用于区分相同型号设备的不同个体，"指纹"识别更加复杂。

侦察、识别的目的是截获敌方的通信信号，分析获取其情报。一方反侦察措施不仅要防止其信号被截获，还要进行各种伪装、欺骗，使另一方对侦收的信号做出误判。从理论上讲，任何一种信息获取手段都有被敌方欺骗、利用的可能，因此通过侦察实现信号目标识别的技术手段，其识别的可靠性、准确性和实时性带有一定的不准确性，称为非协同目标识别。但是针对信号的目标识别目的仍然是获取战略性军事、技术情报信息。

2.5.7　敌我识别询问应答信号识别

敌我识别询问应答信号是一种"二次"雷达信号，与雷达信号识别有相似之处，但敌我识别询问应答信号是一组特殊脉冲编码信号，因此，敌我识别询问应答信号的识别应首先根据截获的重叠信号分选，提取信号的脉冲列；然后根据特定应答信号格式框架，采用滑动相关法判断截获信号属于哪类询问应答信号。

对于同类敌我识别询问应答信号的个体识别，首先提取信号的细微特征及变换域特征，然后综合利用信号的细微特征，采用统计特征分类器或神经网络分类器，实现敌我识别询问应答信号的个体识别。

2.6　雷达干扰

2.6.1　雷达干扰的意义

当获取了敌方雷达的侦察信息后，若敌方的雷达对己方有威胁，则必须采取对抗措施。对付敌方雷达有 3 种措施：一是硬摧毁，二是告警和规避，三是进行电子干扰。

硬摧毁是最有效的方法，但其实现受客观条件的限制，尤其是对探测距离较远或部署较为隐蔽的雷达，难以进行火力打击。

采用告警和规避的方法是被动的措施，也是运动目标为保护自身经常采取的措施。在很多情况下，告警和规避也是无法实现的，如被保护的目标是固定的，或为了完成特定的任务必须通过敌方雷达的监视区。

相对而言，无论是防护还是进攻，采用雷达干扰措施都是针对敌方雷达常用的有效对抗途径。

雷达干扰就是利用电磁能削弱或破坏敌方雷达探测和跟踪目标能力的战术技术措施。

对雷达而言，除回波信号外的所有信号都是干扰信号，一切产生这些干扰信号的措施都是干扰措施。本书此处讨论的"雷达干扰"指有意干扰。雷达干扰军事行动中的主要任务包括如下 3 个方面。

- 对敌方预警雷达实施干扰，削弱或破坏敌方预警雷达的目标探测能力，使其无法获取正确的目标信息，延误或扰乱敌方作战指挥，掩护己方行动。
- 对敌方跟踪雷达实施干扰，削弱或破坏其目标跟踪能力，使其无法跟踪目标或跟踪虚假干扰目标，降低敌方武器系统的命中率，保护或掩护己方武器系统的有效工作。
- 作为己方防空系统的重要组成，干扰敌方制导武器的雷达系统，干扰敌方雷达侦察系统，掩护己方重要军事目标。

2.6.2 雷达干扰的分类

按照干扰信号的能量分类,雷达干扰可分为有源干扰和无源干扰;按照干扰的作用分类,雷达干扰可分为压制干扰和欺骗干扰;按照作战使用方式分类,雷达干扰可分为自卫干扰和支援干扰。雷达干扰的分类见表2-4。

表2-4　雷达干扰的分类

分类方式	一级分类	二级分类
按干扰原理	有源干扰	有意干扰
		无意干扰
	无源干扰	有意干扰
		无意干扰
按干扰作用	压制干扰	有源
		无源
	欺骗干扰	有源
		无源
按作战使用方式	自卫干扰	–
	支援干扰	近距离
		随队
		远距离

有源干扰指使用能够辐射或转发干扰信号的干扰设备,对敌方雷达实施干扰,削弱或破坏其正常工作能力。无源干扰设备利用本身不能发射电磁波的器材反射、散射或吸收敌方雷达信号,同样能够破坏其探测或跟踪性能。人为或自然界的无意干扰也能对雷达产生干扰,例如宇宙干扰和雷电干扰是自然界产生的有源无意干扰,而工业干扰、友邻雷达干扰、电台电视台干扰等则是人为的有源无意干扰,甚至自然地物、人造建筑物、树冠、鸟群等也能产生无源干扰。

无论是采用有源还是无源的技术手段,压制性干扰的目的都是产生强干扰信号进入雷达接收机,破坏雷达接收系统对真实目标的探测和跟踪,使雷达系统无法有效获取目标信息;而欺骗性干扰的目标则是模拟目标回波信号并进入雷达接收机,使雷达接收系统探测跟踪虚假目标、获取错误目标信息。

自卫式雷达干扰是指被保护目标自身带有干扰设备和干扰器材,在工作过程中能够实施干扰掩护自身行动,提高自身的生存能力。而支援式雷达干扰设备通常搭载在专用的平台上,在目标工作过程中对敌方雷达进行干扰,掩护目标的作战行动,为作战力量和武器提供保护。

雷达干扰中常用的干扰模式是有源压制性干扰和有源欺骗性干扰。

（1）有源压制性干扰

根据上述雷达分类的描述可以理解,实施有源压制性干扰,就是雷达干扰设备发射或转发强度较大或数量较多的干扰信号,淹没敌方雷达信号或使敌方雷达接收系统处理设备饱和,破坏敌方发现跟踪目标的能力。噪声干扰是应用最广泛的有源压制性干扰,对各种体制的雷达,噪声干扰均能够产生一定的干扰作用。随着雷达系统的发展,噪声干扰能够有效干扰雷达系统所需的功率也在增加。

　　按照干扰信号带宽与受干扰的雷达接收机带宽或频带的比值,噪声干扰可以分为瞄准式干扰、阻塞式干扰和扫频干扰。瞄准式干扰是指干扰的带宽相当或稍大于雷达接收机的带宽,对雷达形成很高的干扰功率谱密度,在取得良好干扰压制效果的同时干扰效率较高,通常需要获取敌方雷达的侦察信息。阻塞式干扰是指没有敌方雷达的参数引导或敌方雷达采取频率捷变、频率分集等工作方式,需要干扰带宽远大于目标信号带宽,这种干扰方式的干扰功率分散在很宽的频带上,干扰功率谱密度较低,形成有效的压制需要采用大功率干扰发射机。扫频干扰则是指干扰发射机的载频按某种方式在某一频段内周期性地连续变化而形成的电子干扰,在具有较高干扰功率谱密度的同时得到宽带阻塞的干扰效果,但在时域上对频带内雷达的干扰是不连续的。

　　有源压制性雷达干扰由于需要发射干扰信号,容易受到敌方雷达的侦察并采取抗干扰措施或反辐射攻击,因此在作战中使用需要谨慎选择方式和时机。

　　(2)有源欺骗性干扰

　　有源欺骗性干扰可以是干扰设备接收并调制敌方雷达信号,得到参数改变的干扰信号并转发回敌方雷达,也可以是干扰设备根据情报信息生成干扰信号向敌方雷达发射。显然后者实现比较困难。有源欺骗性干扰可以产生假目标干扰、距离欺骗干扰、速度欺骗干扰和角度欺骗干扰,对雷达产生不同的干扰作用,广泛应用于对自动跟踪雷达的欺骗干扰。

　　假目标干扰的设备被称为假目标产生器,接收主瓣或旁瓣的雷达脉冲信号再转发,通过不同的参数调制可以产生距离、速度和角度不同的假目标,迷惑敌方雷达接收系统。

　　距离欺骗干扰即距离拖引干扰,是指将敌方雷达信号放大并调制后再转发,使雷达接收到的干扰信号强于目标回波信号,根据信号检测原理,雷达的距离跟踪门将会跟踪干扰形成的假"目标"回波信号,通过对干扰信号逐渐延时,使其与目标信号逐渐分离,此时距离波门被拖引离开真实目标,达到欺骗的目的。

　　速度欺骗干扰则采用速度波门拖引干扰和假多普勒频率干扰,对用于测量目标速度和进行速度自动跟踪的连续波雷达和脉冲多普勒雷达进行有效干扰。

　　角度欺骗干扰可以通过发射与目标回波信号角度不一致的干扰信号实现,角度欺骗干扰导致雷达的角度自动跟踪系统跟踪误差增大,使雷达错误跟踪甚至中断跟踪。针对不同跟踪体制的雷达,需要采用不同的角度欺骗干扰技术,如相干干扰和闪烁干扰可以对单脉冲跟踪雷达进行角度欺骗干扰,而倒相干扰则用于欺骗圆锥扫描雷达。

　　现代雷达的功能已大大拓展,针对新的雷达,需要达到的干扰效果也不相同,但基本原理是相同的,需要根据具体的雷达信号、工作模式选择或提出适用的雷达干扰技术。如对于先进的成像雷达,干扰目的不再是扰乱探测和跟踪,而是使雷达不能生成高分辨率雷达图像,干扰对象也从一维发展为二维图像。但基本的有源噪声干扰仍是有效的干扰手段,有源转发干扰也同样能够在图像上形成假目标干扰,干扰的有效性需要结合雷达功能进一步探讨。

2.7　本章小结

　　本章对雷达的定义、雷达的分类、雷达对抗、目标识别和雷达干扰进行了论述,该部分内容是后续信息处理的基础。当前，随着世界新一轮科技革命和产业革命加速推进，与雷达相关的创新应用进入空前活跃的时期，在国防建设、经济发展、技术创新等方面呈现出以下特点和趋势：一是在国防建设方面，雷达由单装向体系化发展；二是在经济发展方面，雷达正加速融入千行百业；三是在技术创新方面，雷达智能化应用迅猛发展。随着大数据、人工智能、高端集成电路等技术的快速发展，传统雷达正加速向数字化、网络化、智能化转变。雷达在自动驾驶、对地观测、航空管理等领域的应用不断扩大，未来雷达发展和应用不可限量。

2.8 思考题

1. 什么是雷达？
2. 不同雷达的作用是什么？
3. 无源探测技术和有源探测技术应当如何结合使用？

第3章

导航与定位

导航与定位系统在军事上的应用，在某种意义上能起到决定战争胜负的作用，因而导航与定位领域的发展与反发展、遏制与反遏制，已成为全球军备竞赛的重要组成部分，说它是一种看不见炮火的战争或战争的"热身"也不过分。

3.1 定义

导航（Navigation）是引导飞机、舰船、车辆和武器等运载体及人员准确地沿着选定的路线到达目的地的科学。

定位（Location 或 Position）是获取载体、人或地球上固定点空间位置的科学。尽管导航与定位在概念上存在差别，但两者密不可分，通常在应用中不做特别区分。例如，美国GPS 和俄罗斯 GLONASS 都是以人造地球卫星为基础的高精度无线电导航定位系统，GPS全称是全球定位系统（Global Positioning System），GLONASS 全称是全球导航卫星系统（Global Navigation Satellite System）。

随着导航定位手段的不断进步，导航定位维度也在不断拓展之中。卫星导航这一新兴导航手段的出现，使导航定位从空间信息领域扩展为时间–空间信息（简称时空信息）领域。统计分析表明，现代社会中 85% 以上的信息是与物体的位置、速度及时间相关的，即与时间、空间相关，时空信息成为信息的主要组成部分。导航定位技术是产生、传递与获取时间和空间信息的主要手段。导航定位技术的发展推动了新兴信息技术的迅猛发展和世界范围内的新军事变革。以卫星导航技术为主体的现代导航技术，可以全天候、全天时为陆海空天各类军民载体，特别是各类主战武器系统与平台，提供高精度时空基准信息，已成为国家重大基础设施和高水平信息化建设的核心支撑技术，对当今国民经济、社会发展和国防战略有重大影响。

3.2 导航定位技术分类

3.2.1 基于导航信息获取方式分类

根据测量导航对象的运动参数利用的物理原理和技术手段（获取方式）不同，可将各种类型的导航定位分为惯性导航（Inertial Navigation）、无线电导航、各种辅助导航，以及上述导航手段中两种或多种相结合构成的组合导航等类型。其中，无线电导航是一大类导航技术的总称，包括无线电信标、伏尔、塔康、罗兰–A 和罗兰–C、卫星导航等。目前常见的导航定位手段有卫星导航、惯性导航及组合导航。

惯性导航是军事特色鲜明的导航系统，利用惯性仪器（或惯性器件）测量载体位置、速度、航向等导航参数。惯性导航系统（Inertial Navigation System，INS）在武器平台中应用最为广泛，如战略导弹、核潜艇等。

无线电导航应用非常广泛，通过接收多个导航台的无线电信号，利用无线电测量、信号与信息处理技术确定导航信息。但是，在无线电导航中，载体上的导航设备不能独立完成导航任务，需要在载体外部的导航台配合下才能产生导航信息。无线电导航系统由导航台和导航设备两部分组成，导航台与载体上的导航设备使用无线电波相互联系，构成无线电导航系统。导航台可以设在陆地、舰船、飞机上，甚至可以设在卫星上。根据导航台位置的不同，可将无线电导航系统分为卫星导航和陆基无线电导航，其中陆基无线电导航包括机载、舰载、陆基导航等。

辅助导航指通常不独立使用，通过弥补其他导航手段的弱点而发挥其自身作用的导航技术。辅助导航本身是可以独立完成导航任务的，但独立使用时其在成本、精度等方面的优势不如其他导航手段。目前主要的辅助导航手段有：天文导航、地磁匹配、重力匹配、地形匹配、景象匹配。其中，天文导航通过观测天体方向测定载体当前所在位置、航向。另外 4 种匹配导航的手段不同但原理相似，通过地磁仪、重力仪、相机等设备测量航路上的地磁场、重力场、地形、景象，并与事先测量存储的数据进行比对来完成定位。

组合导航通常把两种或两种以上不同的导航方式以适当的方式组合在一起，利用不同导航系统性能上的互补性来获得更高的导航性能。常见的组合导航包括以下 4 种。

- 惯性+卫星组合导航：最常见的组合导航方式。
- 惯性+卫星+景象匹配组合导航：BGM-109 巡航导弹采用惯性+卫星+景象匹配组合导航，航程 1100～2500 千米，命中精度 30 米。
- 惯性+重力仪组合导航：常规潜艇、战略核潜艇较常采用。
- 惯性+天文组合导航：航空、航天中较常采用。

此外，还有惯性+地形匹配导航、惯性+景象匹配导航，用于巡航导弹导航。

3.2.2　基于导航信息获取的自主性分类

按照导航信息获取的自主性不同，导航定位又可分为以下 3 类。

（1）自主式导航

自主式导航指控制导弹飞行的导引信号不依赖于目标或制导站，而由导弹本身安装的测量仪器来测量地球或宇宙空间的物理特性，从而决定导弹的飞行轨迹，如惯性导航、多普勒导航和天文导航等方法。

（2）非自主式导航

非自主式导航指由地面导航设备通过无线电等遥控手段对飞行器进行导引的方法，如无线电导航、卫星导航、雷达导航等。

（3）惯性导航

惯性导航是通过测量飞行器加速度，并自动进行积分运算，获得飞行器瞬时速度和瞬时位置数据的技术。惯性导航设备都安装在运载体内，工作时不依赖外界信息，也不向外界辐射能量，不易受到干扰，是一种自主式导航系统。

3.3　导航定位技术发展

3.3.1　原始方法

北斗七星是北半球夜空中最显眼的星群之一，它的形状 5 万年来没有发生太大的变化，在夜空中辨识度很高。北斗七星本身没有导航价值，但它有一个非常重要的优势：靠近北天极。虽然不同的时代利用北斗七星寻找北天极的方法有差别，但是找到北极星相对容易。在夜空中找到了北，只需要面朝北方，伸开双臂，南、东、西也就出来了。有了 4 个平面方位，最基本的方向感也就能建立起来了。

当然，用这种方法进行导航是极为粗略的，我们还是无法知道自己的位置，而且只有在晚上能看到星星的时候有用。因此古代航海民族通常采用的导航方法是近岸地标法，即沿着海岸线航行，观察岸上事先选定的标志物的方位，据此了解自身的位置和运动方向。不过凡事总有例外，大洋洲的南岛人就凭借超凡的导航能力，公元前 3000 年开始从我国南部沿海出发，途径东南亚，利用季风和洋流跨越漫漫大海，征服了广袤的太平洋中大部分适合人类居住的小岛。

对于当时的其他航海民族来说，此时他们掌握的航海技术还不足以让他们深入大洋。到了 12 世纪，一个新的导航工具问世了，它就是磁罗盘。它是利用古代中国人发现的天然磁石在地磁场影响下的指向性发明的，航海家们可以用它实时了解航行方向，只要测出船速，再测出航行的时间，就可以计算出自己的新位置。虽然误差比较大，但这已经解决了一个大问题，最起码航海家们可以脱离海岸线行驶了。热那亚人哥伦布指挥 3 艘帆船于 1492 年深入大西洋往西航行，最终发现西印度群岛，其中最重要的航海装备就是磁罗盘。

航海家们并不以此满足，而是想找到更精确的导航定位办法。这样的办法在理论上是有的。早在公元前 150 年，古希腊学者克罗狄斯·托勒密（Claudius Ptolemy）在著作《地理学指南》（又译《地球形状概论》）中就建立了精确的经纬度概念。

3.3.2　经纬度

经度测量主要有两大流派：天文派和钟表派。天文派的技术思路是：找到某种周期性出现的、全球都能看到的天象，预测其每次出现时的时刻，用格林尼治时间表示，然后天文学家或者航海者在其他地方等待和观察这些天象的出现，记录下它们出现时的本地时刻，这样就可以得出该地与格林尼治之间的时间差，进而确定这个地方的经度。先后被采纳的天象分别是：月食、木卫（伽利略建议的）和月距（牛顿建议的）。在这个过程中还有一些有趣的天文成果，例如意外发现了光速的有限性。

月距法的主要步骤如下。

- 航海者用六分仪精确测量月亮和某些恒星的角距离。
- 把观测到的数据校正视差和大气折射后，归算到地心坐标。
- 查航海用的天文年历，计算出测量月亮和选定恒星间距离时的格林尼治时间。
- 利用六分仪观察太阳或特定恒星的高度，确定本地时间，从而得到与格林尼治时间的时间差。

这个办法从 1766 年开始差不多用了快 100 年，直到 19 世纪中叶才逐渐退出航海界。它的主要问题有 3 个：第一，靠天"吃饭"，一旦云雾遮挡了月亮，或者月亮太靠近太阳，就会使观测无法进行；第二，月球运动极其复杂，18 世纪时对月球位置的预测精度虽然比之前要高得多，但用于测量经度还是稍显不够，更精确的月球运动表到 19 世纪末期才出现；第三，由于月亮本身是个大圆面，观测者很难找到它的中心点，这种情况下要测量它与恒星之间的精确距离，对观察者的经验和能力提出了很高的要求，而且观测误差难以消除，影响了经度测算的精度。

钟表派的技术思路相对简单。需要知道本地时间和格林尼治时间之间的时间差，因此制造一块走时准确的钟表，把它和格林尼治时间校准之后，带到全世界各地去，这样只需要测出本地时间，马上能得出时间差，并算出本地的经度。现在问题就是，如何制造一台走时准确的时钟。

现在我们生活的时代，获取高精度的时间极其容易，以至于绝大多数人已经习以为常了。但在 400 年前，实现起来相当困难。1583 年，伽利略发现摆的等时性后，开始尝试用摆制造钟表，到了 1656 年，首款摆钟终于问世，它的发明人是著名学者、荷兰人惠更斯。到了 1670 年，英国人发明了一种新型擒纵器，它可以把摆的往复运动转换成秒针的圆周运动，从而发明了落地式的大摆钟。

这种摆钟在陆地上工作得很好，但上船工作误差较大。主要是因为海上船只摇晃不定，对钟摆的工作造成非常大的干扰。惠更斯不愧是大学者，立刻从摆钟的制造原理中悟出了钟表工作的原理：利用物体固有的运动节律控制秒针的走动。他注意到弹簧的振动周期可以利用，于是在 1675 年发明了一种不依赖地球重力加速度的新型计时工具——游丝摆轮式手表。

不过新诞生的游丝手表也存在各种不适应海上生活的缺陷，例如游丝的振动周期受昼夜温差的影响较大、机械部件的运转受海上潮湿环境的影响严重等，因此惠更斯的新发明也没有解决海上定位的问题，但他毕竟为后人开辟了一条新的通道。

《经度法案》公布后，很多发明家开始努力改进游丝摆轮式计时器，一个自学成才的钟表匠崭露头角。他叫约翰·哈里森（John Harrison），是英国西约克郡人。他从 1713 年开始尝试制造摆钟，从 1725 年开始的 3 年内他和弟弟詹姆斯·哈里森用木头制造了至少 3 台精密的摆钟，在这个过程中他练就了制造精密时钟部件的本领，例如他发明了一种新型擒纵器，这种擒纵器几乎不需要润滑油。

1730 年哈里森前往伦敦，与钟表制造商乔治·格林汉姆（George Graham）合作挑战制造航海钟这个世纪难题。他花了整整 5 年时间制造出了第一种可堪使用的航海钟，代号 H1。1736 年，这台重达 34 千克的航海钟被带上了一艘开往里斯本的战舰，海员们对它印象颇深，根据它计算出的船位与实际位置偏差约为 60 海里，是当时所有方法中最准确的。

哈里森并不满足，他又继续花费了 3 年和 17 年时间分别制造了 H2 和 H3。它们都是巨型的时钟，因为当时人们都认为只有大型钟表才能摆脱各种不利因素的影响而走时准确，但事实并非如此。差不多在 1750 年，哈里森认识到较小型的航海表可能是最佳选择。于是从 1753 年开始，他开始设计制作 H4，6 年后终于制造成功。这个仅比怀表大一些的小玩意儿直径约为 13 厘米，重 3 磅（约 1.36 千克），准确度奇佳。1761 年约翰·哈里森的儿子威廉·哈里森带着这块航海表随战舰航行到了牙买加，在 81 天又 5 小时的航程中，它累计只比正确时间慢了 5 分钟，到达牙买加首都金斯敦（Kingston）后，扣除已知的每日误差后用钟表法推算该地的经度，与精确测量值只差了 $1'15''$，远远超过半度的精度要求。

由于英国议会内负责颁奖的"经度委员会"被天文派把持，所以委员会拒不承认 H4 的惊人成绩，而认为它只是偶然，于是要求再测一次。这次是随战舰开往巴巴多斯的布里奇顿（Bridgetown），1764 年在布里奇顿同时使用钟表法和月距法进行经度测量，最终结果证明钟表法又快又好（月距法需要进行 4 个小时的复杂计算，并且误差达到 48 千米，而钟表法误差只有 16 千米）。

虽然钟表法比月距法优越，但由于当时高精度航海钟生产成本高，每块高达几百英镑，而且带一块儿还不行，半路上万一坏了怎么办？带两块也不行，如果两块表指示的时间不一致怎么决定？起码得三块，少数服从多数。这下一两千英镑就花出去了。相比之下，月距法只需要一本航海用天文年历，加上一架六分仪也不过 20 英镑，而且在马斯基林的努力下，计算时间也压缩到了半个小时。再加上大家认为"天体的位置是上帝的钟表，人类制造的钟表无法与之相比"，因此在很长时间内英国航海者还是更喜欢用月距法。直到后来航海表的成本下降到每composing 65~80 英镑甚至更低，每艘船都可以多带几块以备互相校验，月距法才慢慢退出了历史舞台。

3.3.3　无线电导航和惯性导航

1903 年，一种新型交通工具问世了，它就是飞机。这种可在空中高速运动的机器给人们带来新鲜刺激的挑战，也给导航带来了新的问题。最开始飞行员和早期航海者一样采用目视地标导航，在缺乏明显地貌特征的地方采用航迹推测导航，不过飞行员很快就发现了一种新的导航方式——无线电导航。

早在 19 世纪末，人类就开始尝试利用电磁波进行无线通信，意大利人马可尼、美国人特斯拉、俄国人波波夫等各自对此做出了独立的贡献。到 20 世纪 20 年代，大功率无线电电台已经遍地开花了，在飞行员眼里，这些无线电广播信号发射源就像航海家眼里的灯塔一样，能够给他们指示必要的方向。到了 1932 年，专用的无线电罗盘已经设计并安装在飞机上了，它能够测量无线电台（无线电信标）相对飞机的方位角，综合多个电台的方位角就可以在航空地图上标出飞机的位置了。

随着航空无线电技术的发展，在第二次世界大战前后，第一代专用无线电导航系统——伏尔导航系统（VHF Omnidirectional Range，VOR）出现了，到 1950 年这一系统被规定为国际标准民用导航系统。它的意义是把无线电导航台所用的频率和工作方式进行了标准化，从而简化了机载无线电设备的设计。该系统 2010 年之后已经逐步退出历史舞台。

1952 年出现了塔康导航系统（Tactical Air Navigation System，TACAN），它又可直译为战术空中导航系统，它由机上发射与接收设备、显示器和地面专用导航台组成，测向原理与伏尔导航系统类似，但具备标准化的测距功能，机载设备向地面导航台发出一系列询问脉冲，地面专用导航台收到后返回同样间隔的应答脉冲，机载设备根据发射和收到的时间差再乘以光速就可以得到飞机与导航台的距离。

无线电导航技术在航空领域的成功应用也刺激了航海界对这种技术的兴趣。当然，电磁波在地表和空中传播的方式有很大的不同，因此无线电航海导航系统根据不同用户的需要，先后发展出不同的系统，其中比较成功的有：台卡导航系统（Decca，工作范围约 500 千米，适用于近海，一直运行到 20 世纪 90 年代）、罗兰导航系统（Long Range Navigation，简称 LORAN，航空航海两用，目前常用的是罗兰 C，工作区范围约 1850 千米）和欧米伽导航系统（OMEGA，覆盖全球，定位精度白天较高，为 1.85～3.70 千米；夜间稍差，为 3.70～7.40 千米）。

各种导航方式的精度比较如图 3-1 所示。

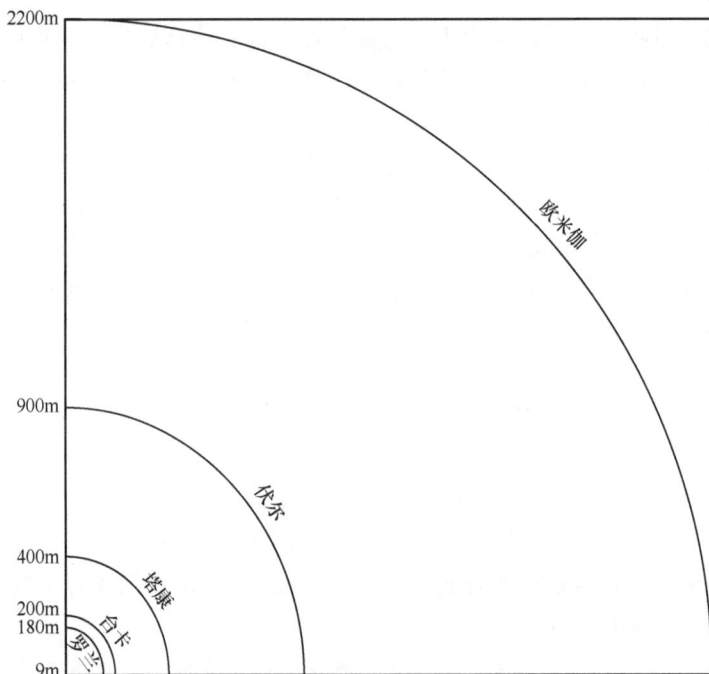

图 3-1　各种导航方式的精度比较

我国电子工业基础较为薄弱，尽管如此，从 20 世纪 60 年代开始，我国科研人员仍想尽办法克服困难，努力建设类似于美国"罗兰-A"导航系统的"长河一号"无线电导航系统。这套系统包括 10 个导航台，覆盖我国沿海 1000 千米范围，1969 年开始对国内外用户开放，一直运行到 1998 年 10 月关闭。20 世纪 70 年代我国科研人员又瞄准国际先进水平，开始建设类似美国"罗兰-C"的中远程导航系统"长河二号"，由于种种原因，长河二号到 1993 年才建成，共包括 3 个台链 6 个发射台，覆盖我国黄海、东海和南海等海域。此外，我国从 1973 年开始研制了类似台卡导航系统的"长河三号"，以及海军专用的"长河四号"长波导航系统。

这些无线电导航系统的成功研制，为我国日后开展卫星导航工作打下了坚实的基础。不仅如此，"长河二号"导航台经过改造，还可以配合我国的导航卫星系统进行差分增强，可以大幅度提高定位的精确度。

20 世纪 40 年代，天空中出现了另一种飞行器——导弹。德国工程师开发的 V2 型弹道导弹长约 14 米，外形类似于铅笔，靠火箭发动机驱动，最大飞行速度达到 4.8 倍音速，是飞机望尘莫及的。和其他航空器一样，导弹也需要导航系统，而且由于导弹是无人驾驶的，它更依赖导航系统。冯·布劳恩设计的 V2 导弹开发了一种新型导航系统——惯性导航系统。惯性导航的原理比较简单，和早期航海家使用的航迹推测导航方式类似，它使用两个陀螺仪时刻检测导弹的飞行方向，同时用一个加速度计时刻测量导弹的加速度，然后就可以计算出导弹相对于出发地的速度和运动轨迹。

由于惯性导航不依赖外界信息输入，抗干扰性能优越，所以到现在为止，大部分弹道导弹仍采用这种导航方式，或者以这种导航方式为主。它的缺点也很明显，那就是随着时间的推移，累积误差会越来越大。因此现代弹道导弹会用别的导航方式来修正或辅助惯性导航。

1957 年 10 月 4 日，苏联发射了第一颗人造地球卫星——"伴星一号"，人类开始进入太空时代。运载火箭和卫星本身当然也需要导航定位，特别是登月飞船，离开导航技术简直寸步难行。最开始的时候，卫星或飞船需要地面使用雷达进行跟踪和定位，在阿波罗计划实施的时候，为了简化船载无线电设备的设计，美国国家航空航天局（National Aeronautics and Space Administration，NASA）的通信工程师决定用一个集成的通信、跟踪系统来实现地面与阿波罗飞船的通信、遥测和测距功能，这个系统后来被命名为"统一 S 波段"系统。它时时刻刻向飞船发射信号，这个信号里包含了测距码，飞船收到信号后，会把测距码发射回地面，地面根据发射和接收之间的时间差计算飞船的距离，定位精度约为 15 米。

当时，为了防止无线电信号受到干扰，美国人在飞船上还装备了一套备用的惯性导航设备。此外，宇航员们还接受了使用六分仪进行天文导航的培训，并且在太空中反复练习了这些技能。

3.3.4　卫星导航定位

（1）基于多普勒频移测量的卫星导航系统

1957 年 10 月 4 日，苏联发射世界第一颗人造地球卫星"伴星一号"。卫星入轨后，科学家意外发现，当卫星过境时，地面站测量可检测到明显的无线电信号多普勒频移信息，该信息可用于卫星轨道确定。

该发现及研究成果推动了美国海军设计建设世界上第一个卫星导航系统——子午（Transit）卫星系统，并将其用于解决海上舰船在水面定位导航的问题，从而开启了人类利用人造卫星进行导航定位的新纪元。

从 1958 年概念提出到 1964 年系统开始运行，美国在 6 年时间内迅速将子午卫星系统实现。系统空间段由运行在约 1000 千米高度近极轨道的 5 颗左右的卫星构成，定位导航服务具有全天候、全球导航的特点，缺点是一次定位通常需要 15 分钟的累计观测，无法实时连续定位，且平均 2 次定位间隔时间约为 90 分钟。同期，苏联 1967 年开始研究部署用于海军的导航通信系统——山雀（Parus），其系统中卫星轨道类型、信号频率、卫星数量、定位方式等方面均与美国子午卫星系统类似，该系统于 1974 年进入民用领域并改名为蝉系统（Cicada）。

20 世纪 60 年代，我国基于无线电信号多普勒频移测量原理提出了发展卫星导航系统的计划，并将其命名为"灯塔计划"，开展了全面的研究工作。

（2）基于四星距离测量的卫星导航系统

基于多普勒频移测量的卫星导航系统适合海上舰船，因为其用户定位更新需求不频繁，但不适合需要频繁或连续定位的飞机和移动用户。

为了满足用户连续、实时、精确导航的需求，人们开始探索基于无线电信号传输时间和星地时间同步的被动式卫星测距技术。1962 年，美国空军启动名为"621B"的工程，1964—1966 年期间，科学家首次提出四星距离交会测量定位体制。与 621B 工程同期，美国海军于 1964 年开启了 TIMATION 项目，并在 1974 年发射的 NTS-1 卫星上搭载 2 台铷钟，首次开展星载原子钟在轨实验。621B 工程与 TIMATION 项目二者相互竞争、相互促进，共同催生了目前广泛应用的基于四星距离交会测量定位体制的全球导航卫星系统（Global Navigation Satellite System，GNSS）。同期，苏联也研制部署了 GLONASS。

GLONASS 定位方式与 GPS 相同，但在导航信号体制方面采用频分多址模式，其优点是无线电信号抗干扰及对弱信号的捕获跟踪性能更好，缺点是提高了用户接收机射频前端设计和精密定位数据处理的复杂度，增加了终端硬件的制作成本。

（3）基于高轨道卫星的星基增强导航系统

随着卫星导航系统在越来越多领域中被广泛应用，系统提供的基本 GNSS 性能已无法满足某些特定应用场景下用户的需求。人们通过技术进步与创新，提出并实现了面向民航、海事等生命安全重点用户领域的广域差分与完好性增强等技术手段。

目前，星基增强系统（Satellite Based Augmentation Systems，SBAS）主要有美国广域增强系统（Wide Area Augmentation System，WAAS）、俄罗斯差分校正和监测系统（System for Differential Corrections and Monitoring，SDCM）、欧洲地球静止卫星重叠导航服务（European Geostationary Navigation Overlay Service，EGNOS）系统、日本星基增强系统（Multi-Functional Transport Satellite-Based Augmentation System，MSAS）、印度星基增强系统（GPS and GEO Augmented Navigation System，GAGAN）。这些系统均通过独立于 GNSS 的高轨卫星播发定位导航的差分改正参数，对某一区域服务范围进行 GNSS 定位精度和完好性增强。

（4）功能融合、特色服务的卫星导航系统

卫星导航系统具有统一、精确、易用、广泛的独特优势，作为信息化社会基础的时间空间基准服务，已深度融入社会的各行各业中，在空间信息网络中的重要地位日益凸显，催生其在定位授时功能的基础上进行融合创新，并发展符合新用户需求的各类特色服务。

在功能融合、特色服务方面，北斗卫星导航系统进行了一系列开创性探索，引领了卫星导航领域的发展。北斗一号系统采用双星有源卫星无线电定位服务（Radio Determination Service of Satellite，RDSS）体制，创新性地实现了定位服务和通信系统融合，其最大特点是在实现定位授时服务的同时，兼具位置报告及短报文通信功能，投资少、效果明显。

北斗二号系统在北斗一号系统的基础上保留 RDSS 体制，增加四星测量的无源定位体制，短报文通信性能进一步增强，于 2012 年建成并正式运行，提供连续稳定的服务，已在各行各业广泛应用。

北斗三号系统在导航与通信融合方面进一步拓展和升级，并依托星间链路组成的空间网络，发展多种特色功能。

在基本的卫星无线电导航服务（Radio Navigation Service of Satellite，RNSS）的基础上，卫星内嵌 SBAS、精密单点定位（Precise Point Positioning，PPP）服务，满足不同领域用户的完好性与高精度需求；通信功能方面，实现区域短报文、全球短报文及国际搜救功能，形成更加实用的特色服务体系，实现更加多样化的高性能服务。

美国、欧盟、俄罗斯、日本等在发展独立自主的卫星导航系统过程中，也根据自身需求和特点，在定位、导航与授时（PNT）服务的基础上形成了全球搜救、高精度定位等多样化特色服务。

（5）多星座兼容的卫星导航系统

随着自动驾驶、移动物联网、5G 等技术的发展，智能时代已经来临，人类对精准时空信息的需求愈发强烈，卫星导航系统作为最重要的时空基础设施，可为各类智能应用场景广泛赋能。

目前，各大卫星导航系统在轨运行卫星数量已达 140 余颗，相互并存也相互竞争，通过时空基准、信号体制的创新设计，实现了不同系统的兼容互操作和融合处理，共同为人类提供更加优质的 PNT 服务。

与此同时，地面系统能力大幅提升，数以万计的地面监测站覆盖全球，低成本高性能接收设备不断涌现，卫星导航信号和信息数据处理技术不断创新，使卫星导航进入多星座全球服务新时代。

为持续提升服务性能、满足用户更加专业和多元的需求，各主要卫星导航国家正着手开展新一代系统建设和新一轮竞技。

美国 2022 年发射 NTS-3 卫星，开展导航新技术在轨试验，保持其处于卫星导航系统创新的最前沿，并提供未来场景所需的先进能力；俄罗斯计划 2030 年建成以 GLONASS-KM 为主体的卫星星座；欧盟计划 2025—2035 年完成第 2 代 Galileo 系统建设；我国正在积极论证下一代北斗卫星导航系统，2035 年前将建成更加泛在、更加融合、更加智能的国家综合定位导航授时体系。

（6）我国卫星导航定位发展

2003 年 9 月，我国应邀参加了"伽利略"计划，并投资 2.3 亿欧元，但随后由于政治形势变化，我国于 2006 年退出该计划。之后"伽利略"计划推进缓慢，正式的工作卫星初次发射从 2006 年一直推到 2011 年，直到 2020 年 2 月，在轨卫星数目也只有 22 颗，而且 2019 年 7 月还出现过一次全部卫星服务中断的重大问题。

我国导航卫星的历史最早可以追溯到 1967 年。海军提出要建设导航卫星的建议，而当时我国甚至还没有成功发射过人造卫星。

1983 年，无线电专家陈芳允提出用两颗地球同步轨道卫星来测定地面和空中目标的设想，这成为北斗一号双星导航系统的理论基础。这个方案最大的优点就是省钱，但由于种种原因，直到 1994 年 1 月国家才将其立项。由于经费不足，北斗一号要发射的卫星不得不占用别的卫星计划里的备份星指标。2000 年 10 月，北斗一号导航系统首颗卫星进入轨道，12 月 21 日，第二颗卫星入轨，系统建成（2003 年 5 月发射了一颗备份星，2007 年 2 月发射了一颗接续卫星）。

北斗一号系统属于有源定位，即需要地面接收设备主动向卫星发出信号，它的工作流程大体如下。

- 地面中心控制站向两颗卫星发出测距信号，卫星收到信号后将其放大，然后向服务区域广播。
- 位于服务区的接收机收到卫星发送的测距信号后，向卫星发出应答信号，这个信号经卫星中转后，发送到地面中心站。
- 地面中心站收到接收机的应答信号后，根据信号延迟时间，可以算出地面中心站—卫星—接收机的总距离。地面中心站与卫星的距离是已知的，则可以计算出卫星到接收机的距离。
- 两颗卫星可以得出两条距离数据，地面中心站用这两条数据在数字地图上搜索符合条件地点的坐标，然后将其通过卫星转发给接收机。

需要对最后一个步骤进行解释。我们以两个导航卫星为两个球心，以它们到接收机的距离为半径各画一个球体，由于这两个导航卫星的直线距离（约42000千米）小于它们与接收机的距离之和（约为72000千米），所以这两个球体必然相交，相交后会形成一个大圆（术语叫交线圆）。理论上讲，接收机有可能在这个大圆的每个点上，那么北斗一号系统如何确定接收机在哪个点上呢？双星定位最有趣的地方就在于此，它隐含了第三个球体：地球。它假定接收机一直在地表，因此那个大圆必定与地表相交（有两个交点，一个在北半球，一个在南半球，导航系统的覆盖范围是北半球，因此直接排除南半球的那个交点），地面中心站只需要找到这个圆与地表相交的那个点就可以了。由于真实的地球并不是一个完美的椭圆球体，而是有一定起伏，所以实际应用中需要地面中心在数字地图中寻找交线圆与地表真正相交的那个点，当然这需要地面中心站的数据库里有高分辨率、高精度的地表海拔高程信息。

由于卫星与地面中心站及接收机之间存在交互通信，因此北斗一号也在导航定位之外提供了一项GPS等系统不具备的短报文服务，这个特色服务被后来的北斗系统继承了。

北斗一号系统的定位精度是100米左右，与早期的GPS民用信号精度差不多，但它有几个突出的问题，就是用户容量有限、不能测速，并且设备笨重。因此，只能说它解决了有无的问题，好用是谈不上的。2012年12月，北斗一号完成使命，正式退役。该系统导航卫星主要集中在亚太地区。

我国第二代卫星导航系统起步于2004年。2007年发射了一颗试验星，2009年开始持续发射，到2012年10月陆续发射了16颗导航卫星，到2012年底建成由14颗工作卫星组成的亚太区域导航系统。它的星座方案很有中国特色：14颗工作卫星分3组，其中地球静止轨道5颗，倾斜同步轨道5颗，中轨卫星轨道4颗，另有6颗试验和备用导航卫星。这个方案是已故的许其凤院士主导设计的，为什么要用这种方案呢？一个重要的原因是：导航卫星需要地面站对其进行数据注入，全球导航卫星就需要全球布站，而我国不具备这个条件，只能在本国布站，地球同步轨道和倾斜同步轨道上的卫星，在我国国土上可以实现80%的测控弧段，而中轨卫星轨道上的卫星，依托我国领土只能实现40%的观测弧段，因此我国卫星专家在北斗二号星座设计时没有遵循GPS或格洛纳斯的星座方案（它们都是用的单一中轨卫星轨道）。

北斗二号系统实现了亚太区域导航定位功能，采用无源定位和有源通信卫星相结合的方式，民用定位精度可达10米，可提供实时导航、快速定位、精确授时、位置报告和短报文通信 5 项服务。

我国第三代卫星导航系统是在北斗二号系统的基础上发展起来的，取名为北斗三号系统。它的建设启动于 2009 年，从 2015 年起陆续发射了 5 颗北斗三号试验卫星，验证并突破了一些关键技术，此后从 2017 年 11 月开始到 2020 年 6 月，短短两年半时间密集发射了 30 颗工作卫星，其中地球静止轨道 3 颗，倾斜同步轨道 3 颗（倾角 55°），中轨卫星轨道 24 颗（均匀分布在倾角为 55° 的 3 个轨道面上）。该系统在全球范围内可以提供基本导航（定位、测速、授时）、全球短报文通信和国际搜救服务，民用定位精度优于 10 米，在亚太地区还可以提供区域短报文通信、星基增强和精密单点定位等服务，民用定位精度优于 5 米。

我国只能在本国国土布站，那么如何管理经常在境外飞行的那 24 颗中轨导航卫星呢？答案是我国科研人员开发了一项新技术：星座自主运行。简单地说，就是这些导航卫星上都增加了一个通信模块，彼此之间能建立通信链路，这样不出国门就可以管理在境外运行的导航卫星。在此基础上，我国科研人员又实现了卫星之间的双向精密测距，从而让导航卫星自主计算并修正卫星的轨道位置和时钟系统，即便地面站全部失效，这些导航卫星也能通过星间链路提供精准定位和授时，在一段时间内继续保证地面用户正常使用卫星的定位和导航服务。

目前在用的卫星导航系统基本上都是无源测距系统：导航卫星不断广播导航信号，地面接收机收到信号后计算出到卫星的距离，而无须向卫星发送任何信息。这和雷达测距的方式有很大的区别，雷达测距需要雷达向目标发出一个电磁波脉冲，然后等待目标把信号反射回来，根据发送和接收的时间差来计算目标距离。卫星导航是利用发送的导航信号完成无源测距的。

导航卫星和接收机里面各有一个时钟，卫星上是精确度极高的原子钟，接收机里面通常是廉价且精度要差一些的石英钟。卫星和接收机都会在固定的时刻各自产生一个数据包，卫星上的数据包会通过无线电波广播到地球上，被接收机接收到；接收机收到数据包后，会把自己产生的数据包在时间上进行平移，并与收到的包比对，对上之后就记录下平移的时间间隔，同时也会从卫星发来的数据包里解析出卫星发送数据包的时刻，平移的时间乘以光速就是卫星到接收机的伪距（Pseudo Range，之所以称其为伪距，是因为有一些系统性的时间误差没有修正）。锁定 4 颗导航卫星获得的 4 组伪距数据，通过解方程，就可以计算出真实的三维坐标和接收机与卫星上的时钟的钟差。

3.4　卫星导航定位系统

3.4.1　全球卫星导航系统

全球卫星导航系统也叫全球导航卫星系统，即 GNSS，是能在地球表面或近地空间的任何地点为用户提供全天候的三维坐标和速度及时间信息的空基无线电导航定位系统。它包括一个或多个卫星星座及其支持特定工作所需的增强系统。

GNSS 泛指所有的卫星导航系统，包括全球的、区域的和增强的，如美国的 GPS、俄罗斯的 GLONASS、欧洲的 Galileo、中国的北斗卫星导航系统（BeiDou Navigation Satellite System，BDS），以及相关的增强系统，如美国的 WAAS、欧洲的 EGNOS 和日本的 MSAS

等，还涵盖在建和以后要建设的其他卫星导航系统。国际 GNSS 是个多系统、多层面、多模式的复杂组合系统，截至目前，四大系统加起来的可用卫星数已经超过 100 颗，可谓发展迅猛。

（1）子午卫星导航系统

20 世纪 50 年代末期，美国开始研制用多普勒卫星定位技术进行测速、定位的子午卫星导航系统（Nevada National Security Site，NNSS），这也是最早的卫星导航系统。使用该系统进行定位，较之前的卫星三角测量方法速度更快，精度更均匀，且不受天气和时间的限制。可以说，子午卫星导航系统开创了海空导航的新时代，揭开了卫星大地测量学的新篇章。

在美国研制子午卫星导航系统的同时，苏联也建立起了一个卫星导航系统——CICADA（Close-In Covert Autonomous Disposable Aircraft）。但无论是 CICADA 还是子午卫星导航系统，都仍然存在着明显的缺陷，比如卫星少、不能实时定位等。由于多普勒定位技术的局限性，在利用子午卫星信号定位时，需要一两天的观测时间才能实现米级定位（极限精度为 0.5～1 米），因此这类系统的应用有很大的局限性。实际的应用需要一个具有全天候、全球性、高精度、实时连续等特点的卫星导航系统，于是第二代卫星导航系统——GPS 应运而生。

（2）全球定位系统（GPS）

GPS 是卫星测时测距导航/全球定位系统（Navigation Satellite Timing and Ranging/Global Positioning System）的简称。该系统是以卫星为基础的无线电导航定位系统，具有全能性（陆地、海洋、航空和航天）、全球性、全天候、连续性和实时性的导航、定位和定时功能，能为各类用户提供精密的三维坐标、速度和时间。

自 1974 年开始，GPS 计划已经历了方案论证（1974—1978 年）、系统论证（1979—1987 年）、生产实验（1988—1993 年）3 个阶段，总投资超过 200 亿美元。截至目前，在轨 GPS 卫星共 32 颗，无论是日常活动，还是战时军事行动，美国都已离不开 GPS。然而在实际应用过程中，GPS 也暴露出了一系列问题，如容易受干扰、安全性较差、使用不可控等。

为了解决上述问题，美国设计并开始实施 GPS 现代化计划，在 2012—2016 年期间，该计划总投资约 73 亿美元，在随后的 15 年还将投资 150 亿美元。空间段卫星替换、地面控制系统升级改造、新型军用接收机的开发等措施也在不断完善 GPS。GPS 现代化最具标志性的事件是 2009 年 4 月实现了 GPS 卫星 L5 频道的发播。这意味着用户可以接收到 3 个频率的导航无线电信号，GPS 拥有了更完善的电离层改正，以及更高的定位、定时和导航的可靠性和精度。

GPS 的广泛应用证明了卫星定位导航系统极具重要性。除美国外，其他国家也先后研发了自己的卫星导航系统。

（3）GLONASS 和 Galileo

GLONASS 的起步比 GPS 晚 9 年。从苏联 1982 年 10 月 12 日发射第一颗卫星开始到 1996 年，GLONASS 卫星的发射从未中断。1995 年，俄罗斯完成了 24 颗卫星和 1 颗备用卫星的布局。1996 年 1 月 18 日，整个系统开始正式运行。

GLONASS 在组成和工作原理上与 GPS 类似，也是由空间卫星星座、地面控制和用户设备三大部分组成。在 21 世纪初，GLONASS 曾暂停工作，自 2011 年年底 GLONASS 恢复工作后，除 2014 年因系统故障造成 2 次服务短时中断外，俄罗斯基本保证了 GLONASS 的稳定运行与服务，提升了俄罗斯在全球定位、导航等领域的影响力。近年来，俄罗斯也开始了 GLONASS 现代化的系列升级改造。

为了摆脱欧洲对 GPS 的依赖，欧盟于 1999 年首次公开 Galileo 卫星导航系统计划。但该计划因为各成员国存在分歧，出现了数次推迟。2014 年后，Galileo 系统开始提供运营服务。Galileo 系统主要由空间星座部分、地面监控与服务部分和用户部分组成，此外还提供与外部系统及地区增值服务运营系统的接口。

（4）北斗卫星导航系统

早在 20 世纪 60 年代末，我国就开展了卫星导航系统的研制工作。20 世纪 70 年代，我国开始了名为"灯塔计划"的研究计划，但后来被取消。自 20 世纪 70 年代后期以来，国内开始了适合国情的卫星导航系统体制研究。1983 年，我国提出了"双星快速定位系统"发展计划，也就是北斗卫星导航试验系统（北斗一号），该系统用很少的卫星和简单的用户终端设备实现了我国境内区域的定位能力。2000 年年底，北斗一号系统建成，为我国境内提供服务。在此之后，我国不断优化北斗卫星导航系统的性能和技术指标，2012 年年底，我国建成北斗二号系统，向亚太地区提供服务。2020 年 6 月 23 日，北斗三号最后一颗全球组网卫星在西昌卫星发射中心点火升空。2020 年 7 月 31 日，北斗三号全球卫星导航系统正式开通，免费为全球用户提供全天候、全天时、高精度的定位、测速和授时服务。

其中，BDS 和 GPS 已服务全球，性能相当；功能方面，BDS 较 GPS 多了区域短报文和全球短报文功能。GLONASS 虽已服务全球，但性能相比 BDS 和 GPS 稍逊，且 GLONASS 轨道倾角较大，导致其在低纬度地区性能较差。Galileo 的观测质量较好，但星载钟稳定性稍差，导致系统可靠性较差。

北斗，简单来说，就是我国发射的人造地球卫星系统。人造地球卫星是用途最广、发射数量最多和效益最高的航天器。

人造地球卫星若按运行轨道，可以分为低轨道卫星（轨道高度为 200～2000 千米）、中轨道卫星（轨道高度为 2000～20000 千米）、高轨道卫星（地球静止轨道、地球同步轨道卫星，轨道高度为 35786 千米）。

北斗卫星导航系统用的是后面两种，包括 24 颗 21500 千米的中地球轨道（Medium Earth Orbit，MEO）卫星、3 颗地球静止轨道（Geostationary Earth Orbit，GEO）卫星、3 颗倾角 55°的倾斜地球同步轨道（Inclined Geo-Synchronous Orbit，IGSO）卫星。

2020 年 6 月 23 日 9 时 43 分，我国成功发射了北斗系统第 55 颗导航卫星，这是北斗三号的第 30 颗，也是最后一颗全球组网卫星。至此北斗三号全球卫星导航系统比原计划提前半年时间全面完成部署。2020 年 7 月 31 日，北斗三号全球卫星导航系统正式开通。对我国来说，这是一件大事。

3.4.2 北斗卫星导航系统的重要意义

我国很早就非常重视卫星导航系统的建设，并提出了分 3 个阶段实施的计划，即先建造有源区域卫星导航系统，再建造无源与有源相结合的区域卫星导航系统，最终建造无源与有源相结合的全球卫星导航系统。

2017—2020 年为北斗卫星导航系统建设的第三个阶段，我国先后发射 30 颗北斗三号导航卫星（3 颗静止轨道卫星+3 颗倾斜地球同步轨道卫星+24 颗中圆轨道卫星），建成采用无源与有源导航方式相结合的全球卫星导航系统。其服务范围为全球，定位精度为 2.5～5 米，测速精度为 0.2 米/秒，授时精度为 20 纳秒，短报文的字数和传送能力也有所增加和提高。

具有高精度、高可靠、高保险、多功能的北斗卫星导航系统有一些美国、俄罗斯和欧洲全球卫星导航系统不具备的性能和特点，例如，其空间段采用 3 种轨道卫星组成的混合星座，且与其他卫星导航系统相比高轨卫星更多，因此抗遮挡能力强，尤其在低纬度地区，其性能特点更加明显。

北斗三号可提供多个频点的导航信号，能够通过多频信号组合使用等方式提高服务精度。该卫星系统创新融合了导航与通信能力，具有实时导航、快速定位、精确授时、位置报告和短报文通信服务五大功能，是真正的"世界的北斗"。

3.4.3 卫星导航的原理

卫星导航系统背后隐藏着的整个设想，在常人眼里看来往往是不可能的。利用空间的卫星作为参考点，在地球上实现定位，且精度又这么高，有点不可思议。要用三角学在地球上任何地方进行定位，要求非常精确地测量从卫星到用户机间的距离，是个难题。接着，还要解决知道了 3 颗卫星的距离，如何在空间找到接收机所在位置的问题。

应该说，就三角学而言，这是个硕大无比的几何图形。首先，假设已经测量到了至第一颗卫星的距离为 25000 千米。由这颗特定的卫星将用户所要确定的所有可能位置，压窄到以该卫星为中心、半径为 25000 千米的球面上；接着，测量至第二颗卫星的距离为 28000 千米，从而又有以第二颗卫星为中心、半径为 28000 千米的第二个球面。这两个球相交，相交线为一个圆，此时已经把用户所要寻找的位置进一步集中到这个圆上。随后，用户测得至第三个卫星的距离为 31000 千米，它与其他两个球相交形成的圆相截，进而把用户机的可能位置变为两个点。至此，把 3 个卫星的测距问题转化为在空间找两个点。要确定这两个点中究竟哪一个是用户机的真正位置，其实并不复杂，因为凭我们的常识即可进行准确判断。一般而言，这两个点，一个在北半球，一个在南半球。

两个球在空间的相交线通常是个圆，在同一平面内两圆相交是两个点，要是两个圆心是两颗用于定位的卫星，则它们的交点恰好落在地平面上，这两个点一般情况下一个落在南半球，一个落在北半球。由于地球不是一个规则的球体，我们要测量的目标位置往往不在同样的海平面内，且还存在海陆空天的平台区别，因此只能确定水平位置的两个卫星定位方法，不可能普遍适用，必须用 3 个参考点（卫星）才能最终确定经纬度和高程。这就如同要在直角坐标系内确定一个空间点位，必须确定 X、Y、Z 三维坐标值原理一样。

空间三维定位原理如图 3-2 所示。

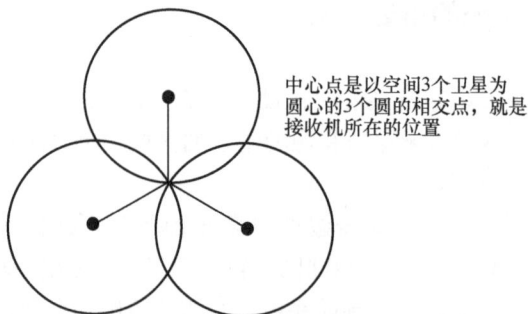

中心点是以空间3个卫星为圆心的3个圆的相交点，就是接收机所在的位置

图 3-2 卫星三维定位原理

　　由此可知，在空间确定一个目标点位置，必须有 3 个卫星的测量值，才能给出三维位置，那为什么卫星导航一般要求有 4 个卫星才能定位呢？这是因为实际上在参与导航位置计算的过程中，还有个时间变量参数，因为卫星导航的距离测量实际上是以时间度量来实现的，当每秒钟时间误差为百万分之一时，所带来的位置误差会达到 300 米以上，而人们所用的卫星导航接收机的时钟是用石英晶体振荡器来实现的，必须用卫星的原子时钟作为同步标准才能确保定位精度，故需要第四颗星来参与定位，实际上这第四颗卫星是作为时间参考标准加以应用的。

3.4.4　卫星导航定位关键技术

　　（1）空间星座（导航星座）

　　导航星座指分布在相似或互补轨道上，共享控制、协同完成导航任务的若干颗卫星。

　　导航星座的指标参数主要关注在轨可用卫星数量和位置精度衰减因子（Position Dilution of Precision，PDOP）。其中，可用卫星数量决定了星座导航信号的覆盖性；PDOP 则是衡量卫星导航系统定位精度和观测值几何强度的重要指标，通常由标准单点定位观测方程确定。

　　（2）时空基准

　　时空基准是卫星导航系统提供位置服务的重要基础。

　　卫星导航系统的时间基准是通过地面运控站的高精度原子钟组维持的，并实现溯源于协调世界时。空间基准通过分布于全球或区域的大量地面监测站构建空间坐标系统，并通过并址站与国际地球参考框架对齐。导航星座作为向用户提供服务的时空基准传递枢纽，利用地面站的监测数据，采用动力学定轨方法实现导航星座整网的轨道测定与预报，估计导航卫星的原子钟与地面时间基准的钟差，从而将地面维持的时空基准传递至导航星座。

　　时空基准影响系统服务的核心指标参数可反映在空间信号测距误差上，其反映了卫星位置误差和卫星钟差误差在视线方向上的综合影响。作为时频系统核心的原子钟，主要技术指标包括频率准确度、稳定度和漂移率，其反映了一定时间间隔内时频信号的质量。

　　（3）导航信号

　　卫星导航信号指空间段卫星播发的无线电广播信号，是唯一能同时在空间段、地面段和用户段建立联系的核心链路。卫星导航信号的优劣直接影响用户对系统服务的体验效果，决定着用户等效距离误差（User Equivalent Range Error，UERE）的大小，反映着信号频谱资源的占用情况，是多星座兼容服务的重要内容。

　　卫星导航信号分为载波、伪码和导航电文 3 个层面。其中，载波对应的关键要素为载波频点和调制方式，伪码对应的关键要素为扩频码速率、码型和码长，导航电文则对应着信息速率、信道编码和符号速率。信号结构最终决定信号的性能，包括兼容性、互操作性、抗多径能力、码跟踪性能、载波跟踪性能、捕获性能和解调性能等。

　　（4）导航增强

　　卫星导航增强是为进一步提升基本导航服务性能产生的技术手段，可分为信息增强和信号增强两大类。信息增强按照内容的不同又可分为精度增强和完好性增强。

　　当前，卫星导航系统更关注服务范围、信号落地功率和精密定位收敛性能等方面的增强。其中，服务范围按大小可分为局域和广域（或全球）；功率增强侧重于信号遮挡等复杂环境下服务连续性和可用性的提升；收敛性能增强旨在实现秒级、分钟级条件下的快速厘米级或分米级高精度定位。

（5）多功能融合

多功能融合是卫星导航系统在发展过程中为满足多元化用户需求，提供特色服务而产生的技术，涉及平台层面和信号层面的融合。平台层面融合是指共享同一卫星平台，通过搭载不同的有效载荷，提供多样化服务；信号层面融合是指通过对信号体制的深度设计，优化信号体制，实现多功能一体化灵活配置，提升系统效费比与核心竞争力。

当然，影响卫星导航系统服务性能的因素实际上不仅上述 5 个方面，特别是对于地面段和用户段的核心技术而言，影响因素更多。本书重点关注系统层和空间段内容。

3.5 北斗卫星导航系统的典型应用

（1）导航

用于车辆导航，可以进行路线导航、车辆调度、系统监控；用于飞机导航，可以进行航线导航、进场着陆控制；用于船舶导航，可以进行远洋导航、港口/内河引水；用于个人导航，适用于个人旅游或探险。

在国内沸沸扬扬的獐子岛扇贝逃跑事件中，证监会就是借助北斗卫星导航系统，通过獐子岛采捕船的卫星定位数据，还原了采捕船的真实航行轨迹。獐子岛自述采捕海域的 120 个调查点位中，有 60 个点位采捕船根本就没去。

证监会通过北斗卫星导航系统的辅助，证明了獐子岛对调查结果进行造假，对獐子岛公司处以 60 万元罚款，对 15 名责任人员处以 3 万元至 30 万元不等罚款，对 4 名主要责任人采取 5 年至终身市场禁入处罚。

（2）定位

可定位车辆、手机等移动设备，用于设备的防盗；在旅游及野外探险时，可以利用电子地图查看自己所在位置。还可以定位儿童或老人，以便他们走失时及时确定其准确位置。

其他的卫星导航系统都是无源系统，即卫星不提供定位服务。北斗卫星导航系统独有有源定位和短报文功能。有源定位功能可以通过专门的北斗终端播报位置。短报文功能就是卫星的短信功能，它们在灾害救援、搜救场景有非常大的价值，因为在海上、深山等手机没有信号的地区，或者是自然灾害导致通信中断时，北斗卫星导航系统就是保障生命安全的"千里眼"。

2008 年汶川地震时，震中地区受灾极其严重，通信、电力、交通全部中断，无法与抗震救灾指挥部取得联系。而在通信恢复前，前往汶川救援的部队就是因为携带了北斗终端，才能及时向指挥部报告自己的位置，方便指挥调度；并且通过北斗短报文功能，发回了"我支队已于 11 时以摩托化向成都方向机动""卧龙特区请求空投帐篷和药品"等重要消息，最大限度地保证了"72 小时黄金抢救时间"的有效利用。

（3）测量

利用全球卫星导航系统中载波相位差分（Real-Time Kinematic，RTK）技术，其测量精度可以达到厘米级，与传统的人工测量相比，其拥有精度高、易操作、测量设备便携、可全天候操作、测量点之间无须通视等优势。目前全球卫星定位技术已被广泛应用于大地测量、地壳运动、资源勘查、地籍测量等领域。

2020 年 5 月 27 日，测量队登顶珠峰，重新对珠峰高度进行精准测量，他们就使用了北斗卫星导航系统进行配合。此次珠峰高程的精确测定，可以结束国际上对珠峰高度口径不统一的混乱局面，为世界地球科学研究做出贡献。特别是此次测量所使用的北斗卫星导航系统、国产测绘仪器，我国都拥有自主核心技术，其社会效益和科学意义巨大。

（4）农业

很多国家已经把全球卫星导航系统用于农业发展，如定位农田信息、监测产量、土样采集等，再通过计算机系统对采集的数据进行分析和处理，制定出更科学的农田管理措施。还可以把产量及土壤状态等农田信息装入带有 GPS 设备的喷施器中，在给农田施肥、喷药的过程中精确其用量，减少肥料和农药对环境造成的污染。

（5）救援

利用全球卫星导航定位技术，可提高各部门对交通事故、交通堵塞、火灾、洪灾、犯罪现场等紧急事件的响应速度，还可以帮助救援人员在恶劣的天气条件和地理条件下对失踪人员进行营救。

2020 年 7 月，湖南省石门县由于持续大量降雨出现山体滑坡。抗洪救灾前线通过北斗卫星导航系统对可能发生滑坡、水位暴涨的险情，进行 24 小时监控，提前发布预警，在灾害发生前撤离 14 户 33 人。

（6）监视和管理

对机场进行监视和管理是为了缩短飞机起飞和进场的滞留时间，有效调度飞机、车辆及人员。全球卫星导航定位技术可以在任何气候环境下，为所有飞行跑道提供全天候、安全、精密的导航功能。它可以使飞机更具灵活性，让其在无人或脱离跑道时自行操作，通过调度系统有效地组织地面交通及处理停机坪事故。

3.6　本章小结

本章对导航的定义、分类、技术发展和北斗卫星导航开展了详细论述，针对导航定位技术的军事价值和军事应用展开了讨论。导航定位技术已深入生活的各个角落，影响着社会的发展。在新时代下，构建以卫星导航系统为核心的综合导航定位和授时体系，建设发展下一代北斗系统，应贯彻创新超越、国际领先的发展理念，从扩展多层次空间星座、发展灵活安全的导航信号、构建天地一体的时空基准、提供泛在便捷的增强手段和融合通信遥感的多样化服务等方面实施创新，加强自主可控技术与产品的研发，攻克关键技术，实现"更加泛在、更加融合、更加智能"综合时空体系的目标。

3.7　思考题

1. 导航定位技术的作用是什么？
2. 北斗卫星导航系统与其他卫星导航定位系统的区别是什么？

第4章

遥感

遥感信息作为空间军事信息的保障，已成为现代化的一项重要内容，对于现代军事斗争的重要性不言而喻。人们将航天侦察称为"情报之源"、"战略核力量的组成部分"、现代战争的"神经中枢"和战争舞台上的"克星"。

4.1 定义

4.1.1 遥感的定义

遥感顾名思义就是"遥远的感知"，通常指在航天或航空平台上对地球系统或其他天体进行特定电磁波谱段的成像观测，进而获取被观测对象多方面特征信息的技术。

遥感技术是从远距离感知目标反射或自身辐射的电磁波、可见光、红外线，对目标进行探测和识别的技术。例如航空摄影就是一种遥感技术。人造地球卫星发射成功大大推动了遥感技术的发展。现代遥感技术主要涉及信息获取、传输、存储和处理等环节。完成上述功能的全套系统被称为遥感系统，其核心组成部分是获取信息的遥感器。遥感器的种类很多，主要有照相机、电视摄像机、多光谱扫描仪、成像光谱仪、微波辐射计、合成孔径雷达等。传输设备用于将遥感信息从远距离平台（如卫星）传回地面站。信息处理设备包括彩色合成仪、图像判读仪和数字图像处理机等。

4.1.2 遥感技术的分类

为了便于专业人员研究和应用遥感技术，人们从不同的角度对遥感做如下分类。

（1）按搭载传感器的遥感平台分类

- 地面遥感：把传感器设置在地面平台上，如车载、船载、手提、固定或活动高架平台等。
- 航空遥感：把传感器设置在航空器上，如气球、航模、飞机及其他航空器等。
- 航天遥感：把传感器设置在航天器上，如人造卫星、宇宙飞船、空间实验室等。

（2）按遥感探测的工作方式分类

- 主动式遥感：由传感器主动地向被探测的目标物发射一定波长的电磁波，然后接收并记录从目标物反射回来的电磁波。
- 被动式遥感：传感器不向被探测的目标物发射电磁波，而是直接接收并记录目标物反射太阳辐射或目标物自身发射的电磁波。

（3）按遥感探测的工作波段分类

- 可见光遥感：应用比较广泛的一种遥感方式。对波长为 $0.4\sim0.7\mu m$ 的可见光的遥感一般采用感光胶片（图像遥感）或光电探测器作为感测元件。可见光摄影遥感具有较高的地面分辨率，但只能在晴朗的白昼使用。
- 红外遥感：又分为近红外或摄影红外遥感，波长为 $0.7\sim1.5\mu m$，用感光胶片直接感测；中红外遥感，波长为 $1.5\sim5.5\mu m$；远红外遥感，波长为 $5.5\sim1000\mu m$。中、远红外遥感通常用于遥感物体的辐射，具有昼夜工作的能力。常用的红外遥感器是光学机械扫描仪。
- 多谱段遥感：利用几个不同的谱段同时对同一地物（或地区）进行遥感，从而获得与各谱段相对应的各种信息。将不同谱段的遥感信息进行组合，可以获取更多有关物体的信息，有利于判释和识别。常用的多谱段遥感器有多谱段相机和多光谱扫描仪。
- 紫外遥感：对波长 $0.3\sim0.4\mu m$ 的紫外光的主要遥感方法是紫外线摄影。
- 微波遥感：对波长 $1\sim1000mm$ 的电磁波（即微波）的遥感。微波遥感具有昼夜工作的能力，但空间分辨率低。雷达是典型的主动微波系统，常采用合成孔径雷达作为微波遥感器。

现代遥感技术的发展趋势是由紫外谱段逐渐向 X 射线和 γ 射线扩展，从单一的电磁波扩展到声波、引力波、地震波等多种波的综合。

（4）按应用领域或专题分类

按应用领域或专题不同，可分为环境遥感、大气遥感、资源遥感、海洋遥感、地质遥感、农业遥感、林业遥感等。

4.1.3 遥感平台和系统组成

（1）遥感平台

遥感平台是遥感过程中承载遥感器的运载工具，它如同在地面摄影时安放照相机的三脚架，是在空中或空间安放遥感器的装置。主要的遥感平台有高空气球、飞机、火箭、人造卫星、载人宇宙飞船等。遥感器是远距离感测地物环境辐射或反射电磁波的仪器。目前使用的遥感器有 20 多种，除可见光摄像机、红外摄像机、紫外线摄像机外，还有红外扫描仪、多光谱扫描仪、微波辐射/散射计、侧视雷达、专题成像仪、成像光谱仪等。遥感器正在向多光谱、多极化、微型化和高分辨率的方向发展。

遥感器接收到的数字和图像信息，通常采用 3 种记录方式：胶片、图像和数字磁带。其信息通过校正、变换、分解、组合等光学处理或图像数字处理过程，提供给用户分析、判读，或在地理信息系统（Geographic Information System，GIS）和专家系统的支持下，制成专题地图或统计图表，为资源勘察、环境监测、国土测绘、军事侦察提供信息服务。

遥感平台可以按照不同的方式分类，比如按照平台高度、用途、对象进行分类。按照运行高度的不同，可以分为地面遥感平台、航空遥感平台、太空遥感平台、星系（月球）遥感平台等。

根据遥感目的、对象和技术特点（如观测的高度或距离、范围、周期、寿命和运行方式等），大体分为以下 3 类。

- 地面遥感平台：如固定的遥感塔、可移动的遥感车、舰船等。
- 航空遥感平台（空中平台）：如各种固定翼和旋翼式飞机、系留气球、自由气球、探空火箭等。
- 航天遥感平台（空间平台）：如各种不同高度的人造地球卫星、载人或不载人的宇宙飞船、航天站和航天飞机等。这些具有不同技术性能、工作方式和技术经济效益的遥感平台，组成一个多层、立体化的现代化遥感信息获取系统，为完成专题的或综合的、区域的或全球的、静态的或动态的各种遥感活动提供了技术保证。

遥感平台按不同的用途可以分为以下 3 类。

- 科学卫星：科学卫星是用于科学探测和研究的卫星，主要包括空间物理探测卫星和天文卫星，用于研究高层大气、地球辐射带、地球磁场、宇宙射线、太阳辐射等，并可以观测其他星体。
- 技术卫星：技术卫星是进行新材料试验或为应用卫星进行试验的卫星。航天技术中有很多新原理、新材料、新仪器，其能否使用，必须在太空进行试验；一种新卫星的性能如何，也要把它发射到太空去实际"锻炼"，试验成功后才能应用。
- 应用卫星：针对不同的应用采用不同的遥感平台。应用卫星是直接为人类服务的卫星。它的种类最多，数量最多，包括地球资源卫星、气象卫星、海洋卫星、环境卫星、通信卫星、测绘卫星、高光谱卫星、高空间分辨率卫星、导航卫星、侦察卫星、截击卫星、小卫星、雷达卫星等。

对于太空遥感平台，按照其运行轨道高度的不同可以分为以下 3 类。

- 低高度、短寿命的卫星：其高度一般为 150～200 千米，寿命只有 1～3 周，可以获得分辨率较高的影像，这类卫星多为军事目的服务。
- 中高度、长寿命的卫星：其高度一般在 300～1500 千米，寿命可达一年以上，如陆地卫星、气象卫星和海洋卫星等。
- 高高度、长寿命的卫星：这类卫星即地球同步卫星或静止卫星，其高度约为 35800 千米，一般通信卫星、静止气象卫星属于此类。

此外，目前遥感卫星监测的对象已经不局限于人类居住的地球，还扩展到地球以外的星球，如月球、水星、火星等。

（2）系统组成

遥感是一门对地观测综合性技术，它的实现既需要一整套的技术装备，又需要多种学科的参与和配合，因此实施遥感是一项复杂的系统工程。根据遥感的定义，遥感系统主要由以下四大部分组成。

① 信息源

信息源是遥感需要对其进行探测的目标物。任何目标物都具有反射、吸收、透射及辐射电磁波的特性，当目标物与电磁波发生相互作用时会形成目标物的电磁波特性，这就为遥感探测提供了获取信息的依据。

② 信息获取

信息获取指运用遥感技术装备接收、记录目标物电磁波特性的探测过程。信息获取采用的遥感技术装备主要包括遥感平台和传感器。其中遥感平台是用来搭载传感器的运载工具，常用的有气球、飞机和人造卫星等；传感器是用来探测目标物电磁波特性的仪器设备，常用的有照相机、扫描仪和成像雷达等。

③ 信息处理

信息处理是指运用光学仪器和计算机设备对获取的遥感信息进行校正、分析和解译处理的技术过程。信息处理的作用是通过对遥感信息的校正、分析和解译处理，掌握或清除遥感原始信息的误差，梳理、归纳出被探测目标物的影像特征，然后依据特征从遥感信息中识别并提取所需的有用信息。

④ 信息应用

信息应用是指专业人员按不同的目的将遥感信息应用于各业务领域的使用过程。信息应用的基本方法是将遥感信息作为地理信息系统的数据源，供人们对其进行查询、统计和分析利用。遥感的应用领域十分广泛，最主要的应用有：军事、地质矿产勘探、自然资源调查、地图测绘、环境监测及城市建设和管理等。

4.1.4　遥感技术的优越性

（1）可测量大范围数据资料，具有综合、宏观的特点

遥感用航摄飞机飞行高度从几百米到 10 千米左右，陆地卫星的卫星轨道高度达 910 千米左右（如美国陆地卫星 1～3 号），居高临下获取的航空像片或卫星图像，比在地面上的视域大得多，又不受地形地物阻隔的影响，为人们研究地面各种自然、社会现象及其分布规律提供了便利的条件，对地球资源和环境分析极为重要。

（2）可获取的信息量大，具有手段多、技术先进的特点

根据不同的任务，遥感技术可选用不同波段和遥感仪器来获取信息。它不仅能获得地物可见光波段的信息，还可以获得紫外、红外、微波等波段的信息。利用不同波段对物体不同的穿透性，可获取地物内部信息。例如，地面深层、水下、植被、地表温度、沙漠下面的地物特性等。微波波段还可以全天候工作，这无疑扩大了人们的观测范围和感知领域，加深了人们对事物和现象的认识。

（3）获取信息快，更新周期短，具有动态监测特点

遥感通常为瞬时成像，能及时获取所测目标物的最新资料，不仅便于更新原有资料，进行动态监测，且便于对不同时刻地物动态变化的资料及像片进行对比、分析和研究，这是人工实地测量和航空摄影测量无法比拟的，为环境监测及研究分析地物发展演化规律提供了基础。例如陆地卫星 4 号、5 号、7 号均为每 16 天可覆盖地球一遍，NOAA 气象卫星地面重复观测周期为 0.5 天（12 小时），第二代 Meteosat 气象卫星每 15 分钟可获得同一地区的图像。

（4）获取信息受限制条件少，具有用途广、效益高的特点

很多地方的自然条件极为恶劣，人类难以到达，如沙漠、沼泽、高山峻岭等。采用不受地面条件限制的遥感技术，特别是航天遥感可方便及时地获取各种宝贵资料。目前，遥感已广泛应用于农业、林业、地质矿产、水文、气象、地理、测绘、海洋研究、军事侦察及环境监测等

领域，且应用领域在不断扩展。遥感正以其强大的生命力展现出广阔的发展及应用前景。

4.2 遥感技术的发展

4.2.1 遥感技术的发展历史

现代遥感技术起源于 20 世纪 60 年代，以数字化成像方式为特征，是衡量一个国家科技发展水平和综合实力的重要标志，历来被世界主要科技和经济大国所重视。长期以来，美国始终是国际遥感科技发展的主要引领者之一，如美国发射了全球第一颗气象卫星（1961 年）、第一颗陆地观测卫星（1972 年）、第一颗海洋卫星（1978 年）等。我国政府也特别重视遥感科技的发展，尤其是 20 世纪 70 年代以后，我国航天遥感事业取得长足进步，风云气象卫星（1988 年以来）、资源系列卫星（1999 年以来）、环境减灾系列卫星（2008 年以来）、高分系列卫星（2013 年以来）、碳卫星（2016 年）等重要遥感卫星的成功发射，使我国已跻身世界遥感科技的前列。

（1）无记录的地面遥感阶段（1608—1838 年）

1608 年汉斯·利伯希（Hans Lippershey）制造了世界上第一架望远镜；1609 年伽利略制作了放大倍数为 3 倍的科学望远镜，为观测远距离目标奠定了基础，促进了天文学的发展，开创了地面遥感新纪元。但仅仅依靠望远镜观测不能把观测到的事物用图像的形式记录下来。

（2）有记录的地区遥感阶段（1839—1857 年）

对遥感目标的记录与成像开始于摄影技术的发明，并与望远镜相结合发展为远距离摄影。1839 年达盖尔（Daguerre）发表了他和尼普斯（Niepce）拍摄的照片，第一次成功地把拍摄的事物形象地记录在胶片上。1849 年法国人艾米·劳塞达特（Aime Laussedat）制定了摄影测量计划，成为有目的、有记录的地面遥感发展阶段的标志。

（3）空中摄影遥感阶段（1858—1956 年）

1858 年陶纳乔（Tournachon）用系留气球拍摄了法国巴黎的"鸟瞰"像片。1860 年布莱克（Black）与金（King）教授乘气球升空至 630 米，成功地拍摄了美国波士顿市的照片。1903 年 J·纽布朗纳（Julius Nenbronner）设计了一种捆绑在鸽子身上的微型相机。这些试验性的空中摄影为后来的实用化航空摄影遥感打下了基础。同年，莱特兄弟发明了飞机，真正地促进航空遥感向实用化前进了一大步。此外还有人用风筝拍摄空中照片，如劳伦斯（Laurence）于 1906 年成功地记录了著名的旧金山大地震的震后情景。1909 年莱特（Wright）在意大利的森托塞尔上空用飞机进行了空中摄影。1913 年利比亚班加西（Bangashi）油田测量就应用了航空摄影。C·塔迪沃（Captain Tardivo）在维也纳国际摄影测量学会会议上发表论文，描述了飞机摄影测绘地图问题。在第一次世界大战期间，航空摄影成了军事侦察的重要手段，并形成了一定的规模。与此同时，像片的判读水平也得到了提高。第一次世界大战之后，航空摄影人员从军事转向商业应用和科学研究。美国和加拿大成立了航测公司，美国和德国分别出版了《摄影测量工程》及类似性质的刊物专门介绍有关技术方法。1930 年起，美国的农业、林业、牧业等许多政府部门采用航空摄影技术并将其应用于制定规划。1924 年彩色胶片的出现使航空摄影记录的地面目标信息更加丰富。1935 年彩色胶片投入市场，初期由于速度慢和无法消除大气霾的影响，加工冲洗不可靠，不能推广，但其为后来的航空遥感打下了基础。

第二次世界大战前期，德、英等国就充分认识到空中侦察和航空摄像的重要军事价值，并在侦察敌方军事态势、部署军事行动等方面收到了实际效果。第二次世界大战后期美国的航空摄影范围覆盖了欧亚大陆和太平洋沿岸岛屿包括日本在内的广大地区，将这些区域制成地图，并标绘了军事目标，成为美国在太平洋战争中的主要情报来源。苏联在斯大林格勒保卫战等重大战役中，航空摄影对军事行动的决策起到了重要作用。第二次世界大战中微波雷达的出现及红外技术被应用于军事侦察，使遥感探测的电磁波谱段得到了扩展。

第二次世界大战期间及其以后，一些著作出版了，对航空遥感的方法和理论进行了总结。如 1941 年埃德利（Eardey）的《航空像片应用与判读》、巴格莱（Bagley）的《航空摄影与航空测量》等。前者讨论了航空像片的地质学应用及某些地物、植被的特征，后者则侧重于对航空测量的方法进行探讨。

（4）航天遥感阶段（1957 年至今）

1957 年 10 月 4 日，苏联第一颗人造地球卫星发射成功，标志着人类从空间观测地球和探索宇宙奥秘进入了新的纪元。1959 年 9 月，美国发射的"先驱者 2 号"探测器拍摄了地球云。同年 10 月，苏联的月球 3 号航天器拍摄了月球背面的照片。真正从航天器上对地球进行长期观测是从 1960 年开始的，当时的航天器是美国发射的 TIROS-1 和 NOAA-1 太阳同步轨道气象卫星。从此，航天遥感取得了重大进展。航空遥感仍继续发展，主要表现在以下 3 个方面。

① 遥感平台方面

除了航空遥感已成业务运行，航天平台也已成系列。有飞出太阳系的"旅行者"1 号、2 号等航天平台，也有以空间轨道卫星为主的航天平台，包括载人空间站、空间实验室、返回式卫星，还有穿梭于太空与地球间的航天飞机。在空间轨道卫星中有地球同步轨道卫星、太阳同步轨道卫星，也还有一些低轨卫星和变轨卫星，有综合目标的较大型卫星，也有专题目标明确的卫星星座。不同高度、不同用途的卫星构成了对地球和宇宙空间的多角度、多周期的观测。

② 传感器方面

探测的波段覆盖范围不断延伸，波段的分割愈来愈精细，从单一谱段向多谱段发展。成像光谱技术的出现把感测波段从几百个推向上千个谱段以上，所能探测目标的电磁波特性更全面地反映出物体的性质。成像雷达获取的信息也向多种频率、多角度、多极化方式、多种分辨率的方向发展，激光测距与遥感成像的结合使三维实时成像成为可能。各种传感器空间分辨率的提高，特别是米级分辨率航天图像的出现，使航天遥感与航空遥感的界线变得不清楚。数字成像技术的发展打破了传统摄影与扫描成像的界限。此外，多种探测技术的集成日趋成熟，如雷达、多光谱成像与激光测高、GPS 集成可以实时测图。随着遥感技术的发展，集成度将更高。

③ 遥感信息的处理方面

在摄影成像、胶片记录的年代，光学处理和光电子学影像处理起着主导作用。数字成像技术的发展推动了计算机图像处理的迅速发展。众多的传感器和日益增长的大量探测数据使信息处理更加重要，存储器的发展使"信息爆炸"问题有所缓解。大容量、高速度运行的计算机与功能强大的专业图像处理软件的结合成为主流，PCI、ERDAS、ENVI、ER-MAPPER和 IDRISI 等商品化软件已为广大用户所熟识。这些软件本身也在不断完善以适应遥感领域的发展，如许多软件可以读取多种数据格式，有的则设置专门模块处理雷达图像且具备三维显示、贯穿飞行等功能，并与多种地理信息系统软件和数据库兼容。在信息提取、模式识别等方面不断引入相邻科学的信息处理方法，丰富了遥感图像处理内容，如分形理论、小波变换、人工神经网络等方法逐步融入人的知识，使遥感信息处理更趋智能化。为适应高分辨率遥感图像和雷达图像处理的要求，除了在光谱分类方面改善图像处理方法之外，结构信息的处理和多源遥感数据及遥感与非遥感数据的融合也得到重视和发展。

总之，遥感信息的处理在全数字化、可视化、智能化和网络化方面有了很大的发展。但是目前遥感的信息处理还不能满足广大用户的需求。日益丰富的遥感信息（光谱的、空间结构的）还没有充分发掘和处理，有人预测，空间遥感获取的图像数据，经计算机处理的还不足 5%。因此，今后遥感信息的处理将是发展遥感事业的关键之一。

4.2.2　我国遥感技术的发展历史

虽然在 20 世纪 30 年代我国个别城市进行过航空摄影，但系统的航空摄影是从 20 世纪 50 年代开始的，主要用于地形图的制作、更新，并在铁路、地质、林业等领域的调查研究、勘测、制图等方面起到了重要的作用。

自 20 世纪 70 年代以来，我国的遥感事业有了长足的进步。航空摄影测绘已进入了业务化运行阶段，全国范围内的地形图更新普遍采用航空摄影测量，并在此基础上开展了不同目标的航空专题遥感试验与应用研究，特别是利用航空平台进行各种新型传感器试验和系统集成试验研究，并取得了成效。我国成功地研制了机载地物光谱仪、多光谱扫描仪、红外扫描相机、成像光谱仪、真实孔径和合成孔径侧视雷达、微波辐射计、激光高度计等传感器，为跟踪世界先进水平、推动传感器的国产化做出了重要的贡献。其中，成像光谱仪、超光谱仪和微波传感器得到普遍重视。在研制新型传感器的同时，还注意到把其中几种传感器组合为集成探测系统，如把航空摄影扫描、成像光谱仪或合成孔径侧视雷达与激光高度计、GPS 集成，可以同时获得可见的近红外或雷达影像、空间定位及高程数据等三维信息。又如把合成孔径侧视雷达与 GPS 集成，用于水灾灾情实时动态监测，在抗洪救灾中发挥了很大的作用。

我国自 1970 年 4 月 24 日发射了东方红一号人造卫星以后，相继发射了数十颗不同类型的人造地球卫星。太阳同步轨道风云一号（FY-1A 1B）卫星和地球同步轨道风云二号（FY-2）卫星的发射及返回式遥感卫星的发射与回收，使我国开展宇宙探测、通信、科学实验、气象观测等有了自己的信息来源。1999 年 10 月 14 日，中国–巴西地球资源遥感卫星 CBERS-1 的成功发射，使我国拥有了自己的资源卫星。随着我国遥感事业的进一步发展，我国的地球观测卫星及不同用途的卫星也将形成对地观测的系列，进入世界先进水平的行列。2002 年 5 月 15 日我国太原卫星发射中心"一箭双星"，成功将第 1 颗海洋卫星"海洋一号"和第 6 颗气象卫星"风云一号 D"同时送入太空。

4.2.3　遥感技术发展趋势和未来发展

4.2.3.1　当前遥感技术的发展趋势

随着遥感技术的发展，获取地球环境信息的手段越来越多，获取的信息也越来越丰富。因此，为了充分利用这些信息，建立全面收集、整理、检索和管理这些信息的空间数据库和管理系统，研究遥感信息自动分析机理，研制定量分析模型及实用的地学模型，进行多种信息源的信息融合与综合分析等，构成了当前遥感发展的前沿研究课题。当今的遥感已不单纯是一门信息获取和分析的技术手段，它与地理信息系统、全球定位系统、各种地面观测技术和信息分析技术等结合起来，正在形成一门崭新的地球信息科学，为促进人类新的决策、管理和发展模式起着积极的推动作用。

当前遥感技术发展的特点主要表现为以下 4 个方面。

（1）研制新一代传感器，以获得分辨率更高、质量更好的遥感图像

遥感应用的广泛深入，对遥感图像和数据的质量提出了更高的要求，其空间分辨率、光谱分辨率及时相分辨率的指标均有待进一步提高。2001 年卫星遥感的空间分辨率已经从 IkonosII 的 1 米，进一步提高到 Quickbird（快鸟）的 0.62 米，高光谱分辨率已达到 5～6 纳米。时间分辨率的提高主要依赖于小卫星技术的发展，通过合理分布的小卫星星座和传感器的大角度倾斜，可以以 1～3 天的周期获得感兴趣地区的遥感影像。

当前，星载主动式（微波）遥感的发展引起了人们的注意，成像雷达和激光雷达等的发展使探测手段更趋多样化。合成孔径雷达具有全天候和高空间分辨率等特点。目前已有几颗卫星装备有单波段、单极化的合成孔径雷达。1995 年 11 月 4 日，加拿大发射的 Radarsat（雷达卫星）就具有多模式工作的能力，能够改变空间分辨率、入射角、成像宽度和侧视方向等工作参数。1995 年美国航天飞机两次飞行试验了多波段、多极化合成孔径雷达。

获取多种信息，适应遥感不同应用的需要，是传感器研制方面的又一动向和进展。一颗卫星装备多种遥感器，既有高空间/光谱分辨率、窄成像带的遥感器，适合小范围详细研究，又有中低空间/光谱分辨率、宽成像带的遥感器，适合宏观快速监测。二者综合起来，服务不同的需求。

总之，不断提高传感器的功能和性能指标，开拓新的工作波段，研制新型传感器，提高获取信息的精度和质量，将是今后遥感发展的一个长期任务和发展方向。

（2）遥感信息的处理走向定量化和智能化

遥感技术的目的是获得有关地物目标的几何与物理特性，因此需要有全定量化遥感方法进行反演。几何方程是显式表示的数学方程，而物理方程一直是隐式的。但随着对成像机理、地物波谱反射特征、大气模型、气溶胶研究的深入和数据的积累，以及多角度、多传感器、高光谱及雷达卫星遥感技术的成熟，相信在 21 世纪，全定量化遥感方法将逐步走向实用，遥感基础理论研究将走上新的台阶。

从遥感数据中自动提取地物目标，解决它的属性和语义是摄影测量与遥感的中心任务之一。地物目标的自动识别技术主要集中在影像融合技术上，基于统计和基于结构的目标识别与分类，处理的对象包括高分辨率影像和高光谱影像。随着遥感数据量的增大、数据融合和

信息融合技术的成熟、定量化遥感处理方法的发展，对遥感数据的处理方式会越来越自动化和智能化。

（3）遥感应用不断深化

在遥感应用的深度和广度不断扩展的情况下，微波遥感应用领域的开拓、遥感应用成套技术的发展，以及地球系统的全球综合研究等成为当前遥感发展的新方向。具体表现为，从单一信息源（或单一传感器）的信息（或数据）分析向多种信息源的信息（包括非遥感信息）复合及综合分析应用发展；从静态分析研究向多时相的动态研究及预测预报方向发展；从定性判读、制图向定量分析发展；从对地球局部地区及其各组成部分的专题研究向地球系统的全球综合研究方向发展。

（4）地理信息系统的发展与支持

由遥感技术获取的丰富地理信息要用地理信息系统进行科学的管理，遥感的应用也依赖地理信息系统提供多种信息源（包括非遥感信息）进行信息融合和综合分析，以提高遥感识别分类的精度，遥感图像的定量分析同样需要地理信息系统提供应用模型，也需要其他智能信息分析工具的支持。因此，在社会对遥感应用日益提出更高要求的现实情况下，需要充分利用遥感及非遥感手段获得丰富的地理信息，从而促成和推动地理信息系统的发展及遥感与地理信息系统的结合。

4.2.3.2 遥感系统未来发展

（1）智能遥感卫星系统面临发展机遇

当前的遥感卫星都是综合平衡多种要素来设置固定的成像参数的，一旦卫星发射和投入使用，成像参数不能灵活调整，无法针对不同的应用需求提供最优的遥感观测数据。另外，现有遥感卫星任务链主要由地面任务规划、遥感数据星上存储、星地数传和地面接收处理等环节组成，信息获取链条长，严重影响了遥感卫星的时效性。综上，需要构建具有星上成像参数自动优化、星上信息快速处理和下传能力的"智能型"遥感卫星系统。

相比于传统遥感卫星，智能遥感卫星系统主要包括两方面核心关键技术：遥感成像参数自适应调节技术和星上数据实时处理与信息快速生成技术。

智能遥感卫星系统不仅具有差异性数据获取的功能，而且具备智能化的信息感知能力；不仅能够按需获取针对性的高质量数据，还能够在数据采集的同时实时产生信息，便捷化地服务普通用户。人们可以像使用 GPS 一样随时用手机接收智能遥感卫星下传的高个性化、高时效性信息，大大推进遥感技术的大众化和商业化发展。

（2）无人机遥感井喷式发展

近年来，随着无人机技术和传感器小型化技术不断取得新突破，无人机遥感系统呈现出井喷式的发展模式，它具有成本低、灵活机动、实时性强、可扩展性大和云下成像分辨率高等突出特点。

无人机系统种类繁多，在尺寸、重量、航程、飞行高度、飞行速度等多方面都有较大差异，既有如美国的全球鹰和中国的翼龙-Ⅱ等大型无人机系统，也有美国研制的重量不到0.6 千克的 Nano-Hyperspec 系统。

无人机系统也可以挂装几乎所有种类的主动和被动遥感载荷。微软的 UFO 相机一次飞行可获取全色、彩色、近红外及倾斜影像数据。

展望未来，无人机群的协同应用、机上数据的实时云端处理、物联网的融入等都将使无人机遥感迎来更大的发展机遇。

（3）遥感大数据蓄势待发

遥感大数据具有典型的 5V 特征，即体量巨大（Volume）、种类繁多（Variety）、动态多变（Velocity）、冗余模糊（Veracity）、高内在价值（Value）。

近年来，天地一体化对地观测技术发展为开展遥感大数据分析提供了超高维度和超高频次的地球表层系统多样化辅助认知数据。传感网、移动互联网和物联网飞速构建起了强大的数字采集和网络发布能力，它们将数百千米上空运行的卫星和一个个地面传感设备紧密地联系在了一起，而深度学习（Deep Learning，DL）和人工智能技术的发展更为遥感大数据分析插上了腾飞的翅膀，将引发一场遥感领域前所未有的革命。

4.3　主要遥感类型

4.3.1　高空间分辨率遥感

（1）定义

空间分辨率：能够被传感器辨识的单一地物或两个相邻地物间的最小尺寸。空间分辨率越高，遥感图像包含的地物形态信息就越丰富，能识别的目标就越小。

高空间分辨率图像（简称高分图像）：包含了地物丰富的纹理、形状、结构、邻域关系等信息，主要应用于地物分类、目标提取与识别、变化检测等。

目前，已经商业化运行的光学遥感卫星的空间分辨率已经达到亚米级，如 2016 年发射的美国 WorldView-4 卫星能够提供 0.3 米分辨率的高清晰地面图像。

近年来，随着我国空间技术的快速发展，特别是高分辨率对地观测系统重大专项的实施，我国的卫星遥感技术也迈入了亚米级时代，高分 2 号卫星（GF-2）全色谱段星下点空间分辨率达到 0.8 米。

（2）特点

与中低空间分辨率遥感卫星相比，新型高分辨遥感卫星的成像传感器（如 CCD、CMOS 等）受光元件越来越小，时间延迟积分（Time Delay Integration，TDI）级数越来越高，卫星平台的通信能力、机动能力、指向稳定性等也越来越好。但是，高空间分辨率遥感受传感器技术限制，幅宽一般较窄，卫星重访周期也相对较长，可以利用单星侧摆或星座组网等方式进行改善。

基于高分图像，可以充分提取图像地物的上下文语义信息，将图像分类从像元级提高到对象级。比如，自适应马尔可夫随机场模型或者 GIS 辅助遥感图像分类都是充分利用精细的空间信息结构实现对光谱分类结果的重定义，提高图像分类精度。此外，稀疏表示和深度学习方法在高分图像分析中的应用研究也非常活跃。稀疏表示理论能够从复杂庞大的数据中分离出影像的主要特征，深度学习方法则通过对深层网络结构进行训练提取图像具有的深层次的结构特征。高分图像的变化检测可以采用基于对象的方法，通过设计适当的分割算法或目标提取算法，实现对地物覆盖类型（如建筑物、水体等）或目标（如车辆、舰船等）的变化分析。

（3）商业化高分图像的多领域应用

农业：法国 SPOT-5 2.5 米融合图像已经被应用于农作物种植面积的小区域精细抽样调查，基于空间排列结构特征分析，可以实现人工种植园中冬小麦、水稻和棉花等种植区域的提取。

城市规划管理：GF-2 图像可准确地识别城市街道、行道绿地、公园、建筑物、车辆数量信息。

海岸带调查：美国 WorldView-2 高分数据大幅提高了海岸线数据提取的精度，实现了围填海状况监测。

灾情评估：高分图像可以实现滑坡和洪水淹没区快速提取、建筑物毁坏等监测，还可利用如美国 IKONOS 高分影像生成立体像对地震灾害前后房屋做精准的损毁状况评估。

军事国防：高分图像可以精确识别敌方的人员与装备，包括装备的型号、数量、调动等重要信息。

4.3.2 高光谱分辨率遥感

（1）定义

起源于 20 世纪 80 年代的高光谱分辨率遥感又称高光谱遥感（Hyperspectral Remote Sensing），它利用成像光谱仪在连续的几十个甚至几百个光谱通道获取地物辐射信息，在取得地物空间图像的同时，每个像元都能得到一条包含地物诊断性光谱特征的连续光谱曲线。与传统的遥感相比，高光谱分辨率的成像光谱仪为每个成像像元提供很窄的（一般小于 10 纳米）成像波段，并且在某个光谱区间是连续分布的。因此，高分辨率传感器获得的地物光谱曲线是连续的光谱信号。这不只是简单的数据量的增加，而是有关地物光谱空间信息量的增加，为利用遥感的技术手段进行对地观测、监测地表的环境变化提供了更充分的信息，也使传统的遥感监测目标发生了本质的变化。按照信号处理的观点，遥感所能区别的地物在光谱空间上应满足两个反射峰值中心点的距离大于每个反射波的半波宽。由于传统的遥感可以被看作在光谱空间的离散采样，因此所能区分的目标物一般在波谱空间上具有明显的差异性，如水体、植被、裸地等，它们具有完全不同的光学行为，而高光谱分辨率遥感由于满足连续性与光谱可分性的要求，因此能够区别同一种地物的不同类别，如花旗松与美国巨杉、明矾石与高岭土，这无疑为遥感技术在环境调查中的应用提供了更加完整的理论基础和更有力的方法，同时也引起数据处理与信息分析技术的根本性变化。

（2）特点

相对于传统的低光谱分辨率的遥感技术，高光谱遥感在对地观测和环境调查中提供了更加广泛的应用，主要体现在以下几个方面。

① 地物的分辨识别能力大大提高，并且可以区别属于同一种地物的不同类别，这在传统的低光谱分辨率遥感中是不容易实现的。同时成像光谱的波段变窄，可选择的成像通道变多，使"同物异谱"与"同谱异物"的现象减少，只要波段的选择与组合恰当，一些地物光谱空间混淆的现象可以得到极大的控制，这无疑为进一步分析提供了可靠的保证。

② 成像通道大大增加，在处理不同应用的分析中，光谱的可选择性变得灵活和多样化，这极大地增加了可以通过遥感手段进行分析的目标物的数量，如不同树种的识别、不同矿物的识别，扩大了遥感技术的应用范围。

③ 光谱空间分辨率的提高，使原先不可进行的应用方向成为可能。如生物物理化学参数的提取，利用高光谱数据进行有关植被叶绿素 a、木质素、纤维素等的生化分析取得了较好的结果，为遥感技术的应用提供了新的研究方向。

④ 由遥感定性分析向定量或半定量的转化成为可能。传统成像遥感技术的应用以定性化的分析为主，部分定量分析结果的精度并不理想，这显然与成像传感器的光谱分辨率和空间分辨率、大气和土壤背景的干扰等限制有关。高光谱分辨率成像遥感首先突破了光谱分辨率这一限制，在光谱空间很大程度上抑制了其他干扰因素的影响，这对定量分析结果精度的提高有很大的帮助。

（3）高光谱成像仪发展历程

世界上第一台成像光谱仪 AIS-1 于 1983 年在美国研制成功。

1987 年，美国又推出了第二代高光谱成像仪 AVIRIS，并持续不断地更新换代，其已成为美国航空航天高光谱遥感科技发展的孵化器。

此后，许多国家先后研制了多种类型的航空成像光谱仪，如加拿大的 CASI、德国的 ROSIS、澳大利亚的 HyMap 等。

在经过航空试验和成功应用之后，1999 年年底美国宇航局新千年计划推出的 EO-1 卫星搭载了具有 200 多个波段的 Hyperion 航天成像光谱仪，正式开启了航天高光谱遥感时代。

（4）我国高光谱遥感科技进展

我国高光谱遥感科技发展几乎与美国同步。1989 年中国科学院研制了我国第一台模块化航空成像光谱仪（MAIS），并在 20 世纪 90 年代陆续研发了推帚式成像光谱仪（PHI）、实用型模块化成像光谱仪（OMIS）、轻型高稳定度干涉成像光谱仪（LASIS）等。

2002 年"神舟三号"搭载了我国第一台航天成像光谱仪，此后我国发射的"嫦娥一号"探月卫星、环境与减灾小卫星（HJ-1）星座、风云气象卫星、GF-5 卫星等也都搭载了航天成像光谱仪。

（5）高光谱遥感的多领域应用

矿物分析：通过对矿物元素进行诊断性光谱特征分析，高光谱遥感技术能够实现对矿物成分及其丰度的精确识别和填图。

植被研究：通过高光谱数据能够反演植被物理和化学参数，进行作物长势监测、品质评估等。

水质监测：通过对水中叶绿素、黄色物质、悬浮物等成分的光谱反演，可以掌握水华暴发、黑臭水体分布及污染来源等。

军事应用：高光谱遥感技术从起步开始就被赋予了强烈的军事应用色彩，在军事目标侦察、阵地与装备伪装识别、战场环境背景分析等方面有巨大的应用潜力。

其他：近年来，成像光谱技术也逐渐渗透进了各种非传统遥感行业，如医学、生物、刑侦、考古、文物保护等领域。

我国的高光谱遥感技术发展一直处于国际前列，中国科学院自主研发的高光谱图像处理与分析通用软件系统（HIPAS）被国际同行评为国际六大顶尖高光谱图像处理软件之一，并在高光谱遥感应用方面实现了向美、日、澳等发达国家的技术输出，成果在国际上产生了重大影响。

4.3.3　高时间分辨率遥感

（1）定义

卫星遥感观测的时间分辨率（或卫星重访周期）是指在同一区域进行相邻 2 次观测的最小时间间隔，间隔越小，时间分辨率越高。由于气象观测的特殊性要求，在 21 世纪之前，高时间分辨率遥感卫星绝大多数是气象卫星。

（2）代表性卫星

最具代表性的有美国三代气象观测卫星，即第一代"泰罗斯"（TIROS）系列（1960—1965 年）、第二代"艾托斯"（ITOS）/"诺阿"（NOAA）系列（1970—1976 年）、第三代 TIROS-N/NOAA 系列（1978 年至今）。其中至今仍被广泛应用的 NOAA 系列卫星采用双星运行，同一地区每天重复观测 4 次。我国在气象卫星方面，自 1988 年成功发射风云一号以来，至今已发展至风云二号、风云三号、风云四号共 15 颗卫星。风云一号气象卫星可以每天 2 次对同一地区进行观测；风云二号气象卫星每半小时对地观测 1 次，双星错开观测，可以达到每 15 分钟观测 1 次地球。除了上述气象卫星外，1999 年 12 月和 2002 年 5 月，美国国家航空航天局分别发射了以陆地观测为主的高时间分辨率遥感卫星，即 Terra 卫星与 Aqua 卫星，两颗星相互配合，每 1～2 天可重复观测地球。这些高时间分辨率遥感影像的空间分辨率相对较低，一般在百米级或公里级。近年来，随着高分辨率成像技术和卫星组网观测技术的发展，一些拥有中高空间分辨率的地球静止轨道卫星和具有高空间分辨率的小卫星星座陆续出现，如我国 2015 年年底发射的高分四号（GF-4）静止轨道卫星，空间分辨率为 50 米；预计 2030 年实现 138 颗小卫星组网的"吉林一号"后续卫星星座，空间分辨率为 1.12 米，届时将具备对全球任意点 10 分钟以内的重访能力。

（3）特点

高时间分辨率遥感与高空间、高光谱遥感技术相结合是未来遥感科技发展的一个新趋势，它能够实现地物类型与理化特性的精准反演和高时频变化监测。高时间分辨率遥感已经在全球变化及其产生的重大环境问题研究方面发挥了重要作用，也能够为交通、农业、渔业、水利、林业、军事等部门提供重要的实时监测信息。

（4）高时间分辨率遥感的多领域应用

全球或区域土地利用/覆盖变化监测：高时间分辨率遥感能够通过植被指数等参数实现立方体分析，精确监测植被生长状况或相关工程进展情况。

气象及灾害监测预报：高时间分辨率的遥感卫星可以对台风、寒潮、暴雨、洪水、沙尘暴、雾霾等灾害天气进行实时监测和预报，还能够准确量测洪涝灾害水淹区域、草原或森林火灾过火区域、地震滑坡泥石流影响区域等，以及大区域实时监测农业旱灾、近海与湖泊水华暴发、草原或森林虫害、农作物病虫害等自然灾害现象。

舰船或陆上移动目标的实时监控：利用地球静止轨道遥感卫星或高空间分辨率遥感卫星星座，基于图像目标自动识别技术，锁定航母等大型舰船和高价值移动目标，可以对其移动情况进行实时或准实时监控。

4.3.4 热红外遥感

（1）定义

热红外遥感通过接收地面辐射的热量来获取地表、大气和水体等物体的热特性信息。其使用的传感器通常是热成像仪或红外线相机，能够测量目标物体的辐射强度，包括短波红外和中波红外等波段。热辐射量级大小不仅与目标物的表面温度有关，也是目标物构成成分及观测角度的函数。

热红外遥感受大气的影响，卫星传感器入瞳处的热辐射主要集中于 3～5μm 和 8～14μm 2 个大气窗口，前者为中红外窗口区，反射和发射特性同等重要；后者为热红外窗口区，以目标物发射的热辐射为主。由于任何温度高于绝对零度（0K 或−273℃）的物体都会不断地向外界以电磁波的形式发射热辐射，因此热红外遥感能够实现对目标物的全天时遥感监测。

1978 年美国成功发射热容量制图卫星 HCMM，首次实现了利用卫星观测地球表面的温度差异。此后 40 年间，热红外遥感取得长足发展，民用卫星的空间分辨率已从最初的数千米提升至百米甚至十米级。

我国于 2018 年发射的高分 5 号（GF-5）卫星搭载了一台全谱段光谱成像仪，其热红外空间分辨率为 40 米。

（2）特点

热红外遥感图像记录地物的热辐射特性，可以简单地认为是地物辐射温度的分布图像，用黑白色调记录地物不同的热特性。一般来说，浅色调表示温度高，深色调表示温度低。

热红外图像中有一个重要特点就是阴影。阴影主要分为热阴影和冷阴影，与光学图像中的阴影含义不一样。阴影产生的原因一般有两种：第一种是由于阳光未直接照射地面，地面温度较周围温度低，因而热辐射较弱，呈现冷阴影，这种阴影虽然范围与光学阴影范围相近，但是不会在阳光消失后马上消失，而是逐渐消散；第二种是地面上的热源或冷源，如当暖风或冷风吹过地面时，由于地面物体的阻挡，背风面容易产生阴影。此外，飞机的热喷气流也会产生热阴影，且不会马上消失，而是逐渐消散。

（3）典型地物的热学性质

一般地物白天受太阳辐射，温度较高，呈暖色调；夜晚温度较低，呈冷色调。

水体比热容较大，白天温度低于地表，呈冷色调；夜晚温度高于地表，呈暖色调。

植被辐射温度较高，夜晚呈暖色调；白天虽然受阳光照射，但因水分蒸腾作用叶面温度降低，呈冷色调。

岩石的热容量较低，因此白天呈现较暖的色调；夜晚呈现较冷的色调。不同的岩石热学性质有差异，在图像上的表现也不尽相同。

土壤表面常常被植被或作物覆盖，因此传感器记录的温度通常是表面作物的温度而不是土壤的温度。由于干燥的作物隔开地面，使地面保持了一定的热量，因此在夜晚，农作物覆盖区域的色调呈暖色调，而裸土则是冷色调。

（4）热红外遥感的多领域应用

农业：在农业方面，热红外遥感已经被用于农田蒸散的定量计算，有助于人们科学合理地调控土壤水分。

减灾应用：在减灾应用方面，主要用于地震和林火监测等，震前地表温度异常，对其进行监测，可以为地震预测提供大量的数据支持。

林业火灾监测：对多时相的中红外和热红外遥感图像进行对比，可以及时掌握林火蔓延情况。

城市热岛效应研究：在城市热岛效应研究方面，热红外遥感可以准确获取地表温度或者空气温度的时空分布信息。

地质勘探和环境污染监测：主要应用于地下水、地热和矿物的探测，以及秸秆燃烧、温水污染和沙尘监测等。

国防安全：主要应用于军事目标的红外侦查、红外夜视和红外预警等，通过观测目标和背景的中红外或热红外辐射强弱差别可以识别出由于伪装或者观测条件不佳（夜间和不良天气）而难以发现的军事目标。

4.3.5 其他遥感系统

（1）合成孔径雷达遥感

微波遥感技术通过接收地物在微波波段（波长为 1mm～1m）的电磁辐射和散射能量，以探测和识别远距离物体。微波遥感技术具有全天候工作能力，能穿透云层，不易受气象条件的影响。

微波遥感按其工作原理可分为有发射源的主动微波遥感和无发射源的被动微波遥感。合成孔径雷达就属于一种高分辨率二维成像的主动微波遥感，也是目前微波成像遥感应用最广的技术。

1957 年 8 月，美国密歇根大学与美国军方合作研究的合成孔径雷达实验系统成功地获得了第一幅全聚焦的合成孔径雷达图像。

1978 年 5 月，美国国家航空航天局发射了海洋一号卫星（Seasat-A），首次装载了合成孔径雷达，对地球表面 1 亿平方千米的面积进行了测绘。

而后 40 年间，合成孔径雷达遥感技术凭借特有的全天时、全天候以及对某些地物的穿透能力，被广泛应用于全球变化、资源勘查、环境监测、灾害评估、城市规划等领域。

特别是，随着 20 世纪 90 年代雷达技术和合成孔径雷达数据地学物理参数反演建模技术的进步，合成孔径雷达技术的发展模式逐步实现了从技术推动到用户需求拉动的转换。全球至今已有超过 15 个正在运行的星载合成孔径雷达系统。

由于合成孔径雷达技术具有全天时、全天候的观测能力，除了广泛应用于恶劣天气和夜间成像观测外，还可以用于测量土壤湿度、雪被深度和地质构造等。非洲撒哈拉沙漠地下古河道的发现正是依赖的这个特殊能力。

（2）激光雷达遥感

激光雷达（LiDAR）是激光探测及测距系统的简称，是一种高精度的三维测量技术，通过激光束扫描地面或物体表面，测量其距离、高度和形状等信息。它被广泛应用于地质勘探、测绘制图、城市规划、环境监测、军事侦察等领域。

激光雷达遥感的主要参数包括以下几个方面。

- 点云密度：指每平方米上点云的数量，通常以点/平方米为单位。
- 最大探测距离：指激光雷达能够探测到的最远距离，通常以米为单位。
- 视场角：指激光雷达能覆盖的水平和垂直角度范围，通常以度为单位。
- 视场范围：指激光雷达能覆盖的水平和垂直角度范围所对应的水平和垂直距离范围，通常以米为单位。
- 分辨率：指激光雷达能够探测到的最小物体尺寸，通常以米为单位。
- 重复频率：指激光雷达每秒钟能够发射多少次激光束，通常以赫兹为单位。

近年来，星载、机载、地面等 LiDAR 系统不断涌现，其相关产业规模整体每年以近 24% 的速度增长，机载和地面 LiDAR 系统已经能够将扫描误差控制在厘米甚至毫米级别。

我国 2007 年发射的嫦娥一号激光高度计是我国第一个星载激光雷达系统，在轨运行期间，共获取 912 万点有效数据，得到的月球两极高程数据填补了世界空白。星载 LiDAR 系统的特点是运行轨道高、观测视野广。

（3）偏振与重力测量遥感

偏振遥感卫星是一种能够获取地球表面反射光线的偏振状态信息的卫星。它可以通过测量不同偏振方向的光线反射率，提供更多的地表信息和更精确的遥感数据。偏振遥感卫星可以用于地质勘探、农业、森林资源管理、海洋环境监测等领域。偏振遥感技术在农业、林业、城市规划、海洋环境等领域都有广泛应用。

偏振遥感卫星的发展可以追溯到 20 世纪 70 年代，以下是其主要的发展历程。

- 1978 年，美国 NASA 的 LANDSAT-3 卫星首次推出了多光谱偏振仪，其可同时获取多个波段的偏振信息
- 1981 年，美国 NASA 的 SIR-A 卫星首次采用合成孔径雷达（SAR）获取了地表的偏振信息。
- 1999 年，加拿大 RADARSAT-1 卫星推出，其 SAR 系统可获取 C 波段和 L 波段的偏振信息，是世界上第一颗商业化的偏振遥感卫星。
- 2003 年，欧洲空间局（ESA）的 ENVISAT 卫星推出，其 ASAR 系统可获取 C 波段和 L 波段的偏振信息，是当时最先进的偏振遥感卫星。
- 2007 年，中国的 HY-2A 卫星推出，其微波散射计可获取海面风场和海浪等偏振信息。
- 2018 年，中国的 GF-5 卫星推出，其微波辐射计可获取地表的偏振信息，是中国第一颗偏振遥感卫星。

卫星重力测量是一种利用人造卫星来获取地球引力场信息的遥感技术。通过测量卫星在不同高度下的运动轨迹和速度变化，可以推算出地球引力场的强度、方向和空间分布情况。这些数据可以被用于制作全球重力场模型，进而探测地球内部结构、地质构造、海洋洋流和冰川等动态变化。卫星重力测量技术在地震预警、矿产勘探、海洋测绘等领域都有广泛应用。

卫星重力测量的发展可以追溯到 20 世纪 60 年代，以下是其主要的发展历程。

- 1967 年，美国 NASA 的第一颗地球观测卫星 ATS-1 首次进行了重力测量，为卫星重力测量奠定了基础。
- 1973 年，美国 NASA 的第二颗地球观测卫星 SKYLAB 进行了更加精细化的重力测量，

为卫星重力测量的进一步发展提供了基础数据。

- 1995 年，德国的 CHAMP 卫星推出，它是世界上第一颗专门用于重力测量的卫星，可进行全球重力场和地球大气层的测量。
- 2002 年，美国的 GRACE 卫星推出，它是第一颗由两颗卫星组成的重力测量卫星，可进行更加精确的重力场测量。
- 2018 年，欧洲空间局（ESA）的 GOCE 卫星任务结束，其重力梯度仪可进行更加精细的重力测量，为重力场研究提供了更加详细的数据。

4.4 无人机遥感

4.4.1 概述

无人机遥感即将无人驾驶的飞行器与遥感传感器结合在一起，再加上通信技术和 GPS 定位技术，使获取资源和获取信息的过程简单化、智能化。现在的无人机遥感技术在各行各业中已经有了不小的成就，但是我们掌握的无人机遥感技术以及对它的利用还只是九牛一毛，因此我们要借着无人机遥感的热潮不断推进无人机遥感技术的发展。

4.4.2 遥感传感器

遥感是一个非常复杂的技术，其中最重要的就是遥感传感器。遥感传感器是负责为遥感提供信息的，想要获得好的遥感信息，就要为无人机配备合适的遥感传感器。自 1980 年以来，世界上计算机技术的发展非常迅速，慢慢地有越来越多的高精度、小体积的传感器被发明出来。在 20 世纪 80 年代，传感器都是胶片制的，不光获取信息的质量低、速度慢，体积还特别大。随着当下科学技术的飞速发展，无人机的传感器已经变成了有 8000 多万像素的相机了，这样的机器设备为拍摄高精度的航片提供了硬件支持。不仅如此，现在还有了更先进的技术，如相机云台、红外线扫描仪、三维扫描仪等，这些产品的发明和应用为当下遥感传感器技术提供了更好的选择，也促进了无人机遥感技术的发展。

（1）飞行姿态的控制技术

影响遥感效果的因素还包括无人机在空中的飞行姿态。要想让无人机在进行航拍任务时有更好的表现，就一定要保证飞行器的稳定和良好的飞行姿态。根据调查发现，无人机飞行姿态技术的研发和使用也不是一成不变的，经过了很多技术的变更和改进。现在的无人机中使用的飞行技术有更高的连续操控的质量，为无人机的稳定飞行提供了技术支持。

（2）数据的传输和存储技术

在无人机的遥感技术中，数据的传输和存储是一项非常重要的技术。这项技术中主要包含数据的传输和压缩技术。只有数据传输和存储的质量稳定，才能保证无人机传感技术的稳定发展。无人机的工作环境一般是高空或者人类难以到达的恶劣环境，这样的环境会对正在工作中的无人机造成很大的影响，甚至会阻碍无人机的正常运行。如果在无人机工作的过程中，因为环境因素导致信息不能正常传输，必然会影响人们的正常工作。因此在发展无人机遥感技术的同时，一定要考虑到环境因素对无人机的影响，只有这样才能促进无人机遥感技术的发展。

4.4.3　无人机遥感的应用

（1）气象监测

气象监测指的是无人机在大自然环境中的应用。无人机遥感技术可以对环境状况和天气情况进行分析，预测未来几天内的温度、湿度及紫外线状况。这也是无人机遥感技术离大家最近的一项应用。无人机遥感技术还可以用于长期监测某地区的环境污染状况，通过对大气中的污染物质进行分析，得出造成当地环境污染的主要原因，为生态文明建设提供技术基础。现在无人机遥感技术在气象监测方面的应用已经很普遍了，这项技术的不断成熟必然会促进我国环境污染状况的改善。

（2）调查和检测资源

现在人们最常用的调查和检测资源的方法就是人工方法，但是这样的方法速度慢、效率低，而且需要耗费大量的人力物力，这会严重影响人们的工作进度。但是用无人机遥感技术调查和检测资源的时候，只需要将无人机升起来，就能利用遥感技术将某一个地区不同的资源和地貌用不一样的颜色标记出来，不仅简单易懂，而且工作效率很高，为人们高质量完成检测工作提供了可能。

（3）测量

无人机遥感技术还被广泛应用于测量方面。传统的测量由工作人员实地进行，这种方法不仅测量速度比较慢，还会因为各方面的原因导致误差，从而影像测量的最终结果。利用无人机遥感技术进行测量，不仅节省了大量的时间，还可以避免人为产生的误差，使结果更准确。

（4）解决突发状况

无人机遥感技术还可以用于解决突发状况。比如在居民区发生火灾或地震的时候，可以利用遥感技术及时获知被困人员的位置，帮助救援队更高效地完成救援工作。

4.4.4　无人机遥感的问题和发展趋势

4.4.4.1　无人机遥感的问题

当下无人机遥感技术还有很大的发展空间，且依然存在不少问题。比如，现在无人机对抗恶劣环境的能力较差，常常会出现恶劣环境导致信息获取不准确和无人机损坏的情况。当前无人机遥感技术在像素、获取信息的速度及信息存储的方式等方面都有进步的空间，特别是当下我国的无人机遥感技术还存在一定的滥用现象，对个人隐私造成了一定的威胁，因此要想无人机技术能有所发展，建议将无人机的持有合法化，着手打击利用无人遥感技术违法犯罪的行为。

4.4.4.2 未来应用展望

（1）在农业方面的应用

无人机正进一步向着高智能的方向发展，在以后的生活中人们可以利用无人机遥感技术助力农业发展。比如，可以利用无人机进行农作物病虫害检测，并根据实际情况提出具体的解决策略，然后使用无人机喷打农药，将农业生产工作过程一体化、简单化。

（2）解决突发事件的应用

无人机技术可以在解决突发事件中发挥更大作用，比如在大型的活动或需要保证秩序的场合，可以利用无人机遥感技术实时监测现场情况，发现突发状况时及时反馈到有关部门。不仅如此，大型事故发生后，可以直接利用无人机遥感技术指挥救援。

（3）未来建筑行业的应用

无人机遥感技术还可以应用到建筑行业。我国现在正在建设现代化农村，但是农村的一大特点就是居住散乱没有规律，单纯依靠工作人员了解每个村镇的实际情况，效率是非常低的。在无人机遥感技术的协助下，工作人员可以以最快的速度了解一个地区的地形地貌及居住地的排列顺序，促进施工建设方高效率工作。

4.5 导航遥感融合技术

导航定位技术与遥感技术是两种主要的获取空间信息的技术手段。相比传统的信息获取手段，导航和遥感能快速、高效、实时地获取海量时空信息，可为诸多领域提供天地一体化信息服务。导航和遥感是最具应用价值和发展潜力的时空信息采集手段，位置信息和遥感数据是最具泛在性的智能信息服务要素。导航技术侧重于获取目标连续的位置和运动状态，而遥感技术侧重于获取面目标的状态信息，二者融合能够有效提升空间数据获取效率，提升空间数据的可靠性。随着导航和遥感技术的不断发展、时空信息的综合应用，以及数据服务业务的逐步普及，导航和遥感的结合成为必然发展趋势。导航技术与遥感技术相互融合与渗透，逐渐形成新的交叉领域和学科。李德仁院士从天基信息实时服务系统的角度提出定位、导航、授时、遥感、通信（Positioning, Navigation, Timing, Remote Sensing, Communication，PNTRC）五位一体的融合构想，从天基信息的获取、传输、综合应用等角度论述了导航与遥感技术融合的意义和必要性。杨元喜院士指出导航技术的发展趋势是弹性 PNT 框架和综合 PNT 体系，从多源融合的角度论述了未来 PNT 体系对雷达、光学影像等遥感技术的需求。导航与遥感融合可根据融合机理划分为 3 个层次：协同、集成和融合。协同层面的融合是指导航技术与遥感技术合作完成一项任务。例如在灾害应急任务中，既需要遥感技术获取受灾情况，进行灾害影响评估与分析，又需要导航技术用于救援人员和救灾物资运送的指挥和调配。在很多应用场合，导航技术和遥感技术各司其职，又相互协作，缺一不可。典型导航与遥感协同的应用包括灾害应急、地质灾害监测等。

导航与遥感的典型集成应用场景是 GNSS、INS 等导航技术为遥感平台提供位置和姿态信息，辅助遥感传感器成像。随着集成度的提高，导航与遥感的集成方式也有所改变。按集成的载体平台划分，可分为天基导航及遥感集成，空基导航及遥感集成和地基导航及遥感集成。

天基导航及遥感集成手段主要有两种：一是导航技术为遥感平台提供位置姿态信息；二是导航与遥感功能共享卫星平台。第一种集成手段的典型应用是测绘卫星的无控制点定位。无控制点摄影测量技术能够大幅缩减成图的野外工作量，提升成图效率和成图时效性，是摄影测量学科的发展方向，也是一个国际难题。光学卫星影像无控定位首先需要确定传感器的位置和姿态，这主要依靠 GNSS 精密定轨技术和基于星敏感器、陀螺仪的姿态确定技术。第二种集成方式是通信遥感导航一体化的天基信息实时服务系统。天基卫星资源需要一星多用、多星组网、多网融合，最终按需提供智能服务。天基信息实时服务系统要求天基卫星资源能够同时提供定位、导航、授时、遥感、通信 5 种服务。

空基导航及遥感集成也是重要的研究和发展方向，主要集成的平台包括无人机和近地空间浮空器等。与星基平台相比，空基平台最大的特点是需要由控制系统维持平台的位置和姿态。因此导航作为平台控制系统的输入，担负着维持平台飞行安全的责任。空基平台比星基平台更加灵活，且飞行高度更低，这有利于提高遥感影像的分辨率。空基导航遥感集成技术被广泛地应用于气象监测预报、国土资源调查与城市管理、海事动态监测、灾害预报监测与评估、精细农业、海洋权益保障等领域。空基导航及遥感集成方式主要由导航系统为遥感载荷提供位置姿态信息。

地基导航及遥感集成技术具有平台多样化、技术手段多样化和应用场景多样化等特点。由于地面环境复杂，障碍物多，地基平台导航的难度和重要性远高于空基平台和天基平台。根据集成系统中遥感技术的角色，可以将地基导航及遥感集成系统划分为信息采集型和环境感知型两类。信息采集型即利用遥感技术采集环境的物理和几何属性，包括街景数据采集、移动测图等，适用于测绘、城市管理等应用。环境感知型是利用遥感技术感知周围的环境进行避障、路径规划等。特别是对于移动机器人、自动驾驶等新兴应用领域，导航与环境感知已经成为其核心技术。

4.6　遥感技术的典型应用

遥感技术已经深入人们的工作和生活中，在很多领域发挥着越来越重要的作用。下面介绍遥感技术在一些领域的典型应用。

（1）在海洋研究中的应用

海洋研究的很多领域要依赖和应用气象卫星提供的海洋遥感资料。海洋研究学者可以从连续的气象卫星红外和可见光遥感图像中区分出不同温度的水团或水流的位置、范围、界线和移动情况并计算出移动速度，从而获得水团、涡漩的分布和洋流变动等信息。这些信息在海洋研究中起着非常重要的作用，不仅能确保航海安全，还可以节省燃料。如船只在海冰区航行时，利用卫星遥感图像可以实时选择破冰船航线，使破冰船能够选择冰缝或冰层薄弱的地带行驶，保证航行安全。

此外，遥感在海洋资源的开发与利用、海洋环境污染监测、海岸带和海岛调查及渔业等方面也已取得了成功的应用。

（2）在气象和气候研究中的应用

在气象预报中，卫星遥感资料促进了世界范围的大气温度探测，使天气分析和气象预报工作更加准确。在气象卫星云图上，人们可以根据云的大小、亮度、边界形状、纹理、水平结构和垂直结构等识别各种云系的分布，从而推断出锋面、气旋、台风和冰雹等的存在和位置，对各种大尺度和中小尺度的天气现象进行定位、跟踪及预报。

在气候及气候变迁研究中，近年的研究表明，影响因素主要包括太阳活动、地表面对大气的影响及海洋对大气的影响等。这些因素以及气候的变化数据都可以通过卫星来获取，如气象卫星上的仪器可以直接获取大气中二氧化碳等成分的含量数据。

（3）在林业中的应用

森林资源分布广，面积辽阔，属于再生性生物资源。应用遥感技术可编制大面积的森林分布图，测量林地面积，调查森林蓄积和其他野生资源的数量，对宜林荒山荒地进行立体调查，绘制林地立体图、土地利用现状图和土地潜力图等。通过对森林变化的动态监测，可及时对林业生产的各个环节——采种、育苗、造林、采伐、更新和林产品运输等起到指导作用。

利用遥感技术进行森林资源调查和经营管理已经发展了很长时间。早在20世纪20年代，相关部门就开始尝试进行航空目视调查；到了20世纪40年代，利用航空照片进行森林区域划分，结合地面调查进行森林资源勘测；20世纪50年代发展了利用航片的分层抽样调查；20世纪60年代以后，大量新设备和先进技术的引进，如红外彩色摄影、多光谱摄影、遥感图像增强技术和计算机技术的应用等，使遥感技术在林业形成了多层次、多模式的应用体系。在"七五""八五"期间，我国成功利用陆地卫星数据对"三北"防护林地区进行了全面的遥感综合调查，并对植被的动态变化及产生的生态效益做了综合评价，为国家制定长远发展计划奠定了科学基础。

（4）在地质领域的应用

遥感技术在地质工作中正发挥着日益重要的作用，目前已成为地质调查和环境资源勘察与监测的重要技术手段，应用范围已由区域地质、矿产勘察、水文地质、工程地质和环境地质扩大到农业地质、旅游地质、国土资源、土地利用、城市综合调查和环境监测等许多领域。

区域地质调查工作以遥感方法为主制图，通过大面积多图联测，不仅可以节约经费，还能提高工效。在矿产勘察工作中，利用遥感卫星数据，经计算机拼接处理，可以制成卫星影像图，通过遥感图像数据收集、数据预处理、信息提取、遥感异常圈定和遥感地质编图等处理步骤，实现矿场资源预测评价。在油气勘探中，利用卫星遥感资料解译选定的地质构造，经野外调查和验证，可获得油气资源可能存在的靶区。

（5）在农业中的应用

现代遥感技术的多波段性和多时相性十分有利于以绿色植物为主体的资源观测研究，因此遥感技术已经被应用在农业的很多领域。

国际上于20世纪50年代就开始大量地使用航空照片进行以土地为主体的土地资源调查工作，20世纪70年代时开始利用卫星影像对原来缺乏资料的第三世界国家进行了中比例尺制图。除对土地资源的监测除实地进行定位观测外，还可用不同时期的同一幅影像进行影像叠加和对比，准确地看出土地资源的变化情况。特别是一些交通不便或面积较大的地区，只有卫星遥感技术发展以后，才有可能实现真正的及时监测。又如在农作物估产中，对于大面积农作物可以利用卫星影像进行生态分区，在各个生态区根据历史产量建立产量模拟公式，并根据当年的气候条件进行校正，以实现农作物产量的估计。

（6）在军事上的应用

遥感技术可为军事任务提供全面、及时和准确的战场信息。在现代军事作战中，军事侦察、战场监视与精确制导已完全离不开遥感技术。

在军事侦察中，可以通过摄影、红外、多波段、雷达、电视和激光等多种遥感技术，获取敌国的军事政治情况、武装力量和军事经济潜力，军队的编成、态势、状况、行动性质与企图、战区地形及其他情报所采取的行动，遥感技术对加快获取情报的速度、提高情报的可靠性和效率都有重要作用。在战场监视中，可以用遥感成像等手段对敌空、太空、地面、地下区域、地点和人员等实施有计划的观察。在精确制导武器的末制导阶段，常利用目标的反射或辐射特征测量其位置或相对位置参数，以实现武器的实时定位和轨迹修正，达到精确打击的目的。

（7）在自然灾害监测上的应用

对自然灾害做出快速反应对于防灾救灾决策的制定非常关键。应用遥感技术可以对重大自然灾害进行监视和预测，遥感作为信息源始终贯穿于地震监测预报、震害防御、地震应急、地震救灾与重建的全过程，为政府和有关部门提供及时、准确和可靠的信息，为防灾、减灾和救灾提供充分的科学依据。

目前我国已建立了重大自然灾害的历史数据库和背景数据库，在全国范围内宏观地研究了自然灾害的危险程度分区和成灾规律，研究了详细的监测评价技术方法与应对措施，建立了遥感信息系统，实现了对经常性和突发性自然灾害的监测评价功能。

4.7 本章小结

随着人工智能、人机协同、大数据等技术快速进入战场，以及卫星空间分辨率和重访能力的迅速跃升，在未来复杂战场背景下，新一代武器装备必将对遥感数据产生爆发式的需求增长。因此，统筹军民卫星资源，构建几百甚至上千颗卫星的天基实时监测系统，对动目标和战场环境的即时动态监视将成为军事应用的主流发展趋势。军事情报服务在其未来发展中，将把运用自动化与人工智能技术拓展数据源、丰富即时军事应用产品作为发展重点，以更低的成本、更短的周期提供智能军事服务，以补充、保障和满足军队在现代战争中对卫星遥感的能力需求。

4.8 思考题

1. 遥感技术的分类。
2. 无人机能够搭载哪些遥感设备？
3. 不同遥感技术的优缺点是什么？

第5章

通信

兵法有云："言不相闻，故为之金鼓；视不相见，故为之旌旗。夫金鼓旌旗者，所以一人之耳目也。人既专一，则勇者不得独进，怯者不得独退，此用众之法也。故夜战多金鼓，昼战多旌旗，所以变人之耳目也。"

5.1 定义

5.1.1 通信

通信是指按照一致同意的约定传输信息。通俗地讲，通信就是克服距离的障碍实现信息的传递。在现代技术条件下主要采用电信进行通信。电信是指以电磁信号为载体，将信息从信源传到信宿的过程。

5.1.2 军事通信

军事通信是为军事目的运用通信工具或其他方法进行的信息传递活动（引自《中国人民解放军军语》）。简单地讲，军事通信主要是针对军事应用背景，为军事目的而综合运用各种通信手段进行的信息传递。对军事通信的基本要求是迅速、准确、保密、不间断。

5.1.3 军事通信网

数字通信（Digital Communication）是按照一致同意的协议进行数字信息传递的过程。数字通信一般借助数字通信网。通信网（Communication Network）是具有连接关系的节点（Node）与链路（Link）的集合。

军事通信网具有军事应用背景，主要由战略通信网、战术通信网、卫星通信系统、数据链系统组成,构成军事通信网的每一部分都具有通信网的基本功能,通过这些系统构成覆盖全军、手段多样、高可靠、机动灵活的通信网络,为总部、军(兵)种、作战部队和各类武器平台提供作战指挥和信息交互的通信保障。

5.1.4 军事通信的作用

军事通信是所有战场信息传送分发的枢纽,是战场的神经系统,为军事指挥信息系统提供强有力的支撑,将所有作战部队和武器装备凝聚成一个强有力的整体,在作战中发挥威力。

在信息化作战条件下,军事通信系统的主要任务有 3 个方面:其一,提供信息汇集、传输、处理、保护和分发的重要工具,通过信息交换和有效的指挥控制,将所有部队连成一体,使他们能在复杂战场条件下,在广阔的作战空间有效地发挥作用;其二,确保整个作战空间的连通,提供有效计划、实施与支持体系作战的能力;其三,提供有助于确保信息可用性和便于联合作战的手段和工具,确保信息安全可靠。

5.2 军事通信分类

按通信手段的运用,军事通信可分为无线电通信、有线电通信、光通信、运动通信和简易信号通信;按通信任务,军事通信可分为指挥通信、协同通信、报知通信、后方通信;按通信保障的范围,军事通信可分为战略通信、战役通信和战术通信。此外,还有一种特殊的军事通信组织形态被称为通信枢纽。

5.2.1 按通信手段分类

(1)无线电通信

无线电通信是利用无线电波进行的通信,可传输电话、电报、数据、图像信息,它是军队作战指挥的主要通信手段;对于飞机、舰艇、坦克等运动载体,无线电是唯一的通信手段。无线电通信具有建立迅速、机动灵活等优点,不足之处是传输的信号易被敌方侦听截获、测向定位和干扰。无线电传播有不稳定性,严重时会造成通信中断。

(2)有线电通信

有线电通信指利用金属导线达成的信息传输,是保障军队平时和战时作战指挥的重要通信手段。由于信息是沿导线传输的,电磁辐射较少,不易被敌方截获,不易受自然和人为的干扰,保密性及通信质量好。但其机动性、抗毁性较差,特别是暴露在地面上的通信线路易遭敌方火力的破坏。

按传输线路的种类,有线电通信通常分为野战线路(野战被覆线和野战电缆线路)通信、架空明线通信、地下(海底)电缆通信等。

野战线路通信是一种在野外、战场等环境中进行的通信方式,其主要特点如下。一是适应性强,野战线路通信可以适应各种恶劣环境,如山区、沙漠、森林等,能够在这些环境中保持通信连续性；二是灵活性高，野战线路通信可以根据实际情况进行灵活的布线，不受固定线路的限制，因此可以快速部署和撤离；三是保密性好，野战线路通信使用的是地面或地下的有线通信方式，相对于无线电通信更加难以被窃听和干扰，保密性更好；四是传输带宽窄，野战线路通信使用的通信方式，其传输带宽相对较窄，无法传输大量的数据；五是维护难度大，野战线路通信需要在野外环境中进行布线和维护，因此维护难度较大，需要由专业的技术人员进行维护。

架空明线通信是指通过架设在电杆上的电缆进行通信的方式，其主要特点如下。一是传输距离远，架空明线通信的传输距离可以达到数百千米，比其他通信方式（如无线电通信、卫星通信等）更加适合长距离通信；二是传输带宽高，架空明线通信的传输带宽较高，可以传输大量的数据，比其他通信方式（如无线电通信等）更加适合大数据传输；三是传输速度快，架空明线通信的传输速度非常快，可以达到数十 Gbit/s，比其他通信方式（如电视信号、电话信号等）更加快速；四是维护方便，架空明线通信的电缆在电杆上架设，便于维护和更换，维护成本低；五是易受天气影响，架空明线通信的电缆受到天气的影响较大，如暴风雨、雷电等天气会对通信产生影响。

地下（海底）电缆通信的特点主要包括以下几个方面。一是传输距离远，地下（海底）电缆通信的传输距离可以达到数千千米，比其他通信方式（如无线电通信、卫星通信等）更加适合长距离通信；二是传输速度快，地下（海底）电缆通信的传输速度非常快，可以达到数十 Gbit/s，比其他通信方式（如电视信号、电话信号等）更加快速；三是传输可靠性高，地下（海底）电缆通信的传输信号受干扰较少，信号传输稳定，信号质量高，因此通信质量更加可靠；四是传输带宽大，地下（海底）电缆通信的带宽较大，可以传输大量的数据，比其他通信方式（如无线电通信、卫星通信等）更加适合大数据传输；五是传输成本高，由于地下（海底）电缆通信需要铺设电缆，需要大量的投资和费用，因此传输成本较高。

（3）光通信

光通信指利用光传输信息的通信方式。光通信频带宽、保密性好、抗电磁干扰能力强。按所用的光传输介质可分为光纤通信和无线光通信（含自由空间光通信、大气光通信和对潜光通信）。

光纤通信利用光导纤维作为传输媒介，是现代光通信的主要方式。光纤通信具有通信容量大、中继距离长、无电磁辐射、抗电磁干扰能力强、信号稳定可靠、保密性好等优点，被广泛用于国防通信网的干线和支线传输，用于军事机关、国防基地、要塞、机场等的内部通信网，用于指挥所、武器平台等的局域通信网，也广泛运用于战术环境。光纤有单模和多模两类。单模光纤中继距离长，主要用于干线传输；多模光纤中继距离短，主要用于短距离和局域网的通信。

大气光通信是近地空间中的光通信，它以大气为传输媒介。大气激光通信设备轻便、保密性好、抗干扰性能好，但波束窄，且传输质量易受气候和天气环境的影响，因此，军事上主要用于短距离的视距通信，在光缆或电缆通信中断时可用于代替抢通。在深空中，影响光传播的诸多不利因素不复存在，因此，深空是无线光通信的理想环境，深空飞行器、通信卫星之间利用激光构建星际链路的应用潜力十分大。

对潜光通信利用蓝绿激光在海水中的低损耗窗口传输信息，这一技术尚处于研究和开发阶段,还未得到广泛应用。

（4）运动通信和简易信号通信

运动通信虽然是一种较原始而又传统的通信手段,但直到现代在军事上仍有使用价值。许多国家的军队编有运动通信分队,并配有先进的交通工具。战场上需要无线电静默时,运动通信的作用更加突出。简易信号通信易受天候、地形、战场环境等的影响,通信距离近,一般只适用于营以下分队及空军、海军近距离通信和导航,主要用于战术环境下传递简短命令、报告情况、识别敌我、指示目标、协同动作等,是军事通信的辅助手段。

5.2.2　按通信任务分类

军事通信按任务可分为指挥通信、协同通信、报知通信和后方通信。

（1）指挥通信

指挥通信是按指挥关系建立,用于保障军队作战指挥的通信。它包括战役、战斗编成内上下级之间的通信联络。指挥通信由各级司令部自上而下统一计划,按级组织;必要时,也可以越级组织。实施指挥通信通常用于建立无线电台网、专向、多路无线电通信系统,以及有线电通信系统。自 20 世纪 80 年代以来,地域通信网成为现代战役/战术指挥通信的主要形态,并运用无线电台指挥网络或专向,以及其他通信手段,形成多层次的指挥通信体系。

（2）协同通信

协同通信是执行共同任务并有直接协同关系的各军（兵）种部队之间、友邻部队之间,以及配合作战的其他部队之间按协同关系建立的通信联络。协同通信通常由指挥协同作战的司令部统一组织,或由上级从参与协同作战的诸方之中指定某一方负责组织。组织协同通信一般有如下 4 种方式。

① 以无线电台为主,有协同关系的部（分）队使用相同体制的无线电台,组织成一个协同通信网。

② 在军（兵）种的无线电台体制不相同的情况下,通常互派代表携带各自的电台,达成间接的协同通信联络。

③ 当有协同关系的部（分）队使用的电台制式不同时,可以通过互连接口将不同制式的电台网互联起来,达成协同通信联络。

④ 在作战地域建立公共的通信网,有协同关系的部（分）队将各自的通信系统接入公共通信网上,实现协同通信。

（3）报知通信

报知包括警报报知和情报报知,报知通信保障警报信号和情报信息的传递。警报有战略级、战役级之分;情报可分为空情、海情、气象、水文等。警报报知通信通常使用大功率电台组织通播网,也可以建立有线电警报网。为使警报信息可靠传递,一般要组织多层次的警报传递网。情报报知通信一般使用无线电台、有线电台或其他手段建立通播网或专用网（专向）。

（4）后方通信

后方通信是为保障军队后方勤务指挥和战场技术保障勤务指挥,按照后方勤务部署、供应关系及技术保障关系建立的通信联络。它包括上下级后方（后勤）指挥所与上级派出的供应单位、地勤部（分）队、技术保障机关、技术保障部（分）队之间建立的通信联络。后方通信一般通过战略网、战役网及战术网实施。

5.2.3　按通信保障的范围分类

按通信保障范围的不同，军事通信可分为战略通信、战役通信和战术通信。同样一种通信业务网，例如电话网，用于保障战略作战指挥时是战略通信的组成部分，而用于保障战役作战指挥时又成为战役通信的组成部分。同样一种通信手段，例如无线电台，用于保障战役作战指挥时是战役通信的组成部分，而用于保障战斗作战指挥时就成为战术通信的组成部分。

（1）战略通信

战略通信的使命是保障战略指挥的实施。它是以统帅部基本指挥所通信枢纽为中心，以固定通信设施为主体，运用大/中功率无线电台、地下（海底）电缆、地下（海底）光缆、卫星、架空明线、微波接力和散射等传输信道，连通全军军以上指挥所通信枢纽的全军干线通信网。

战略通信的基本任务包括：平时保障国家防务，以及应对敌人突然袭击或突发事件、抢险救灾、科学试验、情报传递、教育训练和日常活动等的通信联络；战时则保障战略警报信号和情报信息的传递，统帅部指挥战争全局和直接指挥重大战役（战斗）的通信联络，指挥自动化系统的信息传递，实施战略核反击的通信联络以及战略后方的通信联络。

（2）战役通信

战役通信的使命是在作战地区（海域、空域）保障战役指挥。它通常保障师以下部队遂行战役作战。按战役规模，战役通信分为战区、方面军战役通信，以及集团军战役通信和相应规模的海军、空军、火箭军战役通信。战区战役通信网以固定通信设施为主体，结合机动通信装备组成；方面军战役通信网以固定通信设施为基础，结合野战通信装备组成；集团军战役通信网则以野战通信装备为主体，结合固定通信设施组成；海军、空军及火箭军战役通信网的组成分别与上述规模的网络相对应。战役通信网中的固定通信设施是战略通信网的组成部分，机动部分则是战区在战时开设的。

（3）战术通信

战术通信是为保障战斗指挥在战斗地区内建立的通信联络。按战斗规模，分为师（旅）、团、营战术通信网和相应规模的军（兵）种部队战术通信网。

战术通信网以野战通信装备为主，并利用战斗地区的既有通信设施。它主要由无线电台、有线电通信、无线接力通信和野战光缆通信设备组成，区域机动网设备也可用于师（旅）级战术通信。

（4）通信枢纽

通信枢纽是汇接、调度通信线路和传递、交换信息的中心。它是配置在某一地区的多种通信设备、通信人员的有机集合体，是军事通信网的重要组成部分，是通信兵遂行通信任务的一种基本战斗编组形式。按保障任务的不同，通信枢纽分为指挥所通信枢纽；干线通信枢纽和辅助通信枢纽；按设备安装与设置方式的不同，又可分为固定通信枢纽和野战通信枢纽。各级各类通信枢纽的组成要素和规模，根据保障任务和范围的不同而不同。

① 固定通信枢纽。固定通信枢纽是把大型通信设备和指挥自动化设备，安装配置在地面建筑物或坑道、隐蔽部等永备工事内的一种永久性通信枢纽。它是战略通信网的主体，是战役以上指挥机关汇接、调度通信线路和传输交换信息的中心，具有通信容量大、隐蔽性好、抗毁能力强、通信方向多、通信距离远等特点。要素之间连接复杂，一旦遭到破坏，修复时间长。固定通信枢纽通常由有线电通信部分和无线电通信部分组成。有线电通信部分主要有载波站、光端站、长途交换站、市话自动交换站、保密站、数据通信站、长途台、长机室、传真站、自动化工作站、总配线室、电源室、会议电话室等；无线电通信部分主要有集中收信台、集中发信台、遥控室、微波接力通信站、散射通信站、卫星通信地球站、移动通信基地台、天线场、电源站等。固定通信枢纽的任务主要包括：战时主要保障统帅部、战区、方面军作战指挥的通信联络；平时主要保障部队战备值勤、教育训练、施工生产、抢险救灾、科学试验和支持国家经济建设的通信联络。

② 野战通信枢纽。野战通信枢纽是把部队在编的野战通信装备和指挥自动化设备，安装配置在野战工事和各种车辆、飞机、舰船及其他运载工具内的可移动式通信枢纽。野战通信枢纽轻便、机动灵活、开设/撤收速度较快。要素多的通信枢纽目标较大，易暴露指挥位置，需要加强伪装与防护。野战通信枢纽通常配置在指挥所地域，分为基本指挥所通信枢纽、辅助通信枢纽、预备指挥所通信枢纽、后方指挥所通信枢纽、前进指挥所通信枢纽、技术保障指挥所通信枢纽及各兵种指挥所通信枢纽等。通常较大型的野战指挥所通信枢纽开设的要素有野战集中发信台（群）、集中收信台、无线电接力群、卫星通信地球站、无线双工移动通信中心站、载波站、传真站、综合终端站、电源站、自动化工作站、电报收发室、文件收发室及通信枢纽值班室等。野战通信枢纽的主要任务是保障指挥所内部的信息交换和指挥所对上级、下级和友邻指挥所或部队间的通信联络。

当基本指挥所通信枢纽对部署较远的部队不便直接联络时，通常建立辅助通信枢纽。它的基本任务是保障远离指挥所的部队的通信联络，或用于增强迂回通信方向。

③ 干线通信枢纽。这是在长途干线汇接点的基础上，设置交换设备、上下话路等设备而构成的通信枢纽。它是根据通信网的组成和作战指挥需要而建立的。基本任务是汇接和调度各方向的通信线路，并为就近邻队指挥所提供入网服务，为过往和配置在附近地域的部队提供用户直接入网服务。

5.3 典型通信系统

5.3.1 专网通信

专网的主要目标是保证业务安全保密和网络稳定可靠。最早的军用专网通信技术是电报机。二战的时候，摩托罗拉公司发明了便携式的无线电话。新中国成立后，我国借鉴美国和苏联的技术，发明了步话机。老式的步话机使用的是模拟通信技术，保密性很差。

我国跳频技术的发展可以追溯到 20 世纪 80 年代。当时，我国开始研究和开发跳频通信技术，并在军事领域进行了一系列实验和应用。但由于技术水平和设备条件的限制，跳频技术在中国的发展一度较为缓慢。随着我国经济的发展和技术水平的提高，跳频技术得到了快速发展。在 20 世纪 90 年代，我国开始引进欧美先进的跳频技术，并在军事领域进行了大规模应用。同时，我国也在技术研究和开发方面取得了一系列重要成果，如开发了一批自主知识产权的跳频通信设备，实现了国产化的目标。

现在的专网通信是我军固定的通信方式，一般采用光导纤维作为传输媒介，包括军综网、指挥专网、固定电话网和移动通信网等。

军综网连通全军团以上单位及重点营、连级单位，安全防护等级为三级防护，秘密级。指挥专网主要用于作战指挥。固定电话网用于军用固话传输。

军队码分多址（Code Division Multiple Access，CDMA）移动通信系统依托连通公众网构建，由核心网、机动式移动通信系统、电信无线接入网、移动终端和其他系统构成。系统不仅可提供 CDMA 公众网具备的所有功能，还能提供加密话音、加密短消息、加密分组数据、安全控制和智能网等业务，可不间断地保障我军在国土范围内的移动通信。

5.3.2 短波通信

（1）短波通信

短波通信是频率范围为 3～30MHz 的一种通信手段。无线电电波划分见表 5-1。

表 5-1 无线电电波划分

频段名称	频率范围	波段名称	波长范围
甚低频（VLF）	3～30kHz	万米波，甚长波	10～100km
低频（LF）	30～300kHz	千米波，长波	1～10km
中频（MF）	300～3000kHz	百米波，中波	100～1000m
高频（HF）	3～30MHz	十米波，短波	10～100m
甚高频（VHF）	30～300MHz	米波，超短波	1～10m
特高频（UHF）	300～3000MHz	分米波	10～100cm
超高频（SHF）	3～30GHz	厘米波	1～10cm
极高频（EHF）	30～300GHz	毫米波	1～10mm
	300GHz～3THz	亚毫米波	0.1～1mm

短波的基本传播途径有两个：一个是地波，另一个是天波。

短波信号主要靠电离层反射（天波）传播，也可以和长波、中波一样靠地波进行短距离传播。超短波通信主要靠地波传播和空间波视距传播。当通信距离较近时，通常使用鞭状天线，利用地波传播；当通信距离较远时，应用高架天线或将电台设在较高的地方，利用空间波传播；需要超视距通信时，可采用接力的方式或使用散射通信和卫星通信。每一种传播形式都具有各自的频率范围和传播距离，利用适当的通信设备，都可以获得满意的信息传输效果。

短波通信发射电波要经电离层的反射才能到达接收设备，通信距离较远，是远程通信的主要手段。由于电离层的高度和密度容易受昼夜、季节、气候等因素的影响，所以短波通信的稳定性较差，噪声较大。但是，随着技术进步，特别是自适应技术、猝发传输技术、数字信号处理技术、差错控制技术、扩频技术、超大规模集成电路技术和微处理器的出现和应用，短波通信进入了一个崭新的发展阶段，1988 年短波通信设备的销售额达到了历史最高水平。同时短波通信设备具有的使用方便、组网灵活、价格低廉、抗毁性强等固有优点，仍然是支撑短波通信战略地位的重要因素。

（2）短波通信的重要性

尽管新型无线电通信系统不断涌现，短波这一古老和传统的通信方式仍然受到全世界普遍重视，不仅没有被淘汰，还在不断快速发展。因为它有其他通信系统不具备的优点：设备简单、易于实现、成本低，可用小功率和尺寸小得多的天线实现远距离通信。

首先短波是唯一不受网络枢纽和有源中继体制约的远程通信手段，如果发生战争或灾害，多种通信网络会受到破坏，卫星也会受到攻击。无论哪种通信方式，其抗毁能力和自主通信能力都无法与短波通信相媲美。

其次，在山区、戈壁、海洋等地区，超短波覆盖不到，主要依靠短波进行通信。

另外，与卫星通信相比，短波通信不用支付话费，运行成本低。

（3）短波通信的缺点

① 通信不稳定

受电离层的昼夜和季节变化及 11 年周期变化的影响，当太阳活动性大的时候，可以用到 3～30MHz 频段；而当太阳活动性最小的时候只有 3～15MHz 频段能够应用。因此短波要维持全日通信必须在一天内更换数个频率（如短波通信通常规定有昼间通信频率和夜间通信频率），短波电台也必须具有全波段的频率才能适应。

② 存在通信盲区

当进行短波通信时，若使用某一频率，利用天波会超过某一距离（如 100 千米，与天线辐射的仰角有关），而地波传播又只能到达较近的距离（一般为 30 千米），在这两个距离之间，既收不到天波，也收不到地波，则称该区域为短波通信盲区或短波通信静区。电波从地面向上投射到电离层，经电离层多层折射重新返回地面的距离为一次跳跃（一跳）的距离；发射仰角越低，跳跃距离越远。跳跃可以是多次的，两次跳跃之间的距离范围内都可以形成一个盲区，如图 5-1 所示。

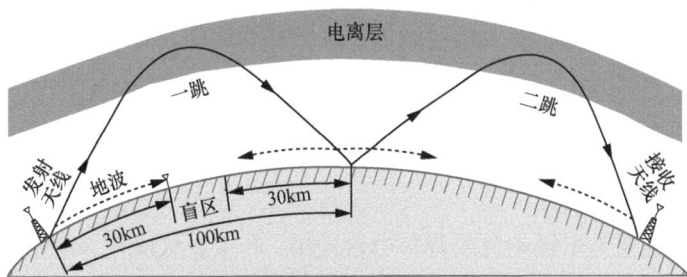

图 5-1　短波通信的电离层反射和盲区示意图

③ 传输内容单一

短波带宽比较窄，只能传输短报文，不能用于传播视频、语音（不是话音通话）等。

（4）短波通信应用

由于存在通信盲区，短波波段不能用于导航，在进行较远距离通信时，采用天波的移动通信（如用于远距离点对点通信，另外短波通信也是船载和机载重要的通信手段）、广播、热带广播及业余无线电等；由于地波传播电波能量衰减较快，距离较近，一般用于军用战术小型电台和海上编队间的通信联络。

5.3.3 超短波通信

（1）定义

超短波通信是利用 30～300MHz 频段通信的方式，也被称为米波通信。

超短波通信主要依靠地波传播和空间波视距传播（本书不考虑对流层散射和电离层散射）。整个超短波的频带宽度有 270MHz，是短波频带宽度的 10 倍。由于频带较宽，超短波被广泛应用于电视、调频广播、雷达探测、移动通信、军事通信等领域。

地波传播的距离更短，但是军用小型战术电台还有用地波进行短距离通信的，主要是用这个波段的低频段。

视距传播是该频段主要的传播方式。与短波波段相比，该频段的优点是，对于低容量系统可以用小尺寸天线。这个特点特别适合移动通信。

（2）特点

- 超短波通信利用视距传播方式，比短波天波传播方式稳定性高，受季节和昼夜变化的影响小。
- 可用尺寸小、结构简单、增益较高的定向天线。这样，可用功率较小的发射机。
- 频率较高，频带较宽，能进行多路通信。
- 调制方式通常用调频制，可以得到较高的信噪比，通信质量比短波好。

超短波通信的优点是：频段宽，通信容量大；视距以外的不同网络电台可以用相同频率工作，不会互相干扰；可用方向性较强的天线，有利于抗干扰；受昼夜和季节变化的影响小，通信较稳定。

超短波通信的缺点是：通信距离较近；受地形影响较大，电波通过山岳、丘陵、丛林地带和建筑物时，会被部分吸收或阻挡，导致通信困难或中断。

（3）应用场景

超短波通信主要在广播、陆上移动通信、航空移动通信、海上移动通信、定点通信、空间通信、雷达等场景应用。

① 广播业务

调频广播分配在 88～108MHz 频段，而电视广播则分配在 41～100MHz、170～216MHz（各个国家有所不同）频段。

陆上移动通信主要是车辆电台或背负电台使用，其主要频段在 500MHz 以下。在较低频率端，由于大气噪声干扰较大，故不宜在城市中应用（因城市人为噪声电平也高）。城市中宜用 450MHz 左右。

② 航空移动通信

空地通信使用 108～400MHz 频段，为近距移动通信，以视距方式进行。当飞行高度为

1500m 时，视距约为 130km；当飞行高度为 12km 时，视距约为 320km。

海上移动通信主要用于港内水路上、海港范围内或公海上船舶之间（短距）的通信。

③ 定点通信

几乎在 30～1000MHz 频段的整个范围内都有定点通信。其工作方式有视距、对流层散射和电离层散射多种。工作频率大于 1000MHz 时，其天线增益大大提高，而且容量大，容易多路化，对干扰的控制也相对容易。

电离层散射则工作在 30～60MHz 的范围，最小的通信距离为 1200km。其缺点是功率高和天线大，其优点是可提供比短波天波更可靠的通信。

对流层散射则用米波和分米波进行超视距的远距离通信，它比短波信道优越，可以一跳远达 800km（此时几个话路），或在较近的距离上传送 120 话路。

④ 空间通信

目前分配在此波段的有以下 4 个频段。

• 136～137MHz：供空间研究的遥测和跟踪使用。
• 137～138MHz：供操作系统的遥测和跟踪使用。
• 400～401MHz：供气象卫星使用。
• 401～402MHz：供空间遥测使用。

⑤ 航空导航等应用

108～118MHz 分配给盲目着陆系统；75MHz 供机场指点信标使用；420～460MHz 供无线电高度表（老式，新式机载无线电高度表工作频率为 4300MHz）使用。

⑥ 无线电天文学应用

只指定了几个窄波段供无线电天文学使用，即 38MHz、80MHz、405MHz、610MHz 等；其他还有雷达（指定在 216～225MHz、400～450MHz、890～942MHz）、业余无线电，以及标准频率和授时信号业务使用；工、科、医用频率则指定为 40.68MHz。

5.3.4 微波通信和卫星通信

（1）微波通信定义

微波通信指使用微波作为载波携带信息，进行中继通信的方式。

微波是频率范围为 300MHz～3THz 的电磁波（1THz=1000GHz），也就是说，其波长范围是 1m～0.1mm（光速=波长×频率）。

与同轴电缆通信、光纤通信和卫星通信等现代通信网传输方式不同的是，微波通信是直接使用微波作为介质进行的通信，不需要固体介质，当两点间直线距离内无障碍时就可以使用微波传送信息。微波通信具有容量大、质量好并可传至很远的距离的特点，因此是国家通信网的一种重要通信手段，也普遍适用于各种专用通信网。

人类使用微波进行通信的历史并不算短。早在 1931 年，从英国多佛尔到法国加莱，就建立了世界上第一条超短波通信线路，该线路横跨了英吉利海峡。第二次世界大战之后，微波通信获得了迅速发展和广泛应用。1947 年，著名的美国贝尔实验室在纽约和波士顿之间，建立了世界上第一条模拟微波通信线路。到了 20 世纪 50 年代末，澳大利亚、英国、加拿大、法国、意大利和日本等国家，都在本国的主干路由上安装了微波接力通信系统。

我国的微波通信研究启动比较晚，开始于 20 世纪 60 年代。与此同时，模拟微波通信逐渐被淘汰，人类逐渐进入数字微波通信时代。

自 20 世纪 80 年代中期以来，随着频率选择性色散衰落对数字微波传输中断影响的发现，以及一系列自适应衰落对抗技术与高状态调制与检测技术的发展，数字微波传输产生了革命性的变化。特别应该指出的是，20 世纪 80—90 年代发展起来的一整套高速多状态的自适应编码调制解调技术与信号处理及信号检测技术的迅速发展，对现今的卫星通信、移动通信、全数字 HDTV 传输、通用高速有线/无线的接入乃至高质量的磁性记录等诸多领域的信号设计和信号的处理应用，都起到了重要的作用。发达国家的微波中继通信在长途通信网中所占的比例超过 50%（据统计美国为 66%，日本为 50%，法国为 54%）。我国自 1956 年引进第一套微波通信设备以来，经过仿制和自主研制过程，已经取得了很大的成就。在 1976 年的唐山大地震中，在京津之间的同轴电缆全部断裂的情况下，6 个微波通道全部安然无恙。在 20 世纪 90 年代长江中下游特大洪灾中，微波通信又一次显示了它的巨大威力。在当今世界的通信革命中，微波通信仍是非常有发展前景的通信手段之一。在 2021 年河南洪灾中，相关部门使用"翼龙"–2H 应急救灾型无人机，实现盘旋飞行 5 小时、50 平方千米连续通信覆盖。

此外，因为微波通信抗灾害能力比较强，所以也会被用于紧急情况下的应急通信。

总而言之，相比于光纤通信，微波通信仍然具有很多无法替代的优势，因此会长期在一线服役。光纤通信与微波通信对比见表 5-2。

表 5-2　光纤通信与微波通信对比

通信方式	光纤	微波
传输媒介	光纤	自由空间
抗自然灾害能力	弱	强
灵活性	较低	高
建设费用	高	低
建设周期	长	短
传输速率	频带宽、速率高	频带窄、速率低

（2）微波通信的特点

微波通信具有良好的抗灾性能，在水灾、风灾以及地震等自然灾害发生时，微波通信一般不受影响。但微波经空中传送，易受干扰，在同一微波电路上不能使用相同频率于同一方向，因此微波电路必须在无线电管理部门的严格管理之下进行建设。此外由于微波直线传播的特性，在电波波束方向上，不能有高楼阻挡，因此城市规划部门要考虑城市空间微波通道的规划，使之不受高楼的阻隔而影响通信。

（3）卫星通信定义

卫星通信也是微波通信的一种。

卫星通信是地球站之间或航天器与地球站之间利用通信卫星进行信息转发的无线电通信。卫星通信具有覆盖面广、容量大、业务多样、机动性强、稳定可靠，以及成本与通信距离无关等优点，成为当今军事通信的主要手段。卫星通信存在的主要问题是平台暴露在空间轨道上，信号在传输过程中容易被敌方干扰，甚至卫星本身也可能被摧毁。

卫星的通信能力通常用其覆盖区域、工作频段以及通信容量来表示。不同轨道的卫星可实现不同地理区域的覆盖。卫星上可配备多达数十个不同工作频率的转发器，以及多个不同类型的天线，从而实现宽频段覆盖和大容量通信。

（4）微波通信和卫星中心的传输

电磁波通信一般可以分为广播方式和点对点方式。我们所说的微波通信属于后者。

为什么要采用点对点方式？这主要是由微波的特性决定的。

微波的特性就是频率高、波长短。这种类型的电磁波绕射能力很差、穿透力很差，在地表传输时，衰减很大，传输距离短。广播通信与点对点通信区别如图 5-2 所示。

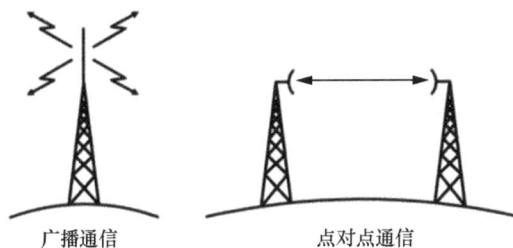

图 5-2　广播通信与点对点通信区别

在前文中曾提到，短波和超短波这类电磁波除了在地面沿空气传播之外，还可以利用天空中电离层反射的方式进行远距离传播。但微波仍然无法利用这种方式。这是因为微波的频率太高，以至于电离层无法有效反射（只能穿透）。因此，微波传输几乎只能进行视距传输。

视距传输指发送天线和接收天线之间没有障碍物阻挡，可以相互"看见"的传输。

视距传输除了容易受山体或建筑物等的影响之外，还会受到地球表面弧度的限制。地球是一个球体，其表面是有弧度的。微波天线发出的微波，经过一定距离之后，就会被地球表面所阻挡，无法继续传播，如图 5-3 所示。

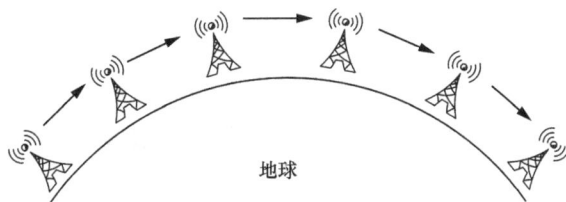

图 5-3　微波通信

也正是因为这个传输特点，微波通信经常被称为微波中继通信，或微波接力通信。因此，微波天线距离地面越高越好。借助卫星作为中继站的通信方式叫作卫星中继通信，如图 5-4 所示。

图 5-4　卫星中继通信

地球同步卫星距离地面 36000 千米，可以覆盖地球表面积的 1/3，理论上来说，只需要 3 颗卫星，就能保证地球上任意两个中继站进行通信，如图 5-5 所示。

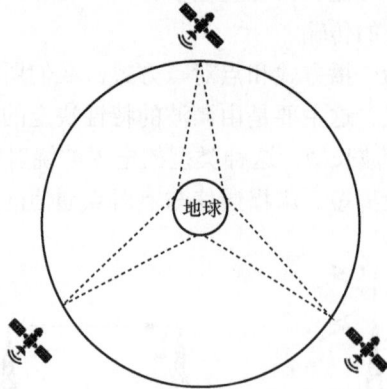

图 5-5 3 颗卫星中继通信

（5）卫星通信的优点

- 通信距离远：在卫星波束覆盖区域内，通信距离最远为 13000 千米。
- 覆盖面广：不受通信两点间任何复杂地理条件的限制。
- 信道稳定：不受通信两点间任何自然灾害和人为事件的影响。
- 通信质量高：系统可靠性高，常用作海缆修复期的支撑系统。
- 通信容量大。

（6）卫星通信的缺点

- 传输时延大：有 500～800ms 的时延。
- 高纬度地区难以实现卫星通信。
- 为了避免各卫星通信系统之间相互干扰，同步轨道的星位是有一定限度的，不能无限制地增加卫星数量。
- 太空中的日凌现象和星食现象会影响甚至中断卫星通信。
- 卫星发射的成功率为 80%，发射成本高，需要承担发射失败的风险。
- 卫星的使用寿命从几年到几十年不等，需要进行长远规划。

5.3.5 数据链

5.3.5.1 定义

美军参谋长联席会议主席令（CJCSI6610.01B，2003 年 11 月 30 日）将数据链定义为："战术数字信息链通过单网或多网结构和通信介质，将两个或两个以上的指控系统和（或）武器系统链接在一起，是一种适合传送标准化数字信息的通信链路，简称为 TADIL。"从这个定义可知，战术数字信息链由标准（格式）化的数字信息、组网协议和传输信道 3 方面要素组成，其主要服务对象是指控系统和武器系统。

广义地讲，所有传递数据的通信均可称为数据链，数据链基本上是一种在各个用户间，依据共同的通信协议，使用自动化的无线电收发设备传递、交换负载数据信息的通信链路。

　　狭义地讲，数据链是用于传输机器可读的战术数字信息的标准通信链路。战术数据链通过单一网络体系结构和多种通信媒体将两个或多个指挥和控制或武器系统联系在一起，从而进行战术信息的交换。当前数据链的特点是具有标准化的报文格式和传输特性。

　　战术数据链除了可用于在飞机、舰艇编队或地面控制站台等战术单位间、小范围区域内进行数据交换、数据传送外，也可通过飞机、卫星或地面中继站用于大范围的战区，甚至是战略级的国家指挥当局与整体武装力量间的数据传输。

5.3.5.2　美军数据链现状

　　迄今为止，美军及北约国家已完成 Link-4A、Link-11、Link-16 及 Link-22 等多个战术数据链系统的研制，并由最初装备于地面防空系统、海军舰艇，逐步扩展到飞机，并于近年的几场信息化战争中发挥了极其重要的作用。

　　战术数据链的发展可以分为酝酿产生、单链研发、协同整合、完善综合 4 个阶段。

　　（1）酝酿产生

　　数据链首先用于海军战术数据系统（Navy Tactical Data System，NTDS），它是第一代舰载或机载自动化通信系统，1961 年研制成功，当时通过使作战情报中心（Combat Information Center，CIC）计算机化解决空战难题。

　　（2）单链研发

　　美国现役舰船中约 200 艘装备 NTDS，其中包括航空母舰、巡洋舰、驱逐舰、护卫舰和两栖攻击舰。NTDS 使用 Link-11、Link-4 和 Link-14。此外，在北约和美国海军中还使用 Link-4A、Link-16 等。

　　Link-4A 是一种半双工或全双工飞机控制链路，供所有航空母舰上的舰载飞机使用，也用于校正航空母舰上的飞机惯性导航系统。

　　Link-11 是一条用于交换战术数据的数据链。例如，交换发现敌情报告，还可用于协调作战区域内各个平台。它是海军舰艇之间、舰–地之间、空–舰之间和空–地之间实现战术数字信息交换的重要战术数据链。

　　Link-14 数据链只能接收友舰信息而不能发送信息。

　　Link-16 支持战斗群各分队之间的综合通信、导航和敌我识别，用于联合战术信息分配系统。

　　Link-22 是一种抗电子对抗的超视距战术通信系统，克服了 Link-16 必须中继才能超视距通信的限制。

　　（3）协同整合

　　Link-16 在功能上是 Link-11 及 Link-4A 的总和，是为满足多军兵种战术作战单元的信息交换需求而设计的，支持通信、导航和识别多种功能，具有大容量、抗干扰、保密能力强的特点，可满足侦察数据、电子战数据、任务执行、武器分配和控制等数据的实时交换。Link-16 已成为美军主战平台的基本配置，是各型主战平台实施信息化作战、形成体系作战能力的重要支撑。Link-16 采用 TDMA 接入方式组成无线数据广播网络，无中心结构，用户根据分配的时隙轮流发射信息。通过分配独立的跳频图案，可以形成多网结构，以容纳更多成员。

　　Link-22 是一种抗电子对抗的超视距战术通信系统，在结构上采用时分多址或动态时分多址。Link-22 有两大设计目标，一是取代 Link-11（因此 Link-22 也被称为改进了的 Link-11，简称 NILE），二是与 Link-16 兼容。因此，Link-22 采用了由 Link-16 衍生出来的信息标准和 Link-16 的体系结构和协议，不同的是 Link-22 同时采用了跳频式的 HF 和 UHF 作为通信频段，解除了 Link-16 必须中继才能超视距通信的限制。

（4）完善综合

单一数据链发展方面，为了拓展 Link-16 的作用距离，美军将天基卫星纳入数据链体系中，形成了星空地异构组网架构。典型的装备有美海军的卫星战术数据链（TAIDL J）和联合距离扩展（JRE）。

在数据链发展技术上，各种数据链通专结合、高低搭配，同时满足了应用的普及性与系统的经济可承受性、传统系统与新研系统兼容性、信息分发的实时性、网络配置管理的合理性等要求；保密、抗干扰和多种传输手段并用，体现了数据链的军用特色，满足在对抗条件下系统的可靠性、生存性要求，形成较完备的数据链装备体系，并发挥重要作用。

5.3.5.3　数据链的特征

数据链系统的突出特点是实时传输能力强、信息传输效率和自动化程度高，是实现信息系统武器化、武器系统信息化、信息系统与武器系统一体化的重要手段和有效途径。

（1）信息传输实时化

战场状态瞬息万变，例如飞机、导弹的坐标位置这样的战术信息具有很强的时效性，如果交换的信息达不到一定的实时性要求，时过境迁，信息也就失去了意义。

（2）链接对象网络化、智能化

完备成熟的数据链是一个网络，因而非数字化、非智能化的作战平台不能实现与数据链的有效链接，也无法成为数据链的链接对象，故链接对象智能化是数据链完成战术链接的前提，也是数据链的重要特征。

（3）信息格式化、处理自动化

数据链具有一套完备的消息标准，标准中规定的参数包括作战指挥、控制、侦察监视、作战管理、武器协调、联合行动等静态和动态描述的集合。信息内容格式化是指数据链采用归一化的面向比特定义的信息标准。采用统一的格式化消息标准能使战术信息数据的采集、加工、传输、处理、使用自动完成，这样既提高了信息流程实时化的程度，又缩短了战术信息流转中间过程的时间，从而使信息更加有效地发挥作用。

（4）时间和空间的统一要求

为实现运动平台的传感器信息能与其他用户共享，数据链的各用户需要统一时间和空间位置参考基准。

（5）链接关系紧密化

数据链的紧密连接关系是在各作战平台之间构成的，主要体现在两个方面：一是数据链的各个链接对象（作战平台）的紧密连接关系，依赖的主要手段是信息资源共享；二是数据链的单个链接对象内部、各武器平台之间连接紧密。链接关系紧密化便于战术共同体的形成，使单个作战平台的作用范围大大延伸，作战威力得到大大增强。综合考虑数据链的链接对象、链接手段和链接关系的突出特点，简单地讲，数据链是一个以广播机制实现共享的局域专用网络，实时性好，业务单一，利用升空平台实现高带宽、高覆盖范围。

5.3.5.4　数据链与数据通信的关系

数据链与一般数据通信系统的主要区别如下。

（1）使用目的不同

数据链用于提高指挥控制、态势感知及武器协同能力，主要实现对武器的实时控制和提高武器平台的作战主动性。数据通信技术是数据链的基础。

（2）使用方式不同

数据链直接与指控系统、传感器及武器平台铰链，可以"机—机"方式交换信息，实现从传感器到武器的无缝链接；而数据通信系统一般不直接与指控系统、传感器、武器系统铰链，通常以"人—机—人"的方式传送信息。

（3）传输信息要求不同

数据链传输的是作战需要的实时信息，要对信息进行必要的整合、处理，而不是一般的透明传输；而数据通信一般对信息内容不作处理，透明传输。另外，为实现运动平台的传感器信息为其他用户所共享，数据链的各用户需要统一时间和位置参考基准，而一般数据通信系统不需考虑时间基准与空间位置的关系。

（4）与作战需求关联度不同

数据链网络设计决定了每个具体终端可以访问什么数据，传输什么消息，什么数据被中继。数据链的网络设计方案是受作战任务驱动的，根据特定的作战任务，从预先规划的网络库中挑选网络设计配置，在初始化时加载到终端上。数据链的组网配置直接取决于当前面临的作战任务、参战单位和作战区域。数据链的应用直接受到作战样式、指挥控制关系、武器平台控制要求、情报的提供方式等因素的牵引和制约，与作战需求高度关联；而数据通信系统的配置和发展与这些因素的关联度相对较低。

总体来说，数据链有针对性地完成部队作战时的信息交换任务，而数据通信用于解决各种用户和信息传输的普遍性问题。数据链传送的信息和数据链用户要实现的目标十分明确，它无交换、路由等环节，并简化了通信系统中为了保证差错控制和可靠传输的冗余开销，它的通道链路协议和格式化消息的设计都针对满足作战的实时需求。数据链网络连接各种平台，包括指控站和无指控能力的传感器与武器系统，其平台上的计算机都要专门配置相应的软件，以接受和处理数据链端机传来的信息或向端机发送信息，即数据链与平台任务计算机之间必须相互紧密集成，以支持机器与机器、机器与人之间的相互操作。

5.4　信息化战争对通信系统的要求

信息化战争是指继机械化战争后出现的全新的军事对抗形态，是以信息化军队为主要作战力量，以信息化武器装备为主要作战工具，以信息化作战为主要作战形式，在海、陆、空、天、电、网、认知等多维空间领域进行的体系与体系之间的对抗。信息化战争的突出特征是：在信息技术的聚合作用下，强调信息主导、体系对抗、精确作战，以整体对抗"高效型"替换了单打独斗"高耗型"战争。

5.4.1 不同战争形态通信的发展变化

不同战争形态中主要的通信方式见表 5-3。由表 5-3 可以看出，自古以来，人们一直在追求和探索"更快、更远、更简便、更安全、更可靠"的军事通信方式和手段。今天，"千里眼"和"顺风耳"终于成为现实。同时，应该看到，面对变化莫测的军事风云，只有发展高度一体化的信息系统，军事统帅们才真正可以运用通信系统和其他信息系统来实现"运筹帷幄之中，决胜千里之外"的最高指挥决策境界。

表 5-3　不同战争形态中主要的通信方式

时期	冷兵器	热兵器	机械化战争	信息化战争	未来战争
通信方式	简易通信	电话、电报	军兵种 独立区电系统	综合电子 信息系统	一体化 信息系统

5.4.1.1　一体化通信网的内涵

一体化通信网是根据现代战争对军事通信的新需求而建立的，其最终目标是建立一个全球（全国或某区域）信息网，以提供各级指挥员所需的信息服务。在确定一体化通信网的功能协议、体系结构的基础上采用各项先进技术，完成各种不同系统间的集成，最后形成的通信网能够互联互通，提供多种业务、多种功能的综合服务，整个网在统一的安全机制和统一的网络管理下，高效、可靠地运行。

5.4.1.2　一体化通信网络的特征

（1）多网的互联互通

这是一体化通信网的核心。那些分散的、自治的各种专用通信网或系统，犹如根根独立的"烟囱"，这些"烟囱"的主管部门不同，网络拓扑、交换体制、服务业务种类也不尽相同，要通过引入新技术，对它们进行改造，才能使它们重新组成一个统一管理、能互联互通的一体化通信网络。互联互通的实现还可以借助网关技术。互联后的网络可以让用户得到一个使用灵活、方便，接续快速、可靠、安全的信息传送环境。

（2）不同系统的集成

这是指通信系统和其他不同技术领域的系统，通过高层综合，集成一个功能更强的一体化网络，如通信与计算机系统的集成，通信与侦收、导航、定位等系统的集成。集成后的网络将共享资源，发挥出更强的总体效能，以实现更大范围的资源共享。

（3）多种通信技术的综合

多种技术的综合会产生崭新的概念及巨大的生命力。例如，多种业务的综合交换、传输，就是采用了先进的异步传输机制（Asynchronous Transfer Mode，ATM）来实现的。又如，战术通信中的软件无线电台，能在一部电台上实现多个频段、多种功能，能非常有效地解决三军联合作战的协同通信难题。多种通信技术的综合是一体化通信网络的重要技术基础。

（4）灵活性、可扩展性及军用性的网络功能体系结构

建设一体化通信网络必须规划和研究一体化网络的功能体系结构，并要求体系结构有充

分的灵活性、可扩展性以及军用性，具体如下。

①灵活性。指在功能实现上做到模块化，便于改变配置，以支持所有作战任务。

②可扩展性。指一体化网络是逐步过渡扩展形成的，几个服务范围较小的一体化网络可再次互联，综合成一个大的一体化网络，也可将原有的通信网络和新建的通信网络互联成一个一体化网络。例如，美国国防信息系统网（Defense Information System Network，DISN）最终要建立一个全球通信网，然而该网不可能也没有必要单独为军用而建立，而是充分利用民用商业通信网的资源。但是民用商业通信网的体系结构和军用网体系结构有许多不同之处，为利用这些网络资源，首先应在总体上作严密考虑。一体化网络的体系结构应以开放系统概念为基础。

③军用性。指一体化网络中，对于那些借用的民用先进技术或租用的民用通信网，必须赋予军用特征。如业务的安全性，包括可信度、完整性、鉴别及非复制性、访问控制等，以及网络的抗毁性，包括自适应、自组织等。利用民用无线电设备，还必须增加抗干扰和安全保密措施。

5.4.2　信息化战争演进

信息化战争是一个不断从低级到高级、从不成熟到成熟的发展过程。其大致可以分为3 个发展阶段。

初级阶段（1970—2020 年）：信息嵌入时期的信息化战争。这一阶段，信息技术和信息化武器装备开始嵌入原有的机械化作战体系，完成由"机械化"向"信息化"过渡的原始积累。基本作战模式仍受机械化作战的影响，信息化的巨大优势还未完全显现出来。现在世界各国都先后步入了这一阶段。其中分为 3 类国家。①领先型：美国，基本完成第一阶段；②跟进型：以色列等，跟随美军，有自己的特色；③跨越型：中国等，正处于大力发展过程中。

中级阶段：系统集成时期的信息化战争。随着信息技术和信息化武器装备在机械化作战体系中的大量嵌入，信息化成分逐渐提高，系统化集成全面展开。这个阶段拥有信息化优势的军队相对对手将会形成"质差"。美军已经进入这一阶段，我国的信息化建设也在快速发展。总体来看，各国的差距正在迅速拉大。

高级阶段：体系融合时期的信息化战争。信息化向深度和广度拓展，信息化战争形态基本形成，交战双方围绕基本信息流程，在多维空间展开体系对抗。

以美军为例，美军最先引出信息化的概念。1973 年，美军在国防部《总体部队政策》文件中，首次提出"信息化、一体化"要求。后来，随着计算机在系统中的地位和作用日益增强，人们认识到掌握战争形态的重要性，C4ISR 系统应运而生。

在 C4ISR 系统中，"C4"指指挥（Command）、控制（Control）、通信（Communication）、计算机（Computer）；"I"（Intelligence）指情报；"S"（Surveillance）指监视；"R"（Reconnaissance）指侦察。该系统通常被简称为"指挥自动化系统"。系统将原专长于不同领域作战的军种部队连接成一个有机整体，不仅极大提高了各基本作战单元的作战效能，而且实现了军种间的优势互补，使整个作战系统呈现出一种由战场信息网络连接在一起的高度一体化的特点。

5.5　通信对抗

5.5.1　定义和对象

（1）定义

通信对抗是为削弱、破坏敌方无线电通信系统的使用效能并保护己方无线电系统使用效能的正常发挥所采取的措施和行动的总和。

通信对抗是电子战的重要组成部分，其实质是敌对双方在无线电通信领域内为争取无线电频谱的控制权而展开的电波斗争。无线电通信对抗存在的主要前提是无线电通信是以电磁波辐射的形式进行的，具有空间开放性；发送的信号在被己方接收的同时，难以避免被敌方侦察到；在接收己方通信信号时，也不能避免敌方干扰信号的侵入。

（2）对象

通信对抗的目的是削弱、破坏敌方无线电通信系统使用效能。也就是说，通信对抗的作战对象是敌方的无线电通信系统。这主要是因为无线通信系统是靠电磁波在空间传输来通信的，而空间是开放性的，这使得任何人都可以从空间接收无线信号和向空间发射信号，这就为通信对抗提供了必要条件。

对于有线通信系统来说，只能靠介入或破坏方式达到对抗的目的。

从技术的角度来看，通信对抗由通信（反）侦察、通信（抗）干扰及通信防御组成。通信对抗从战争的角度来说是攻和防的关系，不能盲目地攻击敌方的无线通信系统，首先要进行无线电侦察，在获得敌方无线通信系统参数后，才能有针对性地干扰，使敌方无线通信系统失去效能。在己方无线通信系统受到敌方的干扰后必须采取防御措施，即抗干扰。因此通信侦察、通信干扰、通信防御三者是密切相关的。

5.5.2　通信侦察

通信侦察是获取情报的一种方式，即用无线电侦察设备对敌方的无线电通信设备发射的信号进行搜索、检测、识别、定位、分析及破译，以获取各种情报供有关部门使用，并且根据上述侦察内容对敌方的活动情况提出报告。

无线电通信侦察按完成任务的性质也可以分为情报侦察和技术侦察两种。在电子战领域中，又将无线电通信侦察称为通信电子支援。

无线电通信技术侦察主要是详细查明敌方无线电通信设施的技术性能，如通信体制、工作频率、调制方式、信号频宽等。

无线电通信情报侦察的主要任务是侦听敌方各种通信、指挥联络信号，并将敌人传递的信息、密码和暗语记录下来，加以分析和破译，以获取军事情报。此外，情报侦察还担负查明敌方无线电通信设备的型号、用途、数量、配置地点和变动情况等任务，从而间接地获取敌军的配置、编制及行动企图等重要军事情报。

一般来说，无线电通信情报侦察是以无线电通信技术侦察为技术支撑的。

从技术上说，通信侦察包括信号搜索与发现、测向定位、信号分析与处理、信号识别等。

5.5.3 通信干扰

通信干扰系统应用无线电干扰设备发出大功率干扰电磁波来扰乱敌方无线电通信系统的正常工作，降低其工作性能或使其完全失效。

通信干扰有自然干扰和人为干扰两类。因为本书考虑的是通信对抗，所以着重研究人为干扰。人为干扰是为了破坏敌方通信而有意识施放的干扰。对付敌人的通信系统，除了用火力直接摧毁的手段之外，主要依靠干扰破坏敌方的正常通信，使敌方的指挥系统瘫痪，以掩护己方的战役或战略行动。

通信干扰不同于雷达干扰，目前只能采用积极办法，而对雷达可以进行消极干扰。因而通信干扰又被称为积极的通信干扰。

通信干扰方式一般包括瞄准式干扰、跟踪式干扰、宽带阻塞式干扰、分布式干扰和灵巧式干扰等。

5.5.4 通信防御

通信防御也称通信反干扰，即采用各种措施使己方的无线电通信在复杂的电磁环境中仍能正常工作。通信防御的主要作用是尽量不让敌人发现己方的信号，或即使发现信号也不知道通信的内容。

通信防御的目的是保护己方通信不被截获、干扰。基本方法有扩频通信技术、智能天线技术、自适应干扰抑制滤波技术、跳频通信技术和加密技术（主要包括信源加密、信道加密技术等）等。

5.6 本章小结

本章针对通信技术的定义、分类、作用和关键技术进行了介绍，在信息化时代的影响和促进下，未来的战争必将是一场信息化主导的战争，只有发展和应用现代通信技术，才能在未来的战争中获胜。因此在军事发展中一定要重视通信技术的作用，要强化现代通信技术在军事领域的应用，要不断缩短我国与军事发达国家之间的军事通信技术差距，促进信息化作战部队的发展进步，做好信息化战争的准备。

5.7 思考题

1. 什么是通信？
2. 不同数据链的作用是什么？
3. 5G 技术有哪些特点？

第6章

物联网

物联网被许多军事专家称为"一个还未探明储量的金矿",它对现有军事信息系统格局的影响绝不亚于互联网,势必触发军事变革的又一次启动,将使军队信息化建设和作战方式发生新的重大改变。当前,世界主要军事强国已经嗅到了这股浪潮的气息,纷纷制定标准、研发技术、推广应用,以期在新一轮军事变革中占据有利位置。可以说,物联网扩大了未来作战的时域、空域和频域,将对国防建设的各个领域产生深远影响,同时将引发一场划时代的军事技术革命和作战方式的变革。

6.1 定义

6.1.1 定义和组成

物联网(Internet of Things),简称 IoT;互联网(Internet of Information),简称 IoI。

物联网可把所有物品通过射频识别(Radio Frequency Identification,RFID)等信息传感设备与互联网连接起来,实现智能化识别和管理。根据国际电信联盟(International Telecommunication Union,ITU)的定义,物联网主要解决物品与物品(T2T)、人与物品(H2T)、人与人之间(H2H)的互联。

T2T 主要有两个发展趋势,一个是 IP 化,另一个是智能化。IP 化是指给物联网内的物全球唯一的标识;智能化是指使物具备自主交换信息的能力,实现信息处理,从而使物也具备智能。

物联网是新一代信息技术的重要组成部分,也是信息化时代的重要发展阶段。物联网就是物物相连的互联网。这有两层意思:其一,物联网的核心和基础仍然是互联网,是在互联网基础上延伸和扩展的网络;其二,其用户端延伸和扩展到了任何物品与物品之间进行信息交换和通信,也就是物物相息。通过智能感知、识别技术与普适计算等通信感知技术,物联网被广泛应用于网络融合中,也因此被称为继计算机、互联网之后世界信息产业发展的第三次浪潮。物联网是互联网的应用拓展，与其说物联网是网络，不如说物联网是业务和应用。因此，应用创新是物联网发展的核心，以用户体验为核心的创新 2.0 是物联网发展的灵魂。

物联网体系可以被形象地比喻成一棵树，其由 3 部分构成，具体如下。

最底层的是树根，即技术部分（感知层），由传感器技术及设备、嵌入式处理技术及设备、连接技术及设备构成，是整个树木赖以生存和发展的根基。技术及设备的发展程度决定了树干和树冠的茂盛程度。

- 传感器技术及设备：压力传感器、温度传感器、湿度传感器等。
- 嵌入式处理技术及设备：微控制器、微处理器、网络处理器等。
- 连接技术及设备：近场通信（Near Field Communication，NFC）、ZigBee、GPS、Wi-Fi 等。

树根上面是树干，即软件部分（网络层）。这是树木的躯干和中枢神经，包括设备驱动软件、服务器端软件和应用客户端软件。

树干上面是树冠，即应用部分（应用层）。这是整个物联网体系的成果，可分为工业型应用和民用型应用两部分。

类似于树的表达，物联网网络架构由感知层、网络层和应用层组成。

感知层实现对物理世界的智能感知识别、信息采集处理和自动控制，并通过通信模块将物理实体连接到网络层和应用层。

网络层主要实现信息的传递、路由和控制，包括延伸网、接入网和核心网，网络层可依托公众电信网和互联网，也可以依托行业专用通信网络。

应用层包括应用基础设施/中间件和各种物联网应用。应用基础设施/中间件为物联网应用提供信息处理、计算等通用基础服务设施、能力及资源调用接口，以此为基础实现物联网在众多领域的各种应用。

物联网网络架构如图 6-1 所示。

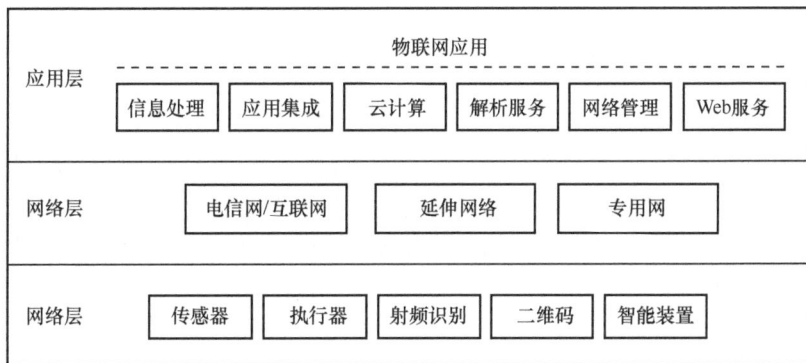

图 6-1　物联网网络架构

6.1.2　物联网特征

（1）全面感知

"感知"是物联网的核心。我们前面说过，物联网是由具有全面感知能力的物品和人组成的，为了使物品具有感知能力，需要在物品上安装不同类型的识别装置，例如电子标签、二维码等，或者通过传感器等感知其物理属性（尺寸、温度、颜色等）和个性化特征（类似于情绪）。利用这些装置或设备，可随时随地获取物品信息，实现全面感知。

（2）可靠传递

数据传递的稳定性和可靠性是保证连接的关键，为了实现物-物之间的信息交换，就必须约定统一的通信协议，这就相当于对暗号，你说一句 hello，我回一句你好，那么 hello=你好就对应了起来。物联网是由多种不同的设备组成的，不同实体间的协议规范可能存在差异，需要通过相应的软硬件进行转换，以保证物品之间的信息实时、准确传递。

（3）智能处理

物联网的目的是实现对各种物品（包括人）进行智能化识别、定位、跟踪、监控和管理等功能，这就需要智能信息处理平台的支撑，通过云计算、人工智能等智能计算技术，对海量数据进行存储、分析和处理，针对不同的应用需求，对物品实施智能化控制。

6.1.3　与大数据、AI 和云计算的关系

物联网与大数据、AI 和云计算的关系如图 6-2 所示。

人工智能（AI）	
大数据（Big Data）	
云计算（Cloud Computing）	
物联网（IoT）	互联网（IoI）

图 6-2　物联网与大数据、AI 和云计算的关系

（1）IoT 和 IoI

这两张网是用来将所有事物和信息联系起来的，为何要联系起来呢？因为将事物和信息联系起来后，数据才有了关联，数据有了关联才能产生更大的价值。例如一辆车的位置数据没有太大价值，但几千辆车的位置数据关联起来，就可以用于判断路面拥堵情况，也可以用于交通调度。

（2）云计算

物联网和互联网产生大量的数据，这些数据肯定要找一个地方集中存储和处理，这就必须要有云计算了。如果没有云计算，一台冰箱产生的数据都要部署一台独立的后台服务器来接收，成本和便利性无法满足需求。云计算的作用就在于将海量数据进行集中存储和处理。

（3）大数据

海量数据上传到云计算平台后，自然而然地就需要对数据进行深入分析和挖掘了，这就是大数据的目的。将几千辆车的位置信息综合起来分析，得出某条路的拥堵状况；将某个城

市几百万人的健康状况进行综合分析，也许就可以得出某个工厂周围某种疾病的发病率比较高的结论。这些都是大数据做的事情。

（4）人工智能

对海量数据进行分析可以发现一些隐藏的规律、现象、原理等，人工智能在此基础上更进一步，人工智能系统会分析数据，然后根据分析结果做出行动，例如无人驾驶、自动医学诊断等。

6.1.4　物联网技术发展历程和未来

"大、物、云、移"四大应用里，物联网的诞生时间是最早的。确切来说，它比互联网诞生还要早。20 世纪 60 年代，它就已经以传感网的身份，被应用于军事领域。20 世纪 80 年代前后，随着 TCP/IP 技术和以太网技术的出现，数据通信网络的发展进入了一个新的阶段。局域网和广域网迅速普及，并最终催生了全球互联网。

传感网受上述技术的影响，逐渐将自己的数据传输通道 IP 化、以太化。与此同时，伴随传感器技术的飞速进步，传感网开始逐渐从军事领域走向工业及民用领域。

1996 年，澳大利亚研究机构 CSIRO 在美国成功申请了无线网技术的专利，从而将 Wi-Fi 这一新兴事物带到了人们面前。1998 年，蓝牙技术也出现了。以 Wi-Fi 和蓝牙为代表的短距离无线通信技术很快得到普及和推广，走进每个人的生活。传感网迅速吸纳了这些无线通信技术，并借此向家庭及商业应用场景延伸。

1999 年，麻省理工学院的凯文·阿什顿（Kevin Ashton）教授（如图 6-3 所示）首次提出物联网的概念，他也因此被称为"物联网之父"。

图 6-3　凯文·阿什顿

2003 年，美国《技术评论》杂志提出，传感网技术将是改变人们未来生活的十大技术之首。也是从这一年起，英国《卫报》《科学美国人》和《波士顿环球报》等主流媒体开始用"物联网"这一叫法取代"传感网"，两者开始明确划分界限。

2005 年 11 月 17 日，在突尼斯举行的信息社会世界峰会上，国际电信联盟发布了《ITU 互联网报告 2005：物联网》。这份报告从官方层面正式给"物联网（IoT）"授予了一个合法的身份。

我们对物联网的接触和了解，也差不多是从那一时期开始的。不过，当时人们对物联网的理解更多是基于一个名词——智能家居。在很多人看来，物联网就是智能家居，智能家居就是物联网。为什么会这样呢？

很简单，物联网的目的就是把物连接起来，要么用有线连，要么用无线连。有线的话，要四处布线，成本太高，难以普及。无线的话，受限于频谱资源的分配，民用领域能够免费用的只有 Wi-Fi、蓝牙使用的 ISM 免费频段（例如 2.4GHz）。Wi-Fi、蓝牙这些技术，最致命的问题就是通信距离太短，最多只有几十米。因此，它们所能适用的场景，就只有室内场景（家庭、办公室），厂区、林区、渔区、牧区、公共道路等室外场景根本没办法使用（要么就是成本太高）。

除了智能家居之外，还有一个物联网应用场景被广泛看好，而且确实取得了实质进展，那就是以 NFC、射频识别为代表的超短距离近场通信技术（近距通信如公交刷卡）。NFC 和 RFID 这样的技术在商业上获得了很大的成功，它们被广泛应用于物料管理、商品支付、身份认证、门禁通行等场景，形成了独特的商业模式和产业链。

2005 年之后，随着智能手机和移动互联网的成功，人们陷入了对数码产品的狂热之中。很多人认为，数字生活时代全面到来了，智能家居马上就会迎来大爆发。于是，全国涌现了大量的智能家居企业，希望搭上风口，大赚一笔。然而，风口并没有如期而至，这一等，就是 10 年。就在这漫长的等待过程中，通信工程师们也在积极探索新的可用于长距离通信的物联网技术。很快，他们就盯上了蜂窝移动通信技术，也就是 2G/3G 技术。借助基站，可以大幅增加物联网的覆盖范围，从而满足更多的应用场景。于是，在这期间，大量的 2G/3G 物联网卡终端入网，形成了物联网市场的主力军。

2013 年，国内发放 4G 牌照。很快 4G 长期演进（Long Term Evolution，LTE）就形成了全国范围的普遍覆盖。有了 4G 网络之后，人们自然就会想到将 4G 网络用于物联网应用。但是 4G 网络是高端网络，不仅速率高，成本（芯片、模组、套餐）也高。大部分物联网场景并不需要这么高的速率，也承受不起这么高的成本，只能继续使用 2G/3G 网络。

2015 年，华为和高通分别引入 NB-IoT（窄带物联网）和 eMTC（增强型机器类型通信）。NB-IoT 和 eMTC 都是简化版的 LTE，速率更低，成本更低，可以同时连接的终端数更多，专门用于物联网场景。它们有一个统称，叫作低功耗广域网（Low Power Wide Area Network，LPWAN）技术。但是在实际应用中，NB-IoT 的网络覆盖不太好，另外 NB-IoT 的成本仍然太高，于是 Cat.1 应运而生。

简而言之，Cat.1 就是 LTE。Cat.1 终端的速率可以对标 3G 网络，能够无缝接入现有的 LTE 网络，基站无须进行软硬件升级。在芯片模组成本方面，Cat.1 的集成度更高，硬件架构更简单，价格更低。也就是说，Cat.1 既有网络覆盖优势，又有成本优势。Cat.1 在 2020 年发展迅猛，抢占了国内 eMTC 的市场，还抢占了 NB-IoT 不少份额。如今的 Cat.1，仍然处于高速上升期。

5G 三大应用场景里，eMBB（增强型移动宽带）场景落地不顺利，拉不开与 4G 的差距；mMTC（海量机器通信）本来是 NB-IoT 和 eMTC 的演进，结果指标超前，NB-IoT 和 eMTC 都够用，直接升级为 5G。目前，被寄予厚望的只剩下 uRLLC（低时延高可靠通信），它也可用于物联网，但是能用到的场景并不算多，只有远程驾驶、智能制造、远程手术等。

因此，国内就形成了现在的物联网技术演进格局：随着 2G/3G 的退网，绝大部分的 3G

应用和少部分的 2G 应用将被迁移到 Cat.1；大部分的 2G 应用将迁移到 NB-IoT；eMTC 在国内推广不开；LTE Cat.4 补足辅助 Cat.1。

6.2 物联网关键技术

物联网是物与物相连的网络，通过为物体加装二维码、RFID 标签、传感器等，实现物体身份唯一标识和各种信息的采集，再结合各种类型网络连接，就可以实现人和物、物和物之间的信息交换。因此，物联网中的关键技术包括识别和感知技术（二维码、RFID、传感器等）、网络与通信技术、数据挖掘与融合技术等。

（1）识别和感知技术

二维码是物联网中一种很重要的自动识别技术，是在一维条码基础上扩展出来的条码技术。二维码包括堆叠式/行排式二维码和矩阵式二维码，后者较为常见。矩阵式二维码在一个矩形空间中通过黑、白像素在矩阵中的不同分布进行编码。在矩阵相应元素位置上，用点（方点、圆点或其他形状）的出现表示二进制的"1"，点的不出现表示二进制的"0"，点的排列组合确定了矩阵式二维码代表的意义。二维码具有信息容量大、编码范围广、容错能力强、译码可靠性高、成本低、制作容易等良好特性，已经得到了广泛的应用。

RFID 技术用于静止或移动物体的无接触自动识别，具有全天候、无接触、可同时实现多个物体自动识别等特点。RFID 技术在生产和生活中得到了广泛的应用，大大推动了物联网的发展，人们平时使用的公交卡、门禁卡、校园卡等都嵌入了 RFID 芯片，可以实现迅速、便捷的数据交换。从结构上讲，RFID 是一种简单的无线通信系统，由 RFID 读写器和 RFID 标签两个部分组成。RFID 标签是由天线、耦合元件、芯片组成的，是一个能够传输信息、回复信息的电子模块。RFID 读写器是由天线、耦合元件、芯片组成的，用来读取（有时也可以写入）RFID 标签中的信息。RFID 使用 RFID 读写器及可附着于目标物的 RFID 标签，利用频率信号将信息由 RFID 标签传送至 RFID 读写器。以公交卡为例，市民持有的公交卡就是一个 RFID 标签，公交车上安装的刷卡设备就是 RFID 读写器，当人们执行刷卡动作时，就完成了一次 RFID 标签和 RFID 读写器之间的非接触式通信和数据交换。

传感器是一种能感受的被测量件并按照一定的规律（数学函数法则）将其转换成可用信号的器件或装置，具有微型化、数字化、智能化、网络化等特点。人类需要借助耳朵、鼻子、眼睛等感觉器官感受外部物理世界，类似地，物联网也需要借助传感器实现对物理世界的感知。物联网中常见的传感器有光敏传感器、声敏传感器、气敏传感器、化学传感器、压敏传感器、温敏传感器、流体传感器等，可以用来模仿人类的视觉、听觉、嗅觉、味觉和触觉等。

（2）网络与通信技术

物联网中的网络与通信技术包括短距离无线通信技术和远程通信技术。短距离无线通信技术包括 ZigBee、NFC、蓝牙、Wi-Fi、RFID 等。远程通信技术包括互联网、移动通信网络、卫星通信网络等。

（3）数据挖掘与融合技术

物联网中存在大量来源不同、结构各异和类型不同的数据，如何对这些不同类型的数据实现有效整合、处理和挖掘，是物联网处理层需要解决的关键技术问题。云计算和大数据技术的出现为物联网数据存储、处理和分析提供了强大的技术支撑，海量物联网数据可以借助庞大的云计算基础设施实现廉价存储，利用大数据技术实现快速处理和分析，从而满足各种实际应用需求。

6.3 物联网的网络层

如果说感知层是人的五官和皮肤，那么网络层便是人的中枢神经和大脑了，物联网的网络层负责信息传输，将感知层的信息传送到最后的应用层。感知层又分为接入、处理和传输，分别实现数据的接入、分析处理以及传出到应用层。就网络层接入传输层来说，目前主要分为有线和无线两种方式，其中常用到的 USB、以太网络（线）、电气领域的 485 都属于有线。但是因为有线在成本、传输量、便捷性等方面逐渐无法满足需要，所以目前主要以无线通信为主，而无线应用场景大概分为以下 3 类。

6.3.1 家庭类局域网（无线端距离通信技术）

这类应用场景目前主要以 Wi-Fi、BLE（低功耗蓝牙）、ZigBee 和 433 为主。其中 Wi-Fi 协议比较成熟且发展较早，并且传输速率快，能够直接快速接入互联网，因此目前在物联网领域被广泛应用；BLE 相较于 Wi-Fi 速度较低，但是其功耗很小，在时效性不是很强的场景下，依靠外置电源能够使用很长时间；ZigBee 取名来自蜜蜂（Bee）依靠翅膀"嗡嗡（Zig）"来与伙伴传递信息，它和 BLE 有一定的相似之外，但两者最大的不同是 ZigBee 可组网，类似蜂巢结构，每一个节点都可以组建网络，大大增加了灵活性；433 是因为其使用 433MHz 无线频段进行传输而得名，其与 ZigBee 类似，但是相比 ZigBee，因其频段的特殊性，抗干扰能力较强，但是其传输速度较慢。

6.3.2 低功耗广域网

人们希望物联网能通过通信技术将人与物、物与物进行连接。智能家居、工业数据采集等区域网通信场景一般采用短距离通信技术，但广范围、远距离的连接则需要采用远距离通信技术。LPWAN（Low Power Wide Area Network，LPWAN）技术是为满足物联网需求而产生的远距离无线通信技术。

提到远距离无线通信，你可能会有疑问：不是有移动蜂窝通信技术吗？的确，目前全球电信运营商已经构建了覆盖全球的移动蜂窝网络，然而移动蜂窝网络虽然覆盖距离广，但基于移动蜂窝通信技术的物联网设备有功耗大、成本高等劣势。移动蜂窝通信技术的设计初衷主要是用于人与人的通信。根据权威的分析报告，当前全球真正承载在移动蜂窝网络上的物与物的连接仅占连接总数的 6%。比重如此低的主要原因在于当前移动蜂窝网络的承载能力不足以支撑物与物的连接。

因此，为满足越来越多远距离物联网设备的连接需求，LPWAN 应运而生。LPWAN 专为低带宽、低功耗、远距离、广覆盖的物联网应用而设计。

LPWAN 可分为两类：一类是工作于未授权频谱的 LoRa、SigFox 等技术；另一类是工作于授权频谱下，第三代合作伙伴计划（The 3rd Generation Partnership Project，3GPP）支持的移动蜂窝通信技术，比如 EC-GSM、LTE Cat-m、NB-IoT 等。

相比其他网络类型（WLAN、2G/3G/4G），LPWAN 的定位是完全不同的，如图 6-4 所示。

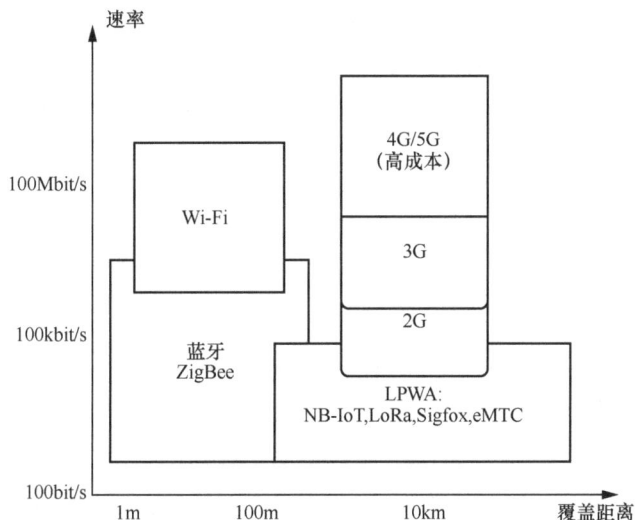

图 6-4　无线物联网的定位

也有一种叫法，把 LPWAN 叫作蜂窝物联网。这个名字也体现了它与蜂窝通信技术之间的共性：都是通过基站或类似设备提供信号的。

LPWAN 技术比较主流的有：NB-IoT、LoRa、SigFox、eMTC。本书仅介绍两种常用的 LPWAN 技术：NB-IoT 和 Cat.1。

（1）NB-IoT

① 定义

NB-IoT 是目前物联网最流行的技术。

基于蜂窝的窄带物联网（Narrow Band Internet of Things，NB-IoT）成为万物互联网络的一个重要分支。NB-IoT 构建于蜂窝网络，只消耗大约 180kHz 的带宽，可直接部署于 GSM（Global System for Mobile Communications）网络、通用移动通信系统（Universal Mobile Telecommunications System，UMTS）网络或 LTE 网络，以降低部署成本、实现平滑升级。NB-IoT 是 IoT 领域一个新兴的技术，支持低功耗设备在广域网的蜂窝数据连接，也被叫作低功耗广域网，即 LPWAN。NB-IoT 支持待机时间长、对网络连接要求较高的设备的高效连接。

与 NB-IoT 势均力敌的是增强型机器类型通信（Enhanced Machine Type of Communication，eMTC）。但是 eMTC 和 NB-IoT 的应用场景不同，eMTC 适用于对速度和

带宽有要求的物联网应用。因为篇幅原因，先不深入介绍。

LoRa 和 SigFox（LoRa 和 SigFox 在国内没有自己的专用频段，先天不足）因为频谱的原因，在竞争上比较吃亏。物联网关键技术对比见表 6-1，BTS（Base Transceiver Station）为基站收发台，SF（Single Frame）为单帧，BW（Band Width）为带宽。

表 6-1　物联网关键技术对比

对比类别	LoRa	Cat-1	eMTC	NB-IoT
标准组织	开放组织	3GPP	3GPP	3GPP
频谱	未授权	授权	授权	授权
信道带宽	7.8～500kHz	1.4～20MHz	1.4MHz	180MHz
系统带宽	125kHz	1.4～20MHz	1.4MHz	180MHz
峰值速率	180bit/s～37.5kbit/s	下行：10Mbit/s 上行：5Mbit/s	下行：1Mbit/s 上行：1Mbit/s	下行：234.7Mbit/s 上行：204.8Mbit/s
每天最大发行消息数	50000（BTS）	无限制	无限制	无限制
终端最大发设功率/dBm	14	23	23	23
最大耦合损耗/dB	上行：156 下行：168（SF12，BW7.8）	144	156	164
终端功能	中低	中	中低	低

各种 LPWAN 技术的特点见表 6-2。

表 6-2　LPWAN 技术的特点

名称	特点
NB-IoT（国际标准）	低成本、电信级、高可靠性、高安全性
eMTC（国际标准）	高速率、电信级、高可靠性、高安全性
LoRa（私有技术）	独立建网、非授权频谱

② NB-IoT 的优势

低功耗：功耗方面，NB-IoT 牺牲了速率，换回了更低的功耗。采用简化的协议、更适合的设计，大幅提升了终端的待机时间，部分 NB 终端的待机时间可以达到 10 年。

广覆盖：信号覆盖方面，NB-IoT 有更好的覆盖能力（20dB 增益），就算水表埋在井盖下面，也不影响信号收发。

大连接：连接数量方面，每小区可以支持 5 万个终端。

低成本：最重要的是成本。NB-IoT 通信模块成本很低，每模组有希望压到 5 美元之内甚至更低，有利于大批量采购和使用。

（2）Cat.1

2019 年是 5G 商用元年。在热门通信领域，除了 5G 还有一项技术脱颖而出，就是 Cat.1。本节从 LTE Cat.1 的发展历程阐述 Cat.X 的优势。

2009 年 3 月，标准组织 3GPP 发布了 Release 8 版本，正式把 LTE 推到了世人面前。

当时，3GPP 一共定义了 5 个终端类别，分别是 LTE Cat.1、LTE Cat.2、LTE Cat.3、LTE Cat.4、LTE Cat.5。Cat 是英文单词"Category"的缩写，意思是"类别、种类"。之所以

研发这么多终端类别（UE Category），是因为 3GPP 非常看好物联网市场的发展前景，希望设计出不同速率等级的终端类型，满足物联网落地不同场景的需求。

3GPP 的目标是实现由 2G 网络到 3G 网络的平滑过渡，保证未来技术的后向兼容性，支持轻松建网及系统间的漫游和兼容性。3GPP 主要制定以 GSM 核心网为基础，以 UTRA（Universal Telecommunication Radio Access）为无线接口的第三代技术的规范。UTRA 中，"U" 原来是指 UMTS（Universal Mobile Telecommunication System），由于 UMTS 没有被 3GPP 接受，所以改为了 Universal，指 3GPP 定义的两种无线接口，即 UTRAFDD（WCDMA）和 UTRATDD（含 TD-SCDMA/LCRTDD 和 HCRTDD）。LTE 是由 3GPP 组织制定的 UMTS 技术标准的长期演进，于 2004 年 12 月在 3GPP 多伦多会议上正式立项并启动。LTE 系统引入了正交频分复用（Orthogonal Frequency Division Multiplexing，OFDM）和多输入多输出（Multi-Input & Multi-Output，MIMO）等关键技术，显著提升了频谱效率和数据传输速率（20M 带宽 2X2MIMO 在 64QAM 情况下，理论下行最大传输速率为 201Mbit/s，除去信令开销后大概为 150Mbit/s，但受实际组网以及终端能力限制，一般认为下行峰值速率为 100Mbit/s，上行峰值速率为 50Mbit/s），并支持多种带宽分配（1.4MHz、3MHz、5MHz、10MHz、15MHz 和 20MHz 等），且支持全球主流 2G/3G 频段和一些新增频段，因而频谱分配更加灵活，系统容量和覆盖率也显著提升。不同终端类别的性能对比见表 6-3。

表 6-3　不同终端类别的性能对比

终端类别	最大下行速率	最大上行速率	3GPP 版本
Cat.1	10.3Mbit/s	5.2Mbit/s	Release 8
Cat.2	51.0Mbit/s	25.5Mbit/s	Release 8
Cat.3	102.0Mbit/s	51.0Mbit/s	Release 8
Cat.4	150.8Mbit/s	51.0Mbit/s	Release 8
Cat.5	299.6Mbit/s	75.4Mbit/s	Release 8

从表 6-3 可以看出，LTE Cat.1 的上行速率只有 5.2Mbit/s，专门面向对速率要求不高的物联网应用。LTE Cat.1 推出之后，并没有获得太大关注。当时，蜂窝物联网的使用场景还不多，市场也没有打开。

几年后，随着 LTE 网络覆盖迅速形成规模，厂商们开始重新将视线放到了 LTE Cat.1 上。刚开始时，有手机终端厂商针对 LTE Cat.1 简配、低成本的特点，将其用于 4G 老人智能机。后来，蜂窝物联网应用场景快速增加，LTE Cat.1 迎来了发展机会。2015 年 4 月，第一代智能手表产品正式发售，拉开了可穿戴电子产品市场竞争帷幕。

在激烈的市场争夺过程中，可穿戴设备厂商发现，LTE Cat.1 并没有办法用于可穿戴设备。原因在于，Cat.1 和传统 LTE 终端一样，设计有两根天线。而可穿戴设备对体积要求很高，必须小而又小，无法接受双天线。即便是强行塞入，分集接收效果也会大打折扣。

当时，官方具备 1Rx（单接收天线）接收规格的终端能力等级，只有 Cat.0/Cat.M1/Cat.NB1。但是，这些技术最高只能实现 1Mbit/s 的极限吞吐速率，无法满足可穿戴场景的用户体验。不同终端类别的性能对比见表 6-4。

表 6-4 不同终端类别的性能对比

终端类别	Cat.0	Cat.1	Cat.M1(eMTC)	Cat.NB-1(NB-IoT)
3GPP 版本	Release12	Release8	Release13	Release13
下行峰值速率	1Mbit/s	10Mbit/s	1Mbit/s	170Kbit/s
上行峰值速率	1Mbit/s	5Mbit/s	1Mbit/s	250Kbit/s
天线数量	1	2	1	1
双工模式	Half	Full	Full/Half	Half

2016 年 6 月至 2017 年 3 月，3GPP RAN#73～#75 标准全会就该单天线终端能力新等级进行了讨论与定义。最终，在 2017 年 3 月 9 日，3GPP Release 13 LTE Cat.1bis 核心部分正式冻结，LTE Cat.1bis 诞生。

除了天线数量，LTE Cat.1bis 和 LTE Cat.1 并无太大区别，两者上行速率都是 5Mbit/s，下行速率都是 10Mbit/s，链路预算基本一致。LTE Cat.1bis 既能满足中速人联/物联品类的数据吞吐量需求，又能提供相比传统 LTE 更低的成本与更小的尺寸。更关键的是，它可以在现有 4G 接入网几乎零改造的前提下，进行快速部署，大幅削减落地成本。然而，如此完美的 LTE Cat.1bis 技术，在推出之后的前两年不仅没有爆发，反而更加沉寂，几乎没有产生实质产业效益。这是为什么呢？

原因大概有两个。一方面，LTE Cat.1bis 的标准化速度太慢。2018 年 9 月，LTE Cat.1bis 才完成合规认证所必需的测试部分（Testing Part）冻结，根本没赶上 2017 年 7 月的全球首款蜂窝版可穿戴产品上市这波行情。另一方面，R13 Cat.1bis 推出之后，产业界根本没来得及准备合适的芯片平台。

到了 2019 年年底，情况发生了根本性的变化。

一是内部因素。2019 年 11 月 16 日，在第 7 届中国移动全球合作伙伴大会上，紫光展锐重磅发布了新一代物联网芯片平台——展锐 8910DM，这是全球首款 LTE Cat.1bis 物联网芯片平台，满足了用户在物联网连接中通信、运算、存储、定位等多方面的需求，引领了行业标准制定和行业生态构建，填补了低功耗窄带物联网与传统宽带物联网之间的蜂窝通信芯片方案空白。

二是外部因素。2G/3G 想要顺利退网，必须有合适的替代技术来承接海量的中低速物联网终端。NB-IoT 是窄带物联网，速度极低，仅可承载部分 2G 网络物联网终端。LTE Cat.1bis 满足"中速率、语音通话、移动连接"的业务需求。2020 年 5 月，工业和信息化部发布了《关于深入推进移动物联网全面发展的通知》，其中明确指出："推动 2G/3G 物联网业务迁移转网，建立 NB-IoT（窄带物联网）、4G（含 LTE-Cat1，即速率类别 1 的 4G 网络）和 5G 协同发展的移动物联网综合生态体系"。针对这个协同发展的体系，行业已经形成了普遍共识，那就是物联网连接的"631"结构。所谓"631"指：60%的连接通过低速率网络实现，30%的连接通过中速率网络实现，10%的连接通过高速率网络实现。LTE Cat.1bis 主要承载的是30%的中速率物联网连接领域。

相比于 NB-IoT，LTE Cat.1bis 速率更高，可以支持标清摄像头、广告屏等应用，也多了移动性的特点，可以支持共享单车、物流追踪等对移动性有要求的应用。它还支持基本的语音业务，可以用于集群对讲、电话手表等业务。从技术替代趋势来看，NB-IoT

将实现对 80%以上 2G 终端的替代，绝大部分的 3G 业务和少部分的 2G 业务将迁移到 LTE Cat.1。

LTE Cat.1 应用场景：可穿戴设备、销售点终端、自动柜员机、零售亭、视频监控、联网医疗、消费电子设备和一些车辆远程信息处理数据。它还支持共享移动应用，如自行车和滑板车租赁，以及复杂的物联网设备，如数字标牌和自动无人机送货。

NB-Iot 应用场景：智能燃气表、水表和电表、智能城市应用（如智能路灯和停车传感器）以及其他不发送频繁或大量数据的遥感应用。其中包括供暖通风与空气调节、工业监控器和监控灌溉系统等。

6.3.3　移动通信网

这类场景主要是现在移动互联网中的 GPRS（General Packet Radio Service，通用分组无线服务）技术、3G、4G，其特点是技术成熟、传输速率高，但是相比其他的蜂窝物联网技术，功耗是最大的，整套部署下来成本也是最高的。

6.4　物联网生活应用

6.4.1　畜牧业

畜牧业主要分为圈养和放养，我国北部和西部地区为主要放牧区。放养的优势在于牲畜肉质品质高、饲料成本低等，但是随之而来的问题是在牲畜管理上的诸多不便。

人工放牧是最原始和最直接的办法，但是会有一些弊端：需要专人放养，浪费人力；人工放养有安全隐患，人类有被野生动物袭击的危险；人工放养不利于系统性管理。利用 GPS+GPRS 畜牧定位系统可以解决这些问题。但是，牛群、羊群规模庞大，GPRS 通信基站会有容量不足的情况，电池续航也存在问题。再者，农场一般比较偏远，信号覆盖强度也存在问题。

物联网技术的诞生完美解决了上述困扰。

- 物联网能容纳的通信基站用户容量是 GPRS 的 10 倍。
- 物联网拥有超低功耗，正常通信和待机电流是毫安和微安级别，模块待机时间长达 10 年，可减少工人工作量。
- 物联网拥有更强、更广的信号覆盖，可实现偏远地区数据的正常传输。
- 物联网技术真正突破了 GPRS 技术的瓶颈，实现了畜牧养殖者之所想，在庞大的畜牧业有巨大的市场。

6.4.2　远程抄表

水气表和我们的生活息息相关，每家每户都会使用。最原始的抄表方法是，工人上门抄表统计数据。随着社会的发展，人工抄表暴露出各种弊端：效率低、成本高、记录数据易出错、业主对陌生人有戒备心理导致抄表员无法进门、维护管理困难等。GPRS远程抄表应运而生，它解决了人工抄表的一系列问题，技术更先进，效率更高，更安全。但是，GPRS远程抄表也有缺点，导致其无法大面积推广：通信基站用户容量小、功耗高、信号差。

基于物联网技术的远程抄表则解决了这一问题，具体如下。

- 物联网远程抄表在继承了GPRS远程抄表功能的同时，还拥有海量容量，相同基站通信用户容量是GPRS远程抄表的10倍。
- 更低功耗，在相同的使用环境条件下物联网终端模块的待机时间长达10年以上。
- 新技术信号覆盖更强（可覆盖到室内与地下室）。
- 模块成本更低。

综上所述，物联网在远程抄表方面有很大的应用空间。

6.4.3　井盖监控

目前城市正在快速建设中，市政公共基础设置的地下工程增多，井盖的增加是不可避免的。井盖的作用巨大，无法及时获取井盖状态信息有可能给人们的生命和财产造成极大的损失。目前大部分城市通过人工巡检的方式管理井盖。但是井盖数量庞大，人工巡检效率有限，往往无法及时准确地获取井盖状态信息，存在各类安全隐患。

井盖被盗或者破坏不仅会直接造成公共财产的损失，还可能给附近的行人和车辆造成不可挽回的人身伤害和经济损失。排除这些安全隐患成为当务之急。使用物联网对井盖进行定位监测管理，可以及时掌握井盖的状态信息，并在井盖移动或被破坏时利用物联网网络向服务器发出警报，通知管理人员，从而最大限度地避免伤害与损失。

使用物联网技术进行井盖监测的优势有如下4点。

- 不再需要人工巡查，数据全部自动传输到平台上，节省了大量人力资源。
- 物联网能容纳的通信基站用户容量是GPRS的10倍，可满足井盖数量庞大的需求。
- 物联网拥有超低功耗，正常通信和待机电流是毫安和微安级别，模块待机时间可长达10年，极大地简化了井盖监测的后期维护。
- 物联网拥有更强、更广的信号，信号可覆盖至室内和地下室，真正在井盖监测中实现全面覆盖。

6.4.4　智能家居

随着近几年智能家居行业的火爆，智能锁在生活中出现的频率也越来越高。目前智能锁使用非机械钥匙作为用户识别ID的技术。主流技术有感应卡、指纹识别、密码识别、面部识别等，极大地提高了门禁的安全性。但是以上安全性的前提是在通电状态下，如果处于断电状态，智能锁形同虚设。为了提升安全性，需要智能锁拥有内置电池，采集各项基本数据，并将数据传输到服务器，采集到异常数据自动向用户发出警报。由于智能锁安装后不易拆卸，所以要求智能锁电池使用寿命长。门的位置处于封闭的楼道中，则需要更强的信号覆盖以确保网络数据实时传输。智能家居终端数量多,必须保证足够的连接数量。最重要的是在加入以上功能后,还能保证设备成本在可接受范围内。

物联网再次显示出巨大的优势,具体如下。

- 物联网拥有低功耗的特点,仅使用两节电池即可待机 10 年,大大降低了后期维护成本。
- 超强信号覆盖,可覆盖室内和地下室,保证了信号稳定性。
- 海量的连接满足了智能家居多个终端同时连接的需求。

6.4.5　路灯监控

每当夜幕降临,城市中各种各样、色彩缤纷的路灯亮起,为城市披上了一层绚丽的外衣。但在这绚丽的外表下隐藏着巨大的缺点:能源浪费和维护困难。后半夜,街上人流量开始减少,有些地段不需要过多的路灯照明,大量路灯彻夜照明会导致能源浪费,增加了不必要的成本;路灯监控使用人工巡检,需要大量人力,而路灯数量庞大,实时状态不能及时获取,导致路灯故障维护不及时、排查效率极低。

物联网可以发挥的作用具体如下。

- 采用物联网无线网络,可以实现监控中心的远程分布式控制。
- 实现路灯故障自动检测功能,通过物联网主动上报故障路灯位置。
- 物联网的通信容量大,不必担心路灯过多导致个体无法通信的情况。

6.4.6　消防系统

日常生活中时常有火灾发生。提高消防意识,合理使用消防设备,可有效减少损失和伤害。烟雾传感器是消防系统的"哨兵",可实时检测烟雾。传感器检测到烟雾浓度超标,会发送信息到后台服务器,并启动警铃、广播喇叭等相关设备,服务器会自动推送信息到相关人员及部门,实现消防安全智能化。在实际应用中按照消防要求,烟感器的安装分布密集,不方便走线并且成本大。

使用物联网可以满足以上要求,具体如下。

- 使用物联网无线烟感器可避免走线困难的问题,大大节约安装成本。
- 物联网拥有海量的连接数,同时接入的烟感器高达十万个,可满足海量的烟感器同时接入。
- 物联网拥有超低功耗,在待机状态下可工作 10 年,极大地降低了安装后的维护成本。
- 物联网拥有超强信号覆盖,可覆盖至室内和地下室。

6.4.7　资产定位追踪

随着信息化和各种智能终端设备的深入发展,人员及资产定位的需求持续升温。位置服务领域的应用也呈现出碎片化的特点,如智慧园区的资产盘点、医疗废弃物跟踪处理、宠物定位。如今市面上的跟踪器绝大部分基于 GSM,功耗是个大问题。GSM 的大芯片面积、高成本、覆盖低等特点,恰巧与定位跟踪器需求相悖。GSM 的技术落后,造成定位跟踪器的产品体验较差，而且部分国家的 GSM 已经退网或正在面临退网，造成这类产品和技术延续的短缺。物联网技术的低功耗和深度覆盖属性，正好弥补了传统通信技术的诸多不足。

6.5 物联网军事应用

信息技术正推动着一场新的军事变革。信息化战争要求作战系统"看得明、反应快、打得准"，谁在信息的获取、传输、处理上占据优势（取得制信息权），谁就能掌握战争的主动权。物联网概念的问世，对现有军事系统格局产生了巨大冲击。它的影响绝不亚于互联网在军事领域里的广泛应用，将触发军事变革的一次重新启动，使军队建设和作战方式发生新的重大变化。当前，世界主要军事强国已经嗅到了这股浪潮的气息，纷纷制定标准、研发技术和推广应用，以期在新一轮军事变革中占据有利位置。物联网已经引起美国、日本、欧盟等国家和组织的极大关注，并将其纳入了国家顶层战略计划。2003 年，美国国防部力推 RFID 条码识别技术，使之为世界所知。当前，美国将微纳传感技术列入经济发展和国防安全重点建设项目，以物联网应用为核心，自 2015 年以来开展了物联网战略计划、智能城市倡议计划、智能制造伙伴计划、跨军种先进战争功能计划、物联网战争精准打击系统计划、物联网能源保障系统计划、物联网军事智能化计划等，显示了美国政府对物联网在国防领域发展的高度重视，为美国军事和战略实力的提升提供了重要支持和保障。

物联网被许多军事专家称为"一个还未探明储量的金矿"，正在孕育军事变革深入发展的新契机。物联网的无线传感器网络以其独特的优势，能在多种场合满足军事信息获取的实时性、准确性、全面性等需求。可以设想，在国防科研、军工企业及武器平台等各个环节与要素设置标签读取装置，通过无线和有线网络将其连接起来，那么每个国防要素及作战单元甚至整个国家的军事力量都将处于全信息和全数字化状态。大到卫星、导弹、飞机、舰船、坦克、火炮等装备系统，小到单兵作战装备，从通信技侦系统到后勤保障系统，从军事科学试验到军事装备工程，其应用遍及战争准备、战争实施的每一个环节。可以说，物联网扩大了未来作战的时域、空域和频域，对国防建设各个领域产生了深远影响，将引发一场划时代的军事技术革命和作战方式的变革。

通过采用智能尘埃（Smart Dust）、智能物体（Smart Matter）、微机电系统（Micro-Electro-Mechanical System，MEMS）、无线传感器网络（Wireless Sensor Network，WSN）、微传感器网络（Micro Sensor Network，MSN）、GPS、RFID、红外等技术，物联网的未来军事应用主要体现在战场感知精准化、武器装备智能化、后勤保障灵敏化以及网络战模式的变化等方面。

6.5.1 战场感知

战后局部战争的实践充分说明，战场安全性是相对的，整体防御体系难免存在一定的漏洞，要想弥补，就必须对包括现有指挥控制系统在内的相关系统进行升级改造，使战场感知能力不断适应未来作战的需要。物联网可以担当此重任。

据称，美军目前已建立了具有强大作战空间态势感知优势的多传感器信息网，这可以说是物联网在军事运用中的雏形。美国国防部高级研究计划局已研制出一些低成本的自动地面传感器，这些传感器可以迅速散布在战场上，并与设在卫星、飞机、舰艇上的所有传感器有机融合，通过情报、监视和侦察信息的分布式获取，形成全方位、全频谱、全时域的多维侦察监视体系。据报道，伊拉克战争中，美军多数的打击兵器是靠战场感知行动临时传递的目标信息实施对敌攻击的。有人将信息化条件下的作战称为"传感器战争"，而物联网堪称信息化战场的宠儿，将为战场带来新的电子眼和电子耳。与当前美军传感器网相比，物联网最大的优势在于其可以在更高层次上实现战场感知的精确化、系统化和智能化，可以把过去在战场上需要几小时乃至更长时间才能完成处理、传送和利用的目标信息，压缩到几分钟、几秒钟，甚至同步完成。它能够实现战场实时监控、目标定位、战场评估、核攻击和生物化学攻击的监测和搜索等功能。

通过大规模部署节点可有效避免侦察盲区，为火控和制导系统提供精确的目标定位信息。同时，某一节点的损坏不会引发整个监测系统的崩溃，各汇聚节点将数据送至指挥部，最后融合来自各战场的数据，形成完备的战场态势图。IPv6 作为物联网的关键技术之一，因其海量的地址空间、高度的灵活性和安全性、可动态进行地址分配以及完全的分布式结构等特性，是以前所有技术难以相比的，具有重大的军事价值。通过 IPv6 技术，可以为物联网每个传感器节点分配一个单独的 IP 地址，世界上的一草一木、武器库里的一枪一弹，都会被分配一个 IPv6 地址。通过飞机向战场洒落肉眼观察不到的传感器尘埃，利用物联网实时采集、分析和研究监测数据，真正实现感知战场每个角落。

6.5.2　武器装备

自 20 世纪 60 年代在战场崭露头角以来，军用机器人受到了军事强国的高度重视。各军事强国纷纷投入巨资予以研究与开发，仅美国目前已开发出和列入研制计划的各类智能军用机器人就达 100 多种。军用机器人巨大的军事潜能和超强的作战功效，使其成为未来战争舞台上一支不可忽视的军事力量。另外在阿富汗战争中，美国投入大量的无人飞机进行复杂地形的侦查工作，实现远程打击。

目前，虽然越来越多的普通技能的机器人和无人飞机走入了军营，但这些机器人和无人飞机的应用范围有限，机动能力、智能化程度不高，仍需人员遥控。真正意义上的军用机器人和无人飞机，机动速度更快、部署更加灵敏，高智能化水平使其具备独立遂行作战任务的能力。因此，要制造出能在战场上使用的完全"智能"的机器人和无人飞机还有很多技术问题亟待突破。

物联网是一种能将人和所有物品相互连接，并允许其相互通信的网络，包括物与人以及物与物之间相连，因此物联网被誉为"武器装备的生命线"。

随着信息技术的进一步发展，以及物联网与人工智能技术、纳米技术的结合应用，未来战场的作战形式将发生巨大变化。新一代网络协议能够让每个物体都可以在互联网上有自己的"名字"，嵌入式智能芯片技术可以让目标物体拥有自己的"大脑"，纳米技术和小型化技术还可以使目标对象越来越小。在不远的将来，人类不仅可以与身边一切物体"交流"，而且物体与物体之间也可以"开口对话"。在这些技术的支持下，具有一定信息获取和信息处理能力的全自主智能作战机器人和无人飞机将从科幻电影中步入现实，各种以物联网为基础的自动作战武器将成为战场主角。

在巷战中，这些机器人和无人飞机配合，可以进行远程投放，可代替作战人员钻洞穴、爬高墙、潜入作战区，快速捕捉战场上的目标，测定火力点的位置，探测隐藏在建筑物、坑道、街区的敌人，迅速测算射击参数，保证实施精确打击。机器人和无人飞机小分队还可以在非常危险的环境中进行协同作战，它们具有智能决策、自我学习和机动侦察的能力，相比于人类士兵，它们以更快的速度观察、思考、反应和行动，远离战场前沿的指挥官和操作人员只需下达命令，不需要任何同步控制，机器人和无人飞机小分队就可以完成任务并自行返回指定地点。

6.5.3　后勤保障

兵马未动，粮草先行。信息化条件下作战对后勤保障的依赖性大大增强，即使是作为世界头号军事强国的美国，也认识到其后勤体系仍然存在诸多弊端。

伊拉克战争初期，美军后勤计算和判断上的失误导致战前准备不足，特别是没有预先把伊拉克战场恶劣的保障环境考虑在内，迟滞了美英联军的作战行动。战区内堆积的物资虽然比海湾战争时少，但只不过是由"大山"变成了"小山"。与此同时，运往伊拉克战场的物资在"最后1战术英里"失去了可见性，前线保障物资频频告急，甚至出现了饥饿的士兵向伊平民"讨饭"的一幕。美军前线的香烟、肥皂、水果等补给捉襟见肘，在美军士兵内部甚至出现了战场"黑市交易"。

对于战争中暴露出的问题，美国审计局在一份报告中指出："可视性水平远没有达到部队现实需要的水平，更不用说保障未来作战了。"因此，要实现从"散兵坑到工厂"的全程可视，必须进一步深化信息技术研发，以新技术、新产品推动后勤领域的全面变革。

而物联网似乎是专为军队后勤"量身打造"的一项完美技术，可以弥补后勤领域的诸多不足。首先，它可以有效避免后勤工作的盲目性。随着 RFID、二维条码技术和智能传感技术的突破，物联网无疑能够为自动获取在储、在运、在用物资信息提供方便灵活的解决方案。在各种军事行动全过程中，可在依托物联网，准确的地点、准确的时间向作战部队提供数量适当的装备与补给，避免多余的物资涌向作战地域，造成不必要的混乱、麻烦和浪费；同时能够准确感知、实时掌握特殊物资运输和搬运方面的限制，对操作人员技能、工具和设施的要求，货品更换和补充时间等；并根据战场环境变化，预见性地做出决策，自主地协调、控制、组织和实施后勤行动，实现自适应性的后勤保障能力。其次，它能最大限度地提高补给线的安全性。

基于物联网的后勤体系具有网络化、非线性的结构特征，具备很强的抗干扰和抗攻击能力，不仅可以确切掌握物资从工厂运送到前方散兵坑的全过程，还可以提供危险警报、给途中的车辆布置任务以及优化运输路线等功能。特别是可以把后勤保障行动与整个数字化战场环境融为一体，实现后勤保障与作战行动一体化，使后勤指挥随时甚至提前做出决策，极大地增强后勤行动的灵活性和危机控制能力，全面保障后勤运输安全。

基于物联网的后勤体系可以有效避免重要物资的遗失。世界各国都非常重视战场物资的管理，极力避免武器装备、重要零部件等物资的遗失。但伊拉克战争期间，美军一中转中心在战争期间丢失了 1500 个防弹衣插件；由于不知道物资的具体位置，17 个速食集装箱被遗忘在补给基地达 1 周之久。而 RFID 标签作为物联网的重要组成部分，能存储 96 位码，芯

片大约可以存储 $3.5×10^{51}$ 种组合信息，可识别 2.68 亿个以上的独立制造厂商及每个厂商的 100 万种以上的产品。美国国防部通过这种灵巧标签得到的大量组合信息，可在全军范围内追踪每件装备。随着射频识别标签技术的成熟和成本的降低，物联网完全可应用于单件武器上，这将实现对武器库更加严格的控制，而且有助于寻找在战场上丢失的威胁性极大的武器。

6.5.4　网络战新模式

截至 2020 年，美国空军太空司令部进行了 14 次"施里弗"太空演习，从中可以看出美国对未来网络战模式的判断与应对。美军通过该演习阐述了 3 项重要目的：一是研究太空和赛博空间的"替代概念、能力和力量"，以应对未来需求；二是探索太空和赛博空间对未来威慑战略的贡献；三是研究使用综合手段在太空和赛博空间执行作战的一体化程序。此次演习将太空与赛博空间视为所有防御作战和国土安全作战方面的核心，并高度重视整合太空与赛博空间攻防作战，以及发挥盟国和商业伙伴在赛博空间方面的作用，凸显了美军对二者的倚重。

赛博空间是哲学和计算机领域中的一个抽象概念，指计算机以及计算机网络里的虚拟现实。赛博空间强调人的活动和思想无界限。从此次演习的主要内容以及赛博空间的概念中可以发现，美军不仅要实现对网络及虚拟现实的控制，更要实现对现实世界的控制，这已经超越了网络战本身。

总体而言，未来的网络战取决于 3 个方面的快速发展。

一是互联网军事化。现代互联网最早就是从美国军方内部网络发展进入民用的，全世界绝大多数的根服务器在美国，为美国攻击和瘫痪他国网络提供了便利。随着网络技术的发展，以及它在各领域越来越广泛的应用，互联网有可能成为新的作战领域，即成为对立双方攻防的目标。

二是物联网军事化。物联网是通过射频识别、红外感应器、全球定位系统、激光扫描器等信息传感设备，按约定的协议，把任何物品与互联网连接起来，进行信息交换和通信，以实现智能化识别、定位、跟踪、监控和管理的一种网络，如美军"全球鹰"无人侦察机就是典型应用。物联网一旦军事化后，与其连接的武器装备和设备设施将完全暴露在网络攻击中。

三是无线连接技术。无线连接技术智能化和无线植入技术是实现网络无限延伸的基础，是网络战拓展到陆、海、空、天、电以及各类武器装备的主要途径。

6.6　军事领域物联网发展需求

现在的物联网无论从技术来说，还是从大规模应用来说，都是以美国为主，全世界绝大多数的物联网核心网络层设备（服务根服务器、数据中心等）在美国，并且物联网为物品建立全球的、开放的标识代码并通过互联网实现物品的自动识别和信息的互联共享，为美国攻击和瘫痪他国物联网的网络和应用提了便利。随着物联网技术的发展以及它在各领域越来越广泛的应用，物联网的安全将关系到国家安全。

虽然物联网的概念已经引起全球关注，但仍有许多核心技术还需攻克，其发展之路仍然十分漫长。并且，物联网在军事上的推广和应用不是一个单纯的技术问题，涉及世界范围内的军事政策、法律、道德、文化等方方面面，因此广义的物联网似乎非常遥远。但物联网的雏形就像互联网早期的形态——局域网一样，虽然有缺陷和不足，但其战略意义和深远影响是不容置疑的，因此我国必须尽早进行基础技术的研究。事实上，物联网在军事上的应用目前尚处于起步阶段，标准、技术、运行模式以及配套机制等还远没有成熟。这就为我国现阶段进行物联网的基础技术研发和应用提供了良好的机遇，主要体现在如下几个方面。

首先是标准化问题。物联网是一个国家工程甚至是世界工程，需要标准化的数据库、标准化的软硬件和数据接口、互联互通的网络平台、统一的物体身份标识和编码系统，才能让遍布世界每个角落的物体接入网络，被世界识别、掌握和控制。各类协议标准的统一是一个十分漫长的过程，这正是限制物联网发展的关键因素之一。

其次是信息安全问题。在未来的物联网中，每件装备都将随时随地连接在这个网络上，随时随地被感知，在这种环境中如何确保信息安全，防止军事信息被他人利用，将是物联网在军事领域推进过程中需要突破的重大障碍之一。由于物联网在很多场合需要无线传输，美军认为"攻破任何无线系统都是非常轻而易举的事情"，而目前类似"安全壳"（Secure Shell）和"安全槽层"（Secure Socket Layer）的基础安全技术还在试验当中。恐怖分子很可能会利用射频识别技术来查询美军的装备并获取数据，甚至了解到装备的具体位置。同时，物联网规模庞大，作为世界范围内军事要素智能互联的重要平台，一旦它遭到破坏，对于视保密为生命的军队来讲将是致命的打击，不但会影响到物联网本身的运行，而且会危及国家安全，甚至引发连锁反应，出现世界范围内的系统瘫痪。

最后是资金和成本问题。实现物联网在军事领域的广泛应用，首先必须在所有装备哪怕是一枚子弹中嵌入电子标签等存储体，并需安装众多读取设备和庞大的信息处理系统，这必然导致大量军费的投入。在成本尚未大幅降低和各方利益机制及运作模式尚未成型的背景下，物联网的发展将受到限制。

6.7　本章小结

在全球新一轮军事变革发展的趋势下，建立与发展精确保障、高效运行、快速反应的一体化装备物资保障运行体系是打赢信息化战争，特别是取得局部区域军事斗争胜利的重要保证。构建完善的军事物联网体系已成为各国提升军事保障能力的发展方向，日趋成熟的物联网技术为实现这一战略目标提供了切实可行的应用基础。

6.8　思考题

1. 物联网包括哪几层？作用分别是什么？
2. 主流 LPWAN 技术有哪些？
3. 物联网典型的军事应用有哪些？

第**7**章

大数据

"大数据"作为一种概念和思潮由计算领域发端，之后逐渐延伸到科学和商业领域。近年来，大数据相关技术、产品、应用和标准快速发展，逐渐形成了覆盖数据基础设施、数据分析、数据应用、数据资源、开源平台与工具等板块的大数据产业格局，历经了从基础技术和基础设施、分析方法与技术、行业领域应用、大数据治理到数据生态体系的变迁。

7.1 定义

7.1.1 大数据定义

数据是一种对客观事物的逻辑归纳，是事实或观察的结果。随着科学技术的发展，数据的概念内涵越来越广泛，包括数值、文本、声音、图像、视频。

大数据是物理世界到数字世界的映射和提炼，通过发现其中的数据特征，做出提升效率的决策行为。它是通过获取、存储、分析，从大容量数据中挖掘价值的一种全新的技术架构。获取数据、存储数据、分析数据指大数据处理方法，研究对象是大容量数据，目的是挖掘价值。

数据本身没有什么用处，数据中有用的部分叫作信息（Information）。将信息按照一定规律总结出来的内容，被称为知识（Knowledge）。将知识应用于实战就是智慧（Intelligence）。因此数据的应用分 4 个步骤：数据、信息、知识、智慧。

7.1.2 数据的分类

常见的数据分类方法有 3 种，分别是结构属性分类、连续性特征分类与测量尺度分类。

根据存储的结构属性不同，数据可以分为结构化数据、非结构化数据和半结构化数据，它们不仅存储形式不同，在数据处理和数据分析的方法上也大相径庭。

- 结构化数据：通常指用关系数据库方式记录的数据，数据按表和字段进行存储，字段之间相互独立。例如按照固定规则填写的表格就是结构化数据。

- 非结构化数据：指语音、图片、视频等格式的数据。这类数据一般按照特定应用格式进行编码，数据量非常大，且不能简单地转换成结构化数据。
- 半结构化数据：指以自描述的文本方式记录的数据，如 XML 或者 HTML 格式的数据。很多网站和应用访问日志采用这种格式，网页本身也是这种格式。

传统数据分析处理的类型通常较为单一，主要以结构化数据为主。传统数据分析建立在关系数据模型上，主体之间的关系在系统内就已经被创立，而分析也在此基础上进行，即先有模式，后有数据。信息系统涉及的业务数据通常会采用结构化存储方法，结构化数据在整个数据系统里占比很小，但这些数据浓缩了各方面的业务需求。无法完全数字化的文本、图片等数据属于非结构化数据，非结构化数据中存在大量有价值的信息，特别是随着互联网、物联网的发展，非结构化数据正呈指数增长，对其蕴含的价值进行挖掘也成为目前主要研究方向之一。

根据数据连续属性不同，数据又可以分为连续型数据与离散型数据。连续型数据与离散型数据的区别可以用线、点来理解。

- 连续型数据：数据的取值从理论上讲是不间断的，在任意区间内都可以无限取值。例如商品的价格、水果的重量等。
- 离散型数据：离散型数据也被称为不连续数据，取值是中立的，例如 AA 制聚餐，3 个人花费 100 元，那么人均就是 33.33333 元，无法做到绝对平均。

按测量尺度分类，数据可分为以下几类。

- 定类数据：特征数据仅能标记事物的类别，无法描述大小、高度、重量等信息，例如工业产品分类中的零食、日化等区分。
- 定序数据：能够对事物进行分类，比较事物之间的大小差异，但不能做四则运算，例如考试成绩的排名。
- 定距数据：由定距尺度计量形成的，表现为数值，可以进行加减运算，是对事物进行精确描述的数据，但不能做乘除运算，例如高考的总分，是分科得分的加和。
- 定比数据：数据的最高级，既有测量单位，也有绝对零点（可以取值为 0），可以做乘除运算，如商品的销售额。

7.1.3 数据的产生

人类社会数据的产生大致来说有 3 个重要的阶段。

第一个阶段是计算机被发明之后的阶段。尤其是数据库被发明之后，数据管理的复杂度大大降低。各行各业开始产生数据，进而被记录在数据库中。这时的数据以结构化数据为主，数据的产生方式也是被动的。

第二个阶段是伴随着信息化 2.0 时代出现的。信息化 2.0 的最重要的标志就是用户原创内容，即互联网大规模商用进程推动的以联网应用为主要特征的网络化。随着互联网和移动通信设备的普及，人们开始使用博客、微信、微博、论坛这样的社交网络，主动产生了大量的数据。

第三个阶段是感知式系统阶段。我们正进入以数据的深度挖掘和融合应用为主要特征的智能化阶段（信息化 3.0 时代），在"人机物"三元融合的大背景下，以"万物均需互联、

"一切皆可编程"为目标,数字化、网络化和智能化呈现融合发展新态势,各种各样的感知层节点开始自动产生大量的数据,例如遍布世界各个角落的传感器、摄像头。"被动-主动-自动"这 3 个阶段的发展,最终使人类数据总量极速膨胀。

7.1.4　大数据的特点

行业里将大数据的特点概括为 4 个 V,即 Volume、Variety、Velocity、Value。

（1）Volume（海量化）

2011 年,全球被创建和复制的数据总量是 1.8ZB。

2020 年,全球电子设备存储的数据约为 35ZB。如果建一个机房来存储这些数据,那么,这个机房的面积将比 42 个鸟巢体育场还大。数据量不仅大,增长速度还很快——每年增长50%。也就是说,每两年就会增长一倍。目前的大数据应用还没有达到 ZB 级,主要集中在PB、EB（1EB=1024PB=1024×1024TB=1024×1024×1024GB）级别。

2021 年学者 Luca Clissa 调查了全球比较大的几个公司的数据,其中谷歌搜索数据规模约为 62PB,YouTube 数据规模约为 263PB,FaceBook 和 Instagram 分别约为 252PB 和 68PB;2021 年间,全球电子邮件的总流量约为 5400kPB。全球重要数据源的数据规模见表 7-1。

表 7-1　全球重要数据源的数据规模

对比项	Youtube	Dropbox	Facebook	Instagram	Google	LHC 数据	Amazon	邮件
生产单元	72 万小时每天的视频	1 亿新用户（117 万付费用户）	上传 24 万张照片每分钟	上传 6.5 万照片每分钟	300 亿网页	161 天的数据采集	100 万亿对象	7.1 万邮件
单元大小	1GB	免费用户1GB付费用户400GB	2MB	2MB	2.15MB	1PB	5MB	75KB
时间	2021 年	2020 年	2021 年	2021 年	2018 年	2018 年	2021 年	2020 年 10 月～2021 年 9 月

（2）Variety（多样化）

数据的形式是多种多样的,包括数字（价格、交易数据、体重、人数等）、文本（邮件、网页等）、图像、音频、视频、位置信息（经纬度、海拔等）等。

在互联网领域里,非结构化数据的占比已经超过整个数据量的 80%。大数据就符合这样的特点:数据形式多样化,非结构化数据占比高。

（3）Velocity（时效性）

大数据还有一个特点,那就是时效性。从数据的生成到消耗,时间窗口非常小。数据的变化速率和处理过程越来越快。例如变化速率从以前的按天变化,变成现在的按秒甚至毫秒变化。我们还是用数字来说话:就在刚刚过去的这一分钟,数据世界里发生了什么?大约有30 颗星星爆炸,有 1600 万升水蒸发,大约有 4 个婴儿诞生,有 1 对新人结婚,有 15 万升汽油被消耗。

（4）Value（价值密度）

大数据的数据量很大,但随之而来的,就是价值密度很低,数据中真正有价值的,只是很少一部分。例如通过监控视频寻找犯罪分子的相貌,也许几 TB 的视频文件中真正有价值的只有几秒。

2014年美国波士顿爆炸案，现场调取了10TB的监控数据（包括移动基站的通信记录，附近商店、加油站、报摊的监控录像以及志愿者提供的影像资料），最终找到了犯罪嫌疑人的一张照片。

7.2　大数据的作用

7.2.1　大数据的价值

大数据应用的第一阶段是辅助决策（采集、处理、整合）。

人类决策/行动的过程开始于信息的采集，数据产业也是如此。这一层面的关键点在于：数据源的多样化、数据维度和数据量的丰富、数据的清洗去噪、数据的结构化处理和整合。经过整理的数据可以给出基本的统计层面的辅助决策信息。

大数据应用的第二阶段是创造价值（分析、挖掘、画像）。

基础数据在被充分采集、处理和整合后，需要机器进一步分析、发掘，并完成可视化或完整的画像。这一阶段至关重要，因为它产出的结果可以直接指导人类决策，或为实现人工智能打下基础。

以用户画像为例来描述大数据创造价值的过程。无论是App，还是企业、政府和军事应用，个性化技术是利用大数据产生价值的重要落地点。用户画像用一句话概括就是用户信息元数据化，即采集用户静态和动态数据，利用计算模型产出标签和相应的权重，使计算机能够程序化处理与人相关的信息，甚至通过算法、模型能够"理解"人。通过各种方式采集相关的用户数据，利用数据模型，为该用户打上标签和相应权重。标签表征属性或内容，表示用户具备该属性，或对该内容有兴趣、偏好、需求等。权重可以简单地理解为用户具备该标签的可信度、概率。比如：用户A昨天在某网浏览一瓶价值238元的长城干红葡萄酒信息。标签和权重可以是这样的——用户A：红酒0.665、长城0.665。

基于完整画像的构建，推荐引擎、广告精准投放、征信等服务才得以实现。

大数据应用的第三阶段是塑造自我（推荐、预测、行动）。

《大数据时代》的作者维克托·迈尔·舍恩伯格认为："大数据的核心就是预测。"在数据分析、挖掘、画像的基础上，进一步投放业务、精准预测个体或整体行为、针对性行动等。

以今日头条为例。今日头条的推荐算法团队有几百人，他们依据客户浏览习惯，为客户提供诸如新闻、财经、视频、专栏等精准内容。在国防领域，尽管CIA、FBI等情报机构掌握着成千上万个数据库，但要在这些数据之间建立联系，却相当耗费时间。Palantir利用强大的算法和引擎整合相互分离的数据库，进行高效的搜索、分析和数据挖掘，能够快速找出有价值的线索，从而可提前掌握恐怖分子可能发动袭击的消息。以滴滴为例，滴滴的数据分析和应用团队有300多人，他们设计了不同的数据模型，可以根据客户和司机的位置为客户推荐出租车或专车，依据司机抢单情况给司机安排客户，依据客户订单多少提升客户等级和订车优先权。比较经典的就是滴滴大数据"杀熟"事件。

7.2.2 数据智能

随着大数据技术的不断发展和落地应用，数据价值正在不断得到体现和提升，未来大数据很可能会构建出一个非常庞大的价值空间，而这个价值空间的重要价值载体就是数据。从这个角度来看，未来数据的价值会越来越高，数据也将成为一种重要的资源。

随着人工智能技术的发展，其与大数据技术的结合越来越紧密，要想获取大数据的潜在价值，发挥数据在工业和军事上的重要作用，离不开三大核心要素：数据、算法和算力。

（1）数据是算法的"饲料"

当今，数据无时无刻不在产生（包括语音、文本、影像等），AI 产业的飞速发展也萌生了大量垂直领域的数据需求。在 AI 技术当中，数据相当于 AI 算法的"饲料"。

机器学习中的监督学习和半监督学习都要用标注好的数据进行训练，由此催生了大量数据标注公司，它们将未经处理的初级数据转换为机器可识别的信息。只有经过大量的训练，覆盖尽可能多的场景，才能得到一个良好的模型。

目前，数据标注是 AI 的上游基础产业，以人工标注为主、机器标注为辅。最常见的数据标注类型有 5 种：属性标注、框选标注、轮廓标注、描点标注、其他标注。AI 算法需要通过数据训练不断完善，而数据标注是大部分 AI 算法得以有效运行的关键环节。

（2）算法是 AI 的背后"推手"

AI 算法是数据驱动型算法，是 AI 的推动力量。

主流的算法主要分为传统的机器学习算法和神经网络算法，目前神经网络算法因为深度学习的快速发展而达到了高潮。

南京大学计算机科学与技术系主任、人工智能学院院长周志华教授认为，今天"AI 热潮"的出现主要是因为机器学习，尤其是机器学习中的深度学习技术取得了巨大进展，并在大数据和大算力的支持下发挥了巨大的威力。

当前具有代表性的深度学习算法模型有深度神经网络（DNN）、循环神经网络（Recurrent Neural Network，RNN）、卷积神经网络（Convolutional Neural Networks，CNN）。DNN 和 RNN 是深度学习的基础。

DNN 内部的神经网络层可以分为 3 类：输入层、隐藏层和输出层。一般来说，第一层是输入层，最后一层是输出层，而中间的层数都是隐藏层。DNN 可以理解为有很多隐藏层的神经网络，是非常庞大的系统，需要很多数据、很强的算力进行支撑。

（3）算力是基础设施

AI 算法模型对算力的巨大需求推动了芯片业的发展。据 OpenAI 测算，自 2012 年开始，全球 AI 训练所用的计算量呈指数增长，平均每 3.43 个月便会翻一倍，目前计算量已扩大 30 万倍，远超算力增长速度。

在 AI 技术当中，算力是算法和数据的基础设施，支撑着算法和数据，进而影响着 AI 的发展，算力的大小代表着数据处理能力的强弱。算力源于芯片，通过基础软件的有效组织，最终释放到终端应用上，作为算力的关键基础，芯片的性能决定着 AI 产业的发展。同时云计算、分布式计算等计算方式改变了以往单机预算或局域网运算的状态，提供了集约化计算资源和充分利用边缘计算资源这两种先进计算模式。

算法、算力、数据作为 AI 核心三要素，相互影响，相互支撑，在不同行业中形成了不同的产业形态。随着算法的创新、算力的增强、数据资源的累积，传统基础设施将借此东风实现智能化升级，并有望推动经济发展全要素的智能化革新，让人类社会从信息化阶段进入智能化阶段。

7.3　大数据处理架构

7.3.1　扩展式

传统数据分析的扩展主要以纵向扩展为主。纵向扩展指需要处理更多负载的时候，通过提高 3 个系统的处理能力的方法来解决问题。最常见的情况是提高基础硬件配置，从而提高整个系统的能力。在这种情况下，服务器的数量没有变化，但是配置越来越高。

大数据工程的扩展主要以横向扩展为主。横向扩展是将服务划分为多个子服务，并利用负载均衡等技术在应用中添加新的服务实力。在这种情况下，服务器的配置没有变化，服务器的数量越来越多。

7.3.2　分布式

传统数据分析方法主要采用集中式处理方法，主要包括集中式计算、集中式存储、集中式数据库等。计算资源、存储资源等依赖一台或多台中心计算、存储设备，其余连接的节点几乎没有计算、存储能力。

大数据分析采用分布式处理方法。分布式计算机系统指计算资源、存储资源等是分散的、自治的，经过互联的网络形成一个系统。常见的分布式系统有分布式计算系统、分布式文件系统、分布式数据库等。

（1）分布式计算系统

一个分布式系统包括若干通过网络互联的计算机。这些计算机互相配合以完成一个共同的目标（我们将这个共同的目标称为"项目"）。具体的过程是：将需要进行大量计算的项目数据分割成小块，由多台计算机分别计算，再上传运算结果，之后统一合并得出数据结论。

分布式计算系统的目的在于分析海量的数据，从而解决单机性能无法满足数据爆发式增长需要的问题。由于计算需要拆分，因此会在一致性、数据完整性、通信、容灾、任务调度等方面出现一系列问题。

（2）分布式文件系统

分布式文件系统（Distributed File System，DFS）指文件系统管理的物理存储资源不一定直接连接在本地节点上，而是通过计算机网络与节点（可简单理解为一台计算机）相连；或是若干不同的逻辑磁盘分区或卷标组合在一起而形成的完整的有层次的文件系统。DFS 为分布在网络上任意位置的资源提供一个逻辑上的树形文件系统结构，使用户访问分布在网络上的共享文件更加简便。单独的 DFS 共享文件夹可以提供网络上多个计算机之间共享文件的功能，方便用户之间访问和传输数据，在大规模数据管理、备份和恢复等方面提供了方便和强大的支持。

计算机通过文件系统管理、存储数据，而信息爆炸时代人们可以获取的数据增长迅速，单纯通过增加硬盘个数扩展计算机文件系统存储容量的方式，在容量大小、容量增长速度、数据备份、数据安全等方面的表现都差强人意。分布式文件系统可以有效解决数据的存储和管理难题：将固定于某个地点的某个文件系统，扩展到任意多个地点/文件系统，众多的节点组成一个文件系统网络。每个节点可以分布在不同的地点，通过网络进行节点间的通信和数据传输。人们在使用分布式文件系统时，无须关心数据存储在哪个节点上或者从哪个节点获取的，只需要像使用本地文件系统一样管理和存储文件系统中的数据即可。分布式文件系统是建立在客户机/服务器技术基础之上的，一个或多个文件服务器与客户机文件系统协同操作，这样客户机就能够访问由服务器管理的文件。

在 DFS 中，文件被分割成多个块，并在多台机器上存储备份，这些备份可以保证数据的可靠性和高可用性。用户可以在多个节点上执行读写操作，系统会自动管理数据的传输和存储，提供高效的数据访问能力。DFS 通常与其他分布式系统一起使用，如 Hadoop、Spark等，是大规模数据处理和分析的基础设施。

有很多常见的 DFS，如 Hadoop 分布式文件系统（Hadoop Distributed File System，HDFS）、GlusterFS、Ceph，每个 DFS 系统都有其特定的设计和实现方式，可以根据业务要求选择部署。

（3）分布式数据库系统

分布式数据库系统（Distributed Database System，DDBS）包括分布式数据库管理系统（Distributed Database Management System，DDBMS）和分布式数据库（Distributed Database，DDB）两部分。在分布式数据库系统中，一个应用程序可以对数据库进行透明操作，数据库中的数据分别在不同的局部数据库中存储，由不同的数据库管理系统（Database Management System，DBMS）进行管理，在不同的机器上运行，由不同的操作系统支持，被不同的通信网络连接在一起。

分布式数据库系统是在集中式数据库系统的基础上发展起来的，是计算机技术和网络技术结合的产物。分布式数据库系统的基本思想是将集中式数据分散到多个通过网络连接的存储节点上，以获得更大的存储容量和更高的并发访问量。

7.4　大数据关键技术

大数据技术一般包括数据采集、数据存储、数据治理和数据分析等关键技术。

7.4.1　数据采集

数据采集又称数据获取，指从传感器和其他待测设备等模拟和数字被测单元中自动采集信息的过程。

调查显示，人类社会未被使用的信息比例高达 99.4%，很大程度是因为高价值的信息无法被获取采集。大数据采集处于大数据生命周期中的第一个环节，是大数据分析至关重要的一个环节，也是大数据分析的入口。

大数据采集技术通过 RFID、传感器、社交网络、移动互联网等途径获得各种类型的结构化、半结构化、非结构化的海量数据。

因此，大数据采集技术也面临着诸多挑战：一方面数据源的种类多，数据的类型繁杂，数据量大，并且产生速度快；另一方面需要保证数据采集的可靠性和高效性，同时还要尽量避免重复数据。

与传统的数据采集技术相比，大数据采集技术有两个特点，具体如下。

- 大数据采集通常采用分布式架构：大数据采集的数据流量大，数据集记录条数多，传统的单机采集方式在性能和存储空间上都无法满足需求。
- 多种采集技术混合使用：大数据不像普通数据采集那样单一，往往是多种数据源同时采集，而不同的数据源对应的采集技术通常不一样，很难有一种平台或技术能够统一所有的数据源，因此进行大数据采集时，往往是多种技术混合使用的，要求更高。

大数据采集从数据源上可以分为如下 4 类。

（1）网络数据采集

通过网络爬虫或者网站公开应用程序接口（Application Program Interface，API）等方式从网站上获取数据。网络爬虫会从一个或若干初始网页的统一资源定位符（Uniform Resource Locator，URL）开始，获得各个网页上的内容，并且在抓取网页数据的过程中，不断从当前页面上抽取新的 URL 放入队列，直到满足设置的停止条件为止。这样可将非结构化数据、半结构化数据从网页中提取出来，并以结构化的方式存储在本地的存储系统中。

（2）系统日志采集

系统日志采集主要收集公司业务平台日常产生的大量日志数据，供离线和在线的大数据分析系统使用。高可用性、高可靠性、可扩展性是日志收集系统具有的基本特征。系统日志采集工具均采用分布式架构，能够满足每秒数百 MB 的日志数据采集和传输需求。

（3）数据源数据同步

大数据相关单位会使用传统的关系型数据库（如 MySQL 和 Oracle 等）来存储数据。随着大数据时代的到来，Redis、MongoDB 和 HBase 等 NoSQL 数据库也常被用于数据的采集。通过在采集端部署大量数据库，并在这些数据库之间进行负载均衡和分片，完成大数据采集工作。根据同步方式不同，可以分为直接数据源同步、生成数据文件同步和数据库日志同步等。

（4）传感器推送

有很多终端可以收集数据。感知设备数据采集是指通过传感器、摄像头和其他智能终端自动采集信号、图片或录像来获取数据。大数据智能感知系统需要实现对结构化、半结构化、非结构化的海量数据的智能化识别、定位、跟踪、接入、传输、信号转换、监控、初步处理和管理等。其关键技术包括针对大数据源的智能识别、感知、适配、传输、接入等。

比如华为手环，可以将用户每天跑步的数据、心跳的数据、睡眠的数据都上传到数据中心。

数据的采集工具可以实现数据采集和传输。主流采集工具包括 Flume、Datax、Sqoop、Kafka、Camel 等，这些工具的专业性都较强，本书不展开论述。

7.4.2　数据存储

数据中心一般对数据进行集中存储，包括基础设施硬件部分、数据池、数据湖、数据中台等部分。数据中心类似于电厂，它是大数据工程的底座，是数字经济的动力引擎，也是国家和社会发展的支撑底座，数据的状态决定了上层应用。

（1）基础设施硬件部分

基础设置硬件部分包括主设备和配套设备两部分。其中主设备是真正实现计算和通信功能的设备，也就是以服务器、存储为代表的 IT 算力设备，以及以交换机、路由器、防火墙为代表的通信设备。配套设备是为了保证主设备正常运转而存在的底层基础支撑设备，如供电设备、制冷散热设备等。

服务器的架构包括 x86、Arm 和 MIPS 等。x86 是当前服务器的主流 CPU 架构，几乎占据目前服务器市场的全部份额，代表厂商是 Intel 和 AMD。Arm 架构 CPU 的国外厂商主要有高通、Cavium 和 Amazon 等。国产自主可控服务器主要基于 Arm 架构，主要包括华为的鲲鹏系列和中国电子的飞腾系列，海光、兆芯和申威等也参与 x86 架构 CPU 的国产化替代，目前主要定位是政务市场。MIPS 架构服务器有代表性的是中国科学院计算技术研究所的龙芯，它是北斗卫星的核心。

交换机是数据中心最底层的网络交换设备，负责连接本机架内部的服务器，并与上层交换机相连。数据中心使用的交换机一般分为接入交换机和核心交换机，其中普通交换机端口数量一般为 24～48 个，网口大部分为千兆以太网口或百兆以太网口，主要功能是接入用户数据或汇聚一些接入层的交换机数据。核心交换机端口数量较多，通常采用模块化设置，可以自由搭配光口和千兆以太网口。

通常将网络中直接面向用户连接或访问网络的部分称为接入层，将位于接入层和核心层之间的部分称为分布层或汇聚层，接入层目的是允许终端用户连接到网络，因此接入层交换机具有低成本和高端口密度特性。汇聚层交换机是多台接入层交换机的汇聚点，它必须能够处理来自接入层设备的所有通信量，并提供到核心层的上行链路，因此汇聚层交换机具备更高的性能、更少的接口和更高的交换速率。网络主干部分是核心层，核心层的主要目的是通过高速转发通信，提供优化、可靠的骨干传输结构，因此核心交换机要有更高的可靠性、性能和吞吐量。

（2）数据仓库、数据湖和湖仓一体

数据的存储目前包含两个发展趋势——数据湖和数据仓库，二者均关注数据存储和管理技术。数据仓库的概念出现的比数据库早，可以追溯到 20 世纪 90 年代。三者之间的关系可以从数据存储技术发展的 4 个阶段总结出来，具体如下。

一是数据库时代。数据库最早诞生于 20 世纪 60 年代，此后 30 年诞生了许多关系型数据库，如 Oracle、SQL Sever、MySQL 等。到了 20 世纪 90 年代，数据仓库诞生，此时的数据仓库概念更多的是表达如何管理企业中多个数据库实例的方法论，但受限于单机数据库的处理能力以及多机数据库（分库分表）长期以来的高昂价格，此时的数据仓库距离普通企业和用户都很遥远。

二是探索期。2000 年左右，随着互联网的普遍应用，数据量急剧增长，分布式存储、分布式调度以及分布式计算模型在这一时期被提出。

三是发展期。21世纪20年代，随着越来越多的资源投入大数据计算领域，大数据技术进入蓬勃发展阶段，整体开始从能用转向好用。以开源Hadoop体系为代表的开放式HDFS存储、开放的文件格式、开放的元数据服务以及多种引擎（Hive、Presto、Spark、Flink等）协同工作的模式，形成了数据湖的雏形。

四是普及期。当前，大数据技术已经渗透到各行各业，大数据的普及期已经到来。市场对大数据产品的要求，除了规模、性能、简单易用，还有成本、安全、稳定性等更加全面的企业级生产的要求。大众对开源大数据技术的认知达到空前的水平。

真正将数据湖概念推而广之的是AWS，国内的阿里云、华为云也提供了类似的产品。数据仓库类产品核心能力持续增强，数据管理能力不断提升，形成了当前的数据湖模式。

数据仓库和数据湖是大数据架构的两种设计取向。两者在设计上的根本区别是对存储系统访问、权限管理、建模要求等方面的把控。数据湖通过开放底层文件存储实现最大的灵活性。进入数据湖的数据可以是结构化的，也可以是半结构化的，甚至可以是完全非结构化的原始日志。而数据仓库更加关注的是数据使用效率、大规模的数据管理、安全/合规等企业级成长性需求，数据经过统一但开放的服务接口进入数据仓库。也就是说，数据湖注重数据的灵活性，数据仓库更注重数据的成长性。

湖仓一体是下一代大数据技术的演进方向，即打通数据仓库和数据湖两套体系，让数据和计算在湖和仓之间自由流动，从而构建一个完整有机的大数据技术生态体系，数据仓库能够灵活访问数据湖，同时数据湖能够灵活访问数据仓库。目前主流的云（如亚马逊、阿里、华为等）支持数仓一体技术。

（3）数据中台

数据中台的作用是聚合和治理跨域数据，将数据抽象封装成服务，提供给前台。

数据湖、数据仓库、数据中台较难区分清楚，数据湖、数据仓库更多的是面向不同对象的不同形态的数据资产；而数据中台更多强调的是服务于前台，实现逻辑、标签、算法、模型的复用沉淀。也可以说，数据湖更加面向数据，数据中台更加面向应用。

数据湖作为一个集中的存储库，可以在其中存储任何形式（结构化和非结构化）、任意规模的数据。在数据湖中，可以不对存储的数据进行结构化，只在使用数据的时候，利用数据湖强大的大数据查询、处理、分析等组件对数据进行处理和应用。因此，数据湖具备运行不同类型数据分析的能力。数据中台从技术的层面承接了数据湖的技术，通过数据技术，对海量、多源、多样的数据进行采集、处理、存储、计算，同时统一标准和口径，把数据统一之后，以标准形式存储，形成大数据资产层，以满足前台数据分析和应用的需求。数据中台更强调应用，离业务更近，强调服务于前台的能力，实现逻辑、算法、标签、模型、数据资产的沉淀和复用，能更快速地响应业务和应用开发的需求，可追溯，更精准。

数据中台像一个"数据工厂"，涵盖了数据湖、数据仓库等存储组件。随着数据中台不断发展，数据湖和数据仓库的概念未来很有可能会被弱化。

7.4.3　数据清洗

数据清洗是重新检查和验证数据的过程，旨在删除重复信息，纠正现有错误并提供数据一致性。数据清洗的任务是过滤那些不符合要求的数据，将过滤的结果交给业务部门，由业务部门确认删除数据还是修正之后再进行抽取。不符合要求的数据主要分为不完整的数据、错误的数据、重复的数据三大类。

数据清洗的方法一般包括数据完整性检查、数据唯一性检查、数据合法性检查、数据一致性检查和数据压缩等。

（1）数据完整性检查

数据完整性问题的解决方法是将数据补全。常见的方式有：根据前后文信息补全，例如使用身份证信息补全人员的年龄、性别等信息；采用均值、常数、随机数补齐等；也可以使用统计值代替缺失值。具体使用什么算法进行数据补全，取决于数据的特性。如性别信息缺失，补齐时可以考虑男女平均分配的方案。

（2）数据唯一性检查

通过比对方式删除重复数据。

（3）数据合法性检查

对于规则数据，应判断数据的合法性。如性别字段是否为男和女，出生日期是否为固定格式等。此外还应该检查数据的离群性，由于数据的分布不同，判断离群值的方法也有所不同，在此只介绍国标 GB/T 4883–2008《统计检验方法　正态分布的观测值离群值的判断与处理》中对正态分布情况下离群值的判断方法。

对于离群值，国标有一些概念定义，具体如下。

- 检出水平：指为检验出离群值而指定的统计检验的显著性水平，与大多数检验一样，阈值一般为 0.05。
- 剔除水平：指在进行正态分布的离群值判断时，根据数据分析的要求和分析目的，决定剔除超出正态分布水平的观测值的比例。剔除水平不应超过检出水平，通常为 0.01。剔除水平用于判断某离群值是否需要实际剔除。
- 统计离群值：在剔除水平下统计检验为显著的离群值。
- 歧离值：在检出水平下显著，而在剔除水平下不显著的离群值。

常见的正态分布情况下的离群值判断方法如图 7-1 所示。

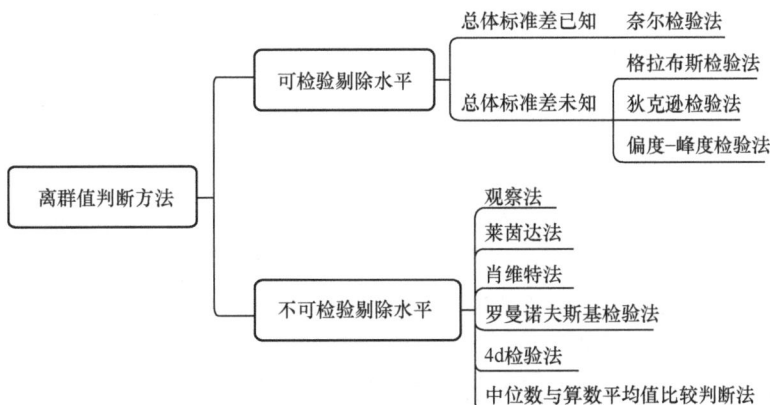

图 7-1　常见的正态分布情况下的离群值判断方法

（4）数据一致性

数据一致性通常指关联数据之间的逻辑关系是否正确和完整，而数据存储的一致性模型则可以认为是存储系统和数据使用者之间的一种约定，如果使用者遵循这种约定，则可以得到系统承诺的访问结果。一般来说，数据一致性可以分成 3 类：时间点一致性、事务一致性、应用一致性。

时间点一致性：也称为副本一致性，如果所有相关的数据副本在任意时刻都是一致的，那么可以称作时间点一致性。

事务一致性：指在一个事务执行前和执行后数据库都必须处于一致性状态。如果事务成功完成，那么系统中所有变化将正确地应用，系统处于有效状态；如果在事务中出现错误，那么系统中的所有变化将自动回滚，系统返回到原始状态。

应用一致性：事务一致性常用于单一数据源或狭义上的数据库；广义上的数据包括多个异构的数据源，比如数据源有多个数据库、消息队列、文件系统、缓存等，那么就需要应用一致性，它也被称作分布式事务一致性。

（5）数据压缩

数据压缩是指在保持原有数据集的完整性和准确性且不丢失有用信息的前提下，按照一定的算法和方式对数据进行重新组织的技术方法。对大规模的数据进行复杂的分析与计算通常耗费大量时间，因此在这之前需要进行数据的约减和压缩，缩小数据规模，而且还可能面临交互式的数据挖掘，根据数据挖掘前后对比，对数据进行信息反馈。在精简数据集上进行数据挖掘显然效率更高，并且挖掘出来的结果与使用原有数据集获得的结果基本相同。数据压缩的意义不仅体现在数据计算过程中，还有利于减少占用空间，提高其传输、存储和处理效率，减少数据的冗余，这对于底层大数据平台具有非常重要的意义。

数据压缩有多种方式可供选择，具体如下。

- 数据聚合：将数据聚合后使用，如果汇总全部数据，那么基于更粗粒度的数据进行聚合更加便利。
- 维度约减：通过相关分析手动消除多余属性，使参与计算的维度（字段）减少；也可以使用主成分分析、因子分析等进行维度聚合，得到的同样是更少的参与计算的数据维度。
- 数据块消减：利用聚类或参数模型替代原有数据，这种方式常见于多个模型综合进行机器学习和数据挖掘的场景。
- 数据压缩：数据压缩包括无损压缩和有损压缩两种类型。数据压缩常用于磁盘文件、视频、音频、图像等。

7.4.4　数据分析

数据分析指用适当的统计分析方法对收集来的大量数据进行分析，将它们加以汇总和理解并消化，以求最大化地开发数据的功能，发挥数据的作用。数据分析是一个从数据中通过分析手段发现业务价值并实现价值的过程。数据分析的方法有很多，其目的是将无序、散乱的信息进行聚焦、归纳、分类。

比如盛传的沃尔玛超市的啤酒和尿布的故事，就是通过对人们的购买数据进行分析，发现了男人一般买尿布的时候，会同时购买啤酒的规律。

这样就发现了啤酒和尿布之间的相互关系，即获得了知识，然后将其应用到实践中，将啤酒和尿布的柜台安排得很近。

根据信息存储格式，用于数据分析的对象有关系数据库、面向对象数据库、数据仓库、文本数据源、多媒体数据库、空间数据库、时态数据库、异质数据库等。

数据分析的方法一般包括以下 6 种。

（1）神经网络方法

神经网络具有良好的鲁棒性、自组织自适应性、并行处理、分布存储和高度容错等特性，非常适合解决数据挖掘问题，因此近年来越来越受到人们的关注。

（2）遗传算法

遗传算法是一种基于生物自然选择与遗传机理的随机搜索算法，是一种仿生全局优化方法。遗传算法具有的隐含并行性、易于与其他模型结合等性质使它在数据挖掘中有一定的应用。

（3）决策树方法

决策树是一种常用于模型预测的算法，它将大量数据有目的地分类，从中找到一些有价值的潜在信息。它的主要优点是描述简单、分类速度快，特别适合大规模的数据处理。

粗集理论是一种研究不精确、不确定知识的数学工具。粗集方法有几个优点：不需要给出额外信息；简化输入信息的表达空间；算法简单，易于操作。粗集处理的对象是类似二维关系表的信息表。

（4）覆盖正例排斥反例方法

它利用覆盖所有正例、排斥所有反例的思想来寻找规则。首先在正例集合中任选一个种子，到反例集合中进行逐个比较。与字段取值构成的选择子相容则舍去，相反则保留。按此思想循环所有正例种子，将得到正例的规则（选择子的合取式）。

（5）统计分析方法

在数据库字段项之间存在两种关系——函数关系和相关关系，对它们的分析可采用统计学方法，即利用统计学原理对数据库中的信息进行分析。可进行常用统计、回归分析、相关分析、差异分析等。

（6）模糊集方法

该方法利用模糊集合理论对实际问题进行模糊评判、模糊决策、模糊模式识别和模糊聚类分析。系统的复杂性越高，模糊性越强。一般模糊集合理论是用隶属度来刻画模糊事物的亦此亦彼性的。

上述技术是比较成熟的大数据分析技术，目前，还需要改进已有数据挖掘和机器学习技术，开发数据网络挖掘、特异群组挖掘、图挖掘等新型数据挖掘技术，突破基于对象的数据连接、相似性连接等大数据融合技术，突破用户兴趣分析、网络行为分析、情感语义分析等面向领域的大数据挖掘技术，主要包括以下 5 种。

（1）可视化分析

不论是分析专家，还是普通用户，在分析大数据时，最基本的要求就是对数据进行可视化分析。经过可视化分析后，大数据的特点可以直观地呈现出来，单一的表格可变为丰富多彩的图形模式，简单明了、清晰直观，更易于读者接受。

（2）数据挖掘算法

数据挖掘算法旨在从大量数据中提取潜在的、先前未知的知识和规律，以便支持决策制定、风险分析、客户关系管理、市场营销等应用领域。为了创建该模型，算法首先分析用户提供的数据，针对特定类型的模式和趋势进行查找，并使用分析结果定义用于创建挖掘模型的最佳参数，将这些参数应用于整个数据集，以便提取可行模式和详细统计信息。大数据分析的理论核心是数据挖掘算法，数据挖掘算法多种多样，不同的算法基于不同的数据类型和格式会呈现出数据具备的不同特点。各类统计方法都能深入数据内部，挖掘出数据的价值。为特定的分析任务选择最佳算法极具挑战性，使用不同的算法执行同样的任务，会生成不同的结果，而某些算法还会对同一个问题生成多种类型的结果。

（3）预测性分析

大数据分析重要的应用领域之一就是预测性分析。预测性分析结合了多种高级分析功能，包括特别统计分析、预测建模、数据挖掘、文本分析、实体分析、优化、实时评分、机器学习等。从纷繁的数据中挖掘出其特点，可以帮助我们了解目前状况并确定下一步的行动方案，从依靠猜测进行决策转变为依靠预测进行决策。它可帮助分析用户的结构化和非结构化数据中的趋势、模式和关系，运用这些指标预测将来可能发生的事件，并做出相应的措施。

（4）语义引擎

非结构化数据的多元化给数据分析带来新的挑战，需要一套工具系统地分析、提炼数据。语义引擎是语义技术最直接的应用，可以将人们从烦琐的搜索条目中解放出来，让用户更快、更准确、更全面地获得所需信息。

（5）数据质量和数据管理

大数据分析离不开数据质量和数据管理，高质量的数据和有效的数据管理无论是在学术研究还是在商业应用领域都极其重要，各个领域都需要保证分析结果的真实性和价值性。有些中小企业无法快速地获取所需数据进行分析，需要到第三方的数据平台上进行大数据分析。

7.4.5 数据可视化

数据可视化是关于数据视觉表现形式的科学技术研究。其中，数据视觉表现形式被定义为一种以某种概要形式提取出来的信息，包括相应信息单位的各种属性和变量。

数据可视化是一个处于不断演变之中的概念，其边界在不断扩大。它主要指的是技术上比较高级的技术方法，这些技术方法允许利用图形、图像处理、计算机视觉及用户界面，通过表达、建模及对立体、表面、属性和动画进行显示，对数据加以可视化解释。与立体建模等特殊技术方法相比，数据可视化涵盖的技术方法要广泛得多。

数据可视化旨在借助图形化手段，清晰有效地传达与沟通信息。但是，这并不意味着数据可视化就一定会因为要实现其功能用途而令人感到枯燥乏味，或者是为了看上去绚丽多彩而显得极端复杂。为了有效地传达思想观念，美学形式与功能需要齐头并进，通过直观地传达关键点与特征，实现对相当稀疏而又复杂的数据集的深入洞察。然而，设计人员往往并不能很好地把握设计与功能之间的平衡，从而创造出华而不实的数据可视化形式，无法达到主要目的，也就是传达信息与沟通。

常用的数据图表包括饼图、柱形图、条形图、折线图、散点图、雷达图等，当然可以对这些图表进一步整理加工，使之变为我们所需要的图形，例如金字塔图、矩阵图、瀑布图、漏斗图、帕雷托图等。

多数情况下，人们更愿意接受图形这种数据展现方式，因为它能更加有效、直观地传递出分析师所要表达的观点。一般情况下，能用图说明问题的，就不用表格；能用表格说明问题的，就不用文字。

7.5　大数据典型应用

7.5.1　工业应用

每个行业都有其特定的业务逻辑和核心痛点，这些往往不是大数据的通用技术能够解决的。因此，在市场竞争空前激烈的今天，大数据技术在具体行业的场景化应用乃至整体改造，蕴藏着巨大的商业机会。然而受制于企业主的传统思维、行业壁垒、安全顾虑和改造成本等因素，大数据在非互联网行业的应用仍处于初期，未来将加速拓展。

（1）智慧城市

智慧城市运用信息和通信技术手段感测、分析、整合城市运行核心系统的各项关键信息，从而对包括民生、环保、公共安全、城市服务、工商业活动在内的各种需求做出智能响应。新华三、华为、中兴、软通动力、大汉科技等公司具备强大的软硬件整合能力、丰富的市政合作经验和资源积累，是该领域的典型服务商。

（2）智能移动和交通

城市过度拥挤，智慧交通将在缓解未来智慧城市的拥堵方面发挥关键作用。智慧交通大数据技术将大量摄像头、传感器、GPS 等设备采集来的海量图像信息、车辆行驶信息、道路信息、GIS 信息、气象环境信息等进行综合处理和挖掘，分析并预测交通流量、出行规律等数据，并通过可视化的手段进行展示，提高交通主管部门的管理效率和突发事件响应速度，缓解城市拥堵程度，减少事故发生。将行车方向、车辆数量、交通拥挤情况、停车场空位信息、出行方案等及时提供给市民，可有效提升市民出行效率，迅速缓解"行车难、停车难"的城市通病。

（3）智慧能源

如今，大数据技术与智慧能源相结合的大数据智慧能源管理系统为社会发展提供了新的模式。大数据智慧能源管理系统的调配可以在智慧能源分配过程中降低消耗成本，突破了以前采用传统的方式对单一能量的控制，实现了各种能源之间的优化生产，从而提高生产效率。

以大数据为核心的智慧能源管理系统能够更好地掌握用户的需求，根据用户的需求，对能源进行分配及整合调控，实现各个用户之间的优势互补，通过客户的反馈智能化地调控能源的分配机制，适应市场的发展。

（4）智慧政务

智慧政务平台可提供对政务信息、互联网信息、民众舆情等综合信息的筛选、挖掘能力，将科学分析和预测结果进行快速、直观的展示，提高政府决策的科学性和精准性，提高政府在社会管理、宏观调控、社会服务等方面的预测/预警能力、响应能力及服务水平，降低决策成本。将大数据技术应用于电子政务，可逐步建成立体化、多层次、全方位的电子政务公共服务平台和数据交换中心，推进信息公开，促进网上办事一站式、全天候、部门协同办理、统一查询等服务功能，降低企业和公众办事成本。

（5）信息安全和公共安全

在信息安全方面，智慧城市里的政务信息、城市运营数据、企业数据、客户资料均属于宝贵的数据财富，需要加以保护。另外，用户信息的意外泄露也是导致安全隐患的重要因素。

大数据贯穿了智慧城市不同层面，其安全需要从技术、管理和法律等方面入手。

在公共安全方面，公共安全大数据不仅来自遍布城区的摄像头和监控设备，还来自对网络、短信等多媒体全方位的舆情监控。通过对海量数据的分析和挖掘，可及时发现安全隐患、人为事件或自然灾害，助力提供跨部门、跨区域、高效率的综合应急处理能力、安全防范能力、打击违法犯罪能力等。

7.5.2 军事应用

美国政府和军方敏锐地洞察到大数据技术的重要性，在大数据领域率先发力并抢占先机。2012年3月，美国政府发布全球首个国家层面的大数据战略——《大数据研究与发展计划倡议》，宣布实施2亿美元的投资计划，推动数据提取、存储、分析、发现等领域的技术创新与工具开发。自2012年以来，美国国防部、国防高级研究计划局（Defense Advanced Research Projects Agency，DARPA）、有关业务局和各军种研究机构发布的关于大数据研究与应用的项目，从互联网上可以查到的就超过50项，其中投入较大的、持续时间较长的项目超过20项。这些项目的研发与运用有力提升了美军的大数据综合处理能力，加速了"从数据到决策"的进程。

（1）美军主要大数据研发规划

2012年开始，美国国防部及DARPA部署以X数据（XDATA）和洞察系统（Insight）为代表的一系列大数据研发项目，涉及大数据分析挖掘、规则发现、深度学习、数据驱动模型计算、管理与处理和可视化方面的前沿技术。这些大数据研发项目包括：多尺度异常检测（Anomaly Detection at Multiple Scales）、网络内部威胁（Cyber-Insider Threat）、洞察力（Insight）、机器读取（Machine Reading）、心灵之眼（Mind's Eye）、面向任务的弹性云（Mission-Oriented Resilient Clouds）、加密数据的编程运算（Computation on Programming Encrypted Data）、影像检索与分析（Video and Image Retrieval and Analysis Tool）、X-数据（XDATA）、数据到决策（Data to Decisions）10个项目。

2015年DARPA发布新型混合计算的概念；2016年5月正式宣布高效仿真加速计算架构ACCESS（Accelerated Computation for Efficient Scientific Simulation）计划，旨在开发独立仿真处理系统，通过大数据混合仿真计算，快速预测和发现体系演化趋势。

2016年DARPA发布数据驱动模型发现研发（Data Driven Discovery of Model，D3M）计划，目的是让机器学习通过数据驱动进行建模。此类新模型通过构建可选基元库技术、开发复杂模型自动整合技术、创新人机混合交互技术和领域专家知识融合技术，研发数据模型变换多种变量、建模特征抽取、数据态势预测性工具，实现大数据驱动的重要线索发现或演化规律预测。

（2）大数据基础技术开发

美国国防部在国家大数据研发框架内，部署了以XDATA为核心的多项大数据研发项目，形成了比较完整的大数据研发布局。DARPA支持的XDATA项目旨在开发用于分析大量半结构化和非结构化数据的计算技术软件工具，以便对国防应用中的大量数据进行可视化处理。该项目是美国政府大数据研发计划的重要组成，是美军推进大数据研发计划的核心项目。基础技术中涉及的机器学习、数据挖掘、并行计算和可视化方面的前沿课题虽不成熟，但美军持续资助研发，以确保维持大数据技术领先优势。

数据可视化技术。数据可视化公司Kitware与哈佛大学、犹他大学、斯坦福大学等机构的研究小组合作开发名为 VDE（Visualization Design Environment）的开源数据集成、查询和可视化工具包，在 XDATA@Kitware 网站上公布了 VDE 在文档实体关系识别、SSCI 预测数据库、Flickr 元数据图等数据集上的可视化分析效果。

基于分布式架构的机器学习、数据分析算法。佐治亚理工学院在 XDATA 项目的支持下承担的任务主要是研究在大规模数据集上具有可扩展性的机器学习算法，包括基于分布式计算架构的快速数据分析方法。

开源计算工具。Continuum Analytics 公司基于其在 Python 科学计算工具上的长期积累，进一步开发了新型计算技术和开源软件工具。

（3）大数据平台开发

美国海军开发大数据云生态系统（Big Data Eco System）。为解决舰载传感器、飞机和其他平台产生的大量数据难以有效利用的问题，美国海军研究办公室欲采用突破性的分析工具建立海军大数据生态系统。自 2013 年以来，美国海军组织开发了名为"海军战术云参考实施"（NTCRI）的大数据云生态系统平台，由数据分析组件和可视化界面提供相关作战环境和情况的所有数据实时视图。平台融合了大数据、云计算和其他交叉学科技术，并实现了多种分布式文件系统（Hadoop）和作战系统，包括通用数据基础表征、分布式数据存储与索引、数据作战分析、系统抗毁性防御组件等功能。

DISA 开发支持赛博态势感知分析能力的大数据平台（BDP）。2016 年 5 月，DISA 发布了《大数据平台和赛博态势感知分析能力》报告，提供一整套基于云的解决方案，用于收集国防部信息网（DoDIN）上的海量数据，同时提供分析与可视化处理工具以理解数据。BDP 是 DISA 开发的分布式计算环境，用于支持数拍字节数据的摄取、关联和可视化，而赛博态势感知分析能力（CSAAC）是部署在 BDP 上的一组分析工具、摄取码和数据结构，提供整个 DoDIN 运行和防御性赛博空间运行的统一态势感知。

（4）数据处理能力提升

2017 年 4 月，美国国防部时任副部长罗伯特·沃克签发批准启动"专家计划"（算法战跨部门小组），目的在于加速五角大楼对人工智能与机器学习技术的集成，将国防部内的海量可用数据快速转变为可用于指导美军行动的情报。2017 年 12 月，"专家计划"在美军非洲司令部试用。"专家计划"部署在海外战区的情报人员负责从美国部署在中东和非洲基地的"扫描鹰"无人机或 MQ-9"死神"无人机传回的大量 ISR（情报、监视与侦察）数据中"掘金"。

（5）大数据应用

情报领域。DARPA 的 Insight 项目旨在开发集情报、监视和侦察于一体的系统，使分析人员把互不相干的"烟囱式"信息源整合成一个统一的战场图。Insight 项目由 BAE 系统公司设计，目前已开发出联合数据管理和处理环境，将新型情报传感器数据和软件算法综合起来，以提高数据采集和资源管理系统（E&RM）系统的适用性，扩展任务空间；探测识别敌方网络，汇集军事情报资料库、人员报告及海陆空天传感器等来源的信息。目前该项目已供美国陆军和空军使用。

指控领域。大数据在作战指挥控制领域的广泛运用，开启了"从数据到决策"的指挥新模式。从美军 C4ISR 系统的"获取–传输–处理–分发"全信息流程，到大数据系统的"采集–传输–分析–运用"全数据流程，美军利用全数据流程的应用使情报分析处理时间从 63 天减少到近 20 小时，从情报处理捕获、辅助支持决策、动态协调控制等方面，实现了作战流程与数据流程的同频共振，加快战场信息流转，从而优化了情报-决策-控制（OODA）的作战指挥周期，提升了美军快速反应、快速指挥的能力，实现了"发现即摧毁"的作战目标。美国国防部大数据应用重点项目——"从数据到决策"项目旨在通过构建快速准确分析数据的算法模型，将海量数据进行实时、自主的关联和整合、认知，挖掘出有关目标威胁、航迹跟踪、火力打击等的重要情报信息，并提供面向任务可理解的决策，使军队中的情报分析人员和指挥官能够以极快的速度理解和掌握战场态势。

后勤领域。大数据技术在后勤领域的应用有助于提高后勤保障效率，降低费用。美国国防后勤局正在推行大数据战略，利用相关技术构建本局范围内的权威机构数据源，形成灵活、自助式的报告和分析能力。美国国防后勤局通过推行大数据战略，期望大幅提高数据实时融合效率，让后勤分析师在更短的时间内通过各种渠道收集数据，再对汇总的数据进行分析，最后确定有效的后勤保障方案。为帮助美军解决后勤行动中出现的难题，美国许多公司推出了各种大数据技术解决方案。如天睿公司为军方提供了名为"联合数据架构"系统的综合性大数据技术解决方案，该系统具有预测性分析功能，可预判武器装备中哪些零部件何时出故障，在零部件出故障前向维修技师预警，告知技师将其拆除，而且拆下的位置非常方便技师修理和更换零部件，这样就能确保库存零部件得到最合理的使用。

赛博空间。美军最重要的赛博空间项目之一——X 计划亦称"基础赛博战"，旨在对网电作战的本质特性进行创新研究，支持主导网电战场空间所需的基础性战略的发展。X 计划将创建一个确保军方能够在实时、大规模和动态网络环境中理解、规划、管理网电作战的端对端系统。X 计划开展系统结构、网电战场空间分析、任务构建、任务执行、直观界面 5 个技术领域的研究，以构建实时创建、模拟、评估和控制网电战场空间的原型系统。2016 年 6 月，X 计划参与年度"赛博卫士"与"赛博旗帜"联合演习，意味着美军已拉开赛博空间可视化作战序幕，能够从技术上完成对战场赛博空间的基础建构。X 计划是大数据技术在赛博空间的典型应用，大数据技术为集中管理海量信息资源提供高效的分析、融合方法和手段。如果没有大数据技术的支撑，要实时测量和可视化总结数据量巨大、结构复杂的赛博空间是不可能完成的任务。

7.6　本章小结

随着我国经济发展和综合国力的不断提升，大数据技术正被广泛应用于社会各个领域，极大促进各个产业的发展，取得了显著的经济效益。大数据具有海量性、高速性、多样性、精确性 4 个方面的主要特点。随着我军信息化建设的不断推进，大数据技术将会被应用于推动军事创新、制定军事战略规划、进行现代化作战研究、提高信息化作战能力等诸多方面。鉴于其目前积极的应用效果及巨大的发展前景，大数据技术一定会在实现我国强军之路上发挥越来越重要的作用。

7.7　思考题

当前大数据面临的数据泄漏问题，哪一些在未来可能成为隐患？有没有可能防范？

第8章

云计算

云计算也被称为网格计算，通过这项技术，人们可以在很短的时间内完成对数以万计的数据的处理，从而实现强大的网络服务。如今，随着云计算技术的不断成熟，其在军事领域也有一定的应用。

8.1 定义

8.1.1 云计算的定义

云计算是分布式计算技术的一种，它的原理是通过网络"云"，将运行的巨大的数据计算处理程序分解成无数个小程序，交由计算资源共享池进行搜寻、计算及分析后，将处理结果回传给用户。

云连接着网络的另一端，为用户提供了可以按需获取的弹性资源和架构。用户按需付费，从云上获得需要的计算资源，包括存储、数据库、服务器、应用软件及网络等，大大降低了使用成本。

本地计算和云计算有明显的区别。本地计算是为一个客户单独构建的，因而可提供对数据、安全性和服务质量的最有效的控制。客户拥有基础设施，并可以控制在此基础设施上部署应用程序的方式。本地计算可部署在企业数据中心的防火墙内，也可以将它们部署在一个安全的主机托管场所，它的核心属性是专有资源。而云计算是一种计算资源交付模型，其中集成了各种服务器、应用程序、数据和其他资源，并通过网络以服务的形式提供这些资源（通常对资源进行了虚拟化）。

简而言之，云计算就是计算服务的提供（包括服务器、存储、数据库、网络、软件、分析和智能），通过云提供弹性资源。用户对云服务按需支付使用，降低运营成本，使基础设施更有效地运行，并能根据业务需求的变化调整对服务的使用。

一台计算机、局域网、机房等都可以被看作本地计算资源，将这些资源集中起来放在网络，充分利用集群计算、云计算等技术，可以更好地优化资源的利用和管理，提高系统的可扩展性、可靠性、安全性，这可以理解为简单的云计算。但是，云计算的具体实现方式就非常复杂了。

举个例子，如果只是在公司小机房摆了一个服务器，开个文件传输协议（File Transfer Protocol，FTP）下载服务，用于几个同事之间的电影分享，这是很简单的，这种方式只能算是本地部署。

"双 11"期间，全球几十亿用户访问淘宝网站，单日几十 PB 的访问量，每秒几百 GB 的流量，这就不是几根网线、几台服务器能解决的了。要设计一个超大容量、超高并发（同时访问）、超快速度、超强安全的云计算系统，才能满足业务平稳运行的要求。

8.1.2 云计算的分类

（1）按部署方式分类

从部署云计算方式的角度出发，云计算可以分为 3 类。

公有云：公有云通常指第三方提供商提供给用户使用的云，一般可通过互联网使用。阿里云、腾讯云和百度云等是公有云的应用示例，公有云中所有硬件、软件及其他基础架构均由云提供商拥有和管理。

私有云：私有云是为一个客户单独使用而构建的云，因而可实现对数据、安全性和服务质量的最有效控制。使用私有云的公司拥有基础设施，并可以决定在此基础设施上部署应用程序的方式。

混合云：混合云是公有云和私有云两种部署方式的结合。由于安全和控制的原因，企业中并非所有的信息都能放置在公有云上。因此，大部分已经应用云计算的企业会使用混合云模式。

（2）按服务模式分类

从提供服务类型的角度出发，云计算可分为 3 类。

基础设施即服务（Infrastructure as a Service，IaaS）：为企业提供计算资源——包括服务器、网络、存储和数据中心空间。特点：无须投资自己的硬件，对基础架构进行按需扩展以支持动态工作负载，可根据需要提供灵活、创新的服务。

平台即服务（Platform as a Service，PaaS）：为基于云的环境提供了支持构建和交付基于 Web 的（云）应用程序的整个生命周期所需的一切。特点：开发应用程序使其更快地进入市场，在几分钟内将新 Web 应用程序部署到云中，通过中间件即服务降低复杂性。

软件即服务（Software as a Service，SaaS）：在云端的远程计算机上运行，这些计算机由其他人拥有和使用，并通过网络和 Web 浏览器连接到用户的计算机上。特点：可以方便快捷地使用创新的商业应用程序，可从任何连接其中的计算机上访问应用程序和数据，即使计算机损坏，数据也不会丢失，因为数据存储在云中。

云计算的 3 种模式如图 8-1 所示。

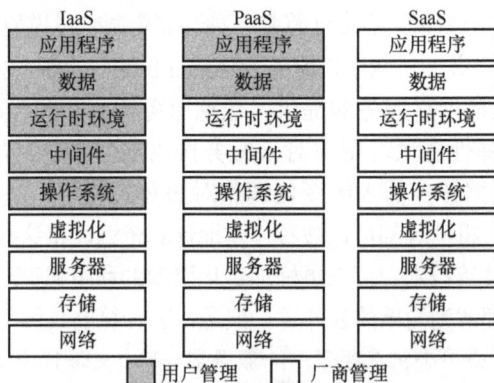

图 8-1　云计算的 3 种模式

8.2　云计算的原理

云计算把一个个服务器和计算机连接起来构成一个庞大的资源池，以获得超级计算机的性能，同时保证了较低的成本。云计算的出现使高性能并行计算走近了普通用户，让计算资源像用水和用电一样方便，从而大大提高了计算资源的利用率和用户的工作效率。

云计算模式可以简单理解为：不论是服务的类型，还是执行服务的信息架构，依托互联网向用户提供应用服务，使用户不需要了解服务器在哪里、内部如何运作，通过浏览器即可使用。

8.2.1　资源管理

云计算最初的目标是对资源进行管理，管理对象主要是计算资源、网络资源、存储资源3 个方面。管理的目标就是要实现时间灵活性和空间灵活性。

比如有用户需要一台很小的计算机，只有一个 CPU、1GB 内存、10GB 的硬盘、1MB 的带宽即可。这么小规格的计算机，现在 PC 恐怕很难满足用户需求。然而在一个云计算平台上，用户只需要按需申请就可以。

- 时间灵活性：根据需要的时间节点申请，使用时间灵活。
- 空间灵活性：根据需要的资源数量申请，资源空间灵活。

空间灵活性和时间灵活性即我们常说的云计算的弹性。而解决这个弹性的问题，经历了漫长时间的发展。

8.2.2　虚拟化和调度

（1）虚拟化

虚拟化软件解决了灵活性问题。

要对物理资源进行管理，第一步就是"虚拟化"。时间灵活性和空间灵活性离不开虚拟化。虚拟化是云计算的基础。简单来说，虚拟化就是在一台物理服务器上，运行多台"虚拟服务器"。这种虚拟服务器，也叫虚拟机（Virtual Machine，VM）。

从表面来看，这些虚拟机都是独立的服务器，但实际上，它们共享物理服务器的 CPU、内存、硬件、网卡等资源。

对于时间灵活性，虽然虚拟出一台计算机的时间很短，但是随着集群规模的扩大，人工配置的过程越来越复杂，越来越耗时。

对于空间灵活性，当用户数量多时，集群规模远达不到想要多少就要多少的程度，很可能这些资源很快就用完了，还要再去采购。

因此集群规模越来越大，基本是千台起步，动辄上万台，甚至上百万台。BAT、网易、谷歌、亚马逊的服务器数量巨大。庞大的资源群依赖人工配置十分困难，需要依赖算法进行配置。解决这个问题的方法称为调度（Scheduler）。

（2）调度

调度能够解决资源的空间灵活性和时间灵活性问题。

云计算中的调度一般分为两个部分：①资源调度，指对物理资源进行合理有效的管理和使用等；②任务调度，即将任务合理分配到合适的计算资源执行。

简单来讲，一次正常的用户服务流程为：用户提交任务到云端，任务调度器将任务分配到合适的计算资源上执行，任务完成后再将结果反馈给用户。其中，任务分配这一环尤其重要，一个合理高效的调度策略能够极大地提升云计算系统的性能。

随着云用户数量的不断增加，为用户提供优质的服务势在必行。因此，任务调度非常重要，因为它专注于在特定时间将任务分配给可用资源。为了获得良好的用户服务质量，需要有高效的任务调度。云计算任务调度技术算法的主要目标是最大限度地利用资源，最大限度地缩短制造时间和降低成本，提高性能。

数据中心的物理设备都很强大，可以从物理的 CPU、内存、硬盘中虚拟出一小块来给客户使用。每个客户只能看到自己的一小块，但其实每个客户用的都是整个大设备上的一小块。虚拟化的技术使不同客户的计算机看起来是隔离的。也就是，我看着这块盘就是我的，你看着这块盘就是你的，但实际情况可能我的 10GB 和你的 10GB 是落在同样一个很大很大的存储设备上的。而且如果物理设备事先都准备好，虚拟化软件虚拟出一个计算机是非常快的，基本上几分钟就能解决。因此在任何一个云上要创建一台计算机，只需要一点，几分钟就出来了，就是这个道理。

8.2.3　容器和容器云

（1）容器

容器是应用代码打包后包含依赖和库的最小的可执行单元，通俗地说，它可以在任何地方运行。容器在计算形态上是一种轻量级的虚拟化技术，不同于传统虚拟化的内核级的 Guest OS 封装，容器服务是进程级的虚拟化形态封装，容器的启动与部署都很迅速，能够在应用层面根据资源需求快速地部署与调度，生命周期变化速度快。

简而言之，容器旨在解决不同环境的应用代码部署问题，即"容器=最精简的操作系统+执行环境+应用"。

容器也是虚拟化，但属于"轻量级"的虚拟化。它的目的和虚拟机一样，都是创造"隔离环境"。但是，它又和虚拟机有很大的不同——虚拟机是操作系统级别的资源隔离，而容器本质上是进程级的资源隔离。

虚拟机与容器的比较如图 8-2 所示。

最常见的创建容器的工具是 Docker。需要注意的是，容器不等于 Docker，Docker 是容器的一种。严格地说，容器的开放标准接口 OCI（Open Containers Initiative）出现在 Docker产品之后，是为了让后续出现的其他容器产品能够在接口和功能上做到标准统一。容器技术产品除了 Docker 之外，还包括 runc、containerd、cri-o、podman 等。

相比于传统的虚拟机，Docker 的优势很明显，它启动时间很短，仅为秒级，而且对资源的利用率很高（一台主机可以同时运行几千个 Docker 容器）。此外，它占的空间很小，虚拟机一般要几 GB 到几十 GB，而容器只需要 MB 级甚至 KB 级。

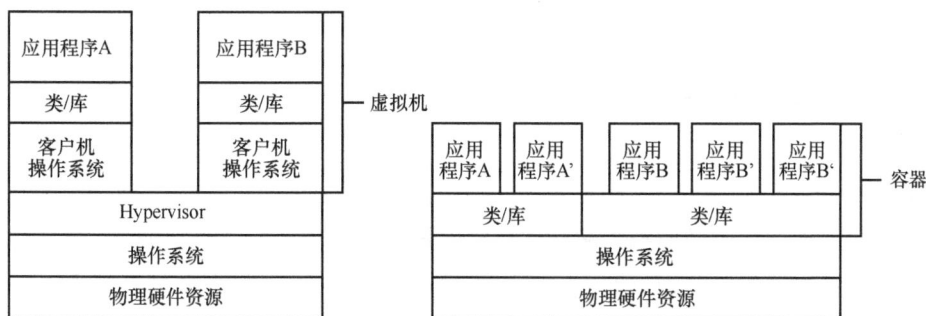

图 8-2 虚拟机与容器的比较

虚拟机与容器的对比见表 8-1。

表 8-1 虚拟机与容器的对比

特性	虚拟机	容器
隔离级别	操作系统级	进程级
隔离策略	Hypervisor	CGroups
系统资源	5%～15%	0～5%
启动时间	分钟级	秒级
镜像存储	GB～TB	KB～MB
集群规模	上百	上万
高可用策略	备份、容灾、迁移	弹性、负载、动态

（2）容器云

容器云把容器作为资源分割和调度的基本单位，封装整个软件运行时环境，为开发者和系统管理员提供用于构建、发布和运行分布式应用的平台。它更多强调以容器为基本单位这件事情本身。基于容器封装的软件运行时环境，提供平台就是容器云平台。

因此，这个平台可以是自己封装设计的基于 Docker 的平台，可以是根据 Docker 公司产品构建的 swam 平台，也可以是基于 K8S 的华为云 CCE。涵盖的范围从使用技术到公有云、私有云、混合云搭建。由于互联网公司联邦集群中容器达十几万个，如果没有一个平台对这些容器进行管理和控制，那么运维工作量就是天文数字。

在容器云技术刚出现和使用的时代，大部分的云厂商其实还没有来得及推出基于容器的云服务，市面上大部分服务以自己构建的自建容器云平台为主，对容器的管理就落到了自建平台的用户身上。Docker 公司的 swam 借着 Docker 产品的"余威"，试图统一容器管理，但随着 kubernetes 的出现，容器编排出现了事实上的标准 K8S。

K8S（Kubernetes）是除了使用 Docker 对容器进行穿件外，对容器进行编排的最重要工具。K8S 是一个容器集群管理系统，主要职责是容器编排（Container Orchestration）——启动容器，自动化部署、扩展和管理容器应用，以及回收容器。

简单来说，K8S 有点像容器的"保姆"。它负责管理容器在哪个机器上运行、监控容器是否存在问题、控制容器和外界的通信等。

Docker 和 K8S 关注的不再是基础设施和物理资源，而是应用层，因此，两者均属于 PaaS。

8.3 云计算的特点

（1）可扩展性

云计算中，物理资源或虚拟资源能够快速地水平扩展，具有强大的弹性，通过自动化供应，可以达到快速增减资源的目的。云服务客户可以通过网络，随时随地获得无限多的物理资源或虚拟资源。

使用云计算的客户不用担心资源量和容量规划，如果需要，客户可以方便快捷地获取新的、服务协议范围内的无限资源。资源的划分、供给仅受制于服务协议，不需要通过扩大存储量或者维持带宽来实现，这样就降低了获取计算资源的成本。

（2）超大规模

云计算中心具有相当大的规模，很多提供云计算的公司的服务器数量已达到了几十万、几百万的级别。而使用私有云的企业一般拥有成百上千台服务器。云能整合这些数量庞大的计算机集群，为用户提供前所未有的存储能力和计算能力。

（3）虚拟化

当用户通过各种终端提出应用服务的获取请求时，该应用服务在云的某处运行，用户不需要知道具体运行的位置以及参与的服务器数量，只需获取需要的结果就可以了。这有效减少了云服务用户和提供者之间的交互，简化了应用的使用过程，降低了用户的时间成本和使用成本。

云计算通过抽象处理过程，对用户屏蔽了处理复杂性。对用户来说，他们仅知道服务在正常工作，并不知道资源是如何使用的。资源池化将原本属于用户的维护工作移交给了提供者。

（4）按需服务

无须额外的人工交互或全硬件的投入，用户就可以随时随地获得需要的服务。用户按需获取服务，并且仅为使用的服务付费。

这种虚拟化软件调度中心可以提高效率并避免浪费。类似人们在家里吃饭，想吃各式各样的饭菜，就需要买各种餐具和食材，这样会造成餐具的空闲和饭菜的浪费。而云计算就像是吃自助餐，无须自己准备食材和餐具，需要多少取多少，想吃什么取什么。按需服务，按需收费。

云计算服务通过可计量的服务交付监控用户服务使用情况并计费。云计算给用户带来的主要价值是将用户从低效率和低资产利用率的业务模式中带离出来，进入高效模式。

（5）高可靠性

首先，云计算的海量资源可以便捷地提供冗余；其次，构建云计算的基本技术之一——虚拟化，可以将资源和硬件分离，当硬件发生故障时，可以轻易地将资源迁移、恢复。而在软硬件层面，采用数据多副本容错、计算机节点同构等方式，在设施、能源制冷和网络连接等方面采用冗余设计。同时，为了尽量消除各种突发情况（如电力故障、自然灾害等）对计算机系统造成损害，需在不同地理位置建设公有云数据中心，从而避免一些可能的单点故障。

云计算系统使用的成熟的部署、监控和安全等技术，进一步确保了服务可靠性。

（6）网络接入广泛

云计算使用者可以通过各种客户端设备，如手机、平板、笔记本等，在任何网络覆盖的地方，方便地访问云计算服务方提供的物理资源及虚拟资源。

8.4　云安全

8.4.1　定义

云安全（Cloud Security）是基于云计算商业模式应用的安全软件、硬件、用户、机构和安全云平台的总称。

"云安全"是"云计算"技术的重要分支，已经在反病毒领域中获得了广泛应用。云安全通过网状的大量客户端对网络中的软件异常行为进行监测，获取互联网中木马、恶意程序的最新信息，推送到服务端进行自动分析和处理，再把病毒和木马的解决方案分发到每个客户端。整个互联网就变成了一个超级大的杀毒软件，这就是云安全计划的宏伟目标。

8.4.2　云安全的内容

（1）用户身份安全问题

云计算通过网络提供弹性可变的 IT 服务，用户需要登录云端使用应用与服务，系统需要确保使用者身份的合法性，才能为其提供服务。如果非法用户取得了用户身份，则会危及合法用户的数据和业务。

（2）共享业务安全问题

云计算的底层架构（IaaS 和 PaaS 层）通过虚拟化技术实现资源共享调用，优点是资源利用率高，但是共享会引入新的安全问题：一方面需要保证用户资源间的隔离，另一方面需要制定面向虚拟机、虚拟交换机、虚拟存储等虚拟对象的安全保护策略，这与传统的硬件上的安全策略完全不同。

（3）用户数据安全问题

数据的安全性是用户最关注的问题。广义的数据不仅包括客户的业务数据，还包括用户的应用程序和用户的整个业务系统。数据安全问题包括数据丢失、泄露、被篡改等。传统的 IT 架构中，数据是离用户很"近"的，数据离用户越"近"则越安全。而云计算架构下数据常常存储在离用户很"远"的数据中心，需要对数据采取有效的保护措施，如多份复制、数据存储加密等，以确保数据安全。

8.4.3　云安全和传统安全的区别

一是网络边界不可见。云计算通过引入虚拟化技术，将物理资源池化，按需分配给用户，这里涉及计算虚拟化、网络虚拟化、存储虚拟化。云服务商为用户提供虚拟化实体，用户以租用的形式使用虚拟主机、网络和存储，传统的网络边界不可见。在云计算中，传统的安全问题仍然存在，如拒绝服务攻击、中间人攻击、网络嗅探、端口扫描、SQL 注入和跨站脚本攻击等。在传统信息系统中，可以在网络边界部署可实现安全的防护。但在云环境中，用户资源的部署通常是跨主机甚至是跨数据中心的，网络边界不可见，由物理主机之间的虚拟网络设备构成，传统的物理防御边界被打破，用户的安全边界模糊，因此需要针对云环境的复杂结构，进一步发展传统意义上的边界防御手段来满足云计算的安全性。

二是数据安全要求更高。云环境中的责任主体更加复杂，云服务商为租户提供云服务，不可避免地会接触到用户数据，因此云服务商内部窃密是一个很重大的安全隐患。事实上，内部窃密可分为内部工作人员无意泄露内部特权信息及有意与外部人员勾结窃取内部敏感信息两种。在云计算环境下，内部人员还包括云服务商的内部人员，也包括为云服务商提供第三方服务的厂商的内部人员，这也增加了内部威胁的复杂性。因此需要采用更严格的权限访问控制来限制不同级别内部用户的数据访问权限。

三是云环境中的责任主体更加复杂。在云环境下，数据存储在共享云基础设施之上，当用户数据的存储与数据维护工作都由云服务商来完成时，就很难分清到底是谁拥有使用这些数据的权利并对这些数据负责。需要用更明确的职责划分、更清晰的用户协议、更强的访问控制等多种手段来限制内部人员接触数据，并尽可能与用户达成共识。

云计算+云安全在很大程度上解决了企业业务上的一些困扰，保障业务的正常运行和安全。当然这世上没有什么十全十美的事情，根据云安全联盟发布的统计数据，当前状态下云安全仍然面临着以下威胁：数据泄露与丢失、账户或业务流量被劫持、不安全的接口和 API、拒绝服务（DoS）攻击、恶意的内部人员、云服务的滥用、部署云服务前没有对云计算进行足够的审查、共享技术漏洞等。

威胁总结下来主要有 3 点：如何在多用户环境中保护用户信息安全？如何保证用户的数据安全与正常访问？如何及时维护系统并及时修复漏洞？

8.5　云计算的应用

云计算是当前最火爆的三大技术领域之一，其产业规模增长迅速，应用领域也在不断扩展，从政府应用到民生应用，从金融、交通、医疗、教育领域到创新制造等，全行业延伸拓展。以下是云计算比较典型的应用场景。

（1）云存储

云存储是云计算技术的一个延伸和应用，它是一个远程平台，通过存储虚拟化、分布式文件系统、底层对象化等技术，利用应用软件将网络中的海量存储设备集合起来，协同工作，共同构成一个向外提供可扩展存储资源的系统。对于用户来说，云存储并不是一种设备，而是一种由海量服务器和存储设备提供的数据服务。

通过各种网络接口，用户可以访问云存储服务，并使用其中的存储、备份、访问、归档、检索等功能，大大方便了用户对数据资源进行管理。同时，用户仅需按其使用的存储量付费，无须进行存储设备的检测和维护。

云存储环境的可用性强、速度快、可扩展性强。云存储可以解决本地存储管理缺失的问题，降低数据丢失率，提供高效便捷的数据存储和管理服务。

（2）开发测试云

开发测试云可以解决开发中的一些问题，通过构建异构的开发测试环境，利用云计算的强大算力进行应用的压力测试，适合对开发和测试需求多的企业和机构。通过友好的网页界面，开发测试云可以解决开发测试过程中的各种难题。

（3）大规模数据处理云

大规模数据处理云通过在云计算平台上运行数据处理软件和服务，充分利用云计算的数据存储能力和处理能力，处理海量数据。它可以通过数据分析帮助企业迅速发现商机，从而针对市场做出迅捷、准确的决策。

（4）杀毒云

杀毒云是安置了强大杀毒软件的云，使用云中存储的庞大病毒特征库并利用云强大的数据处理能力，分析数据是否含有病毒。如果在数据中发现疑似病毒，就将有嫌疑的数据上传至云进行检测并处理。杀毒云可以准确、迅速地发现病毒，捍卫用户计算机的安全。

（5）军事云

美国国防部的"联合作战人员云能力"（JWCC）取代了"联合企业防御基础设施云"（JEDI）项目。JWCC 是美军构建的一个无交付期限，不限结构、数量的企业级"云"环境。为满足美军全球性联合作战的需要，"云"环境已经成为其信息化基础建设的重要内容。在未来战场上，"云"环境及其提供的各种"云"服务将是美军在指挥、控制、情报及决策等领域获取优势的重要基础和支撑。

多年来，美军一直致力于将具有强大的运算、存储和网络能力的云计算技术应用于军事领域，并试图建立一个巨大的企业级"云"环境，将大数据和人工智能带入战场，以确保其"多域战"乃至"全域战"思想的贯彻和实施。回顾美军的"云"建设历程，可划分为 4 个阶段，具体如下。

第一阶段，以 2012 年版《国防部云计算战略》的颁布为标志。该战略规划了美军云计算项目的建设目标和标准，初步实现了国防部的网络应用"云"的转变，形成了一个灵活、安全的服务环境。

第二阶段，以 2017 年"联合全域指挥与控制"（JADC2）概念的提出为标志。JADC2 的核心理念是实现美军在全球范围内的情报、监视和侦察数据共享，这就要求必须采用云架构，建立一个能够提供联合全域指挥与控制服务的专用信息环境，并以此为基础，将美军所有分支机构的传感器连成一个整体，从而解决涉及全域指挥控制能力的统筹问题。

第三阶段，以 2019 年新版《国防部云计算战略》的颁布为标志。通过对已有信息系统存在问题的总结，进一步明确美军"云"建设发展的战略目标和指导原则，即以招标采购的方式，由中标单位为美军构建一个企业级的"云"环境，并在多个密级服务等级标准上，为不同密级的用户提供响应迅速、灵活和自适应的云服务。

第四阶段，以 2021 年 7 月 JWCC 项目的启动为标志。JWCC 项目全面取代了国防部 2019 年与微软签订的 JEDI 合同。新的"云"建设方案将以"多态云"取代 JEDI"单一授权，单一云结构"的建设思想，并在一体化跨域解决方案、全球可用性及增强的赛博安全控制措施等方面为美军的全球战略提供服务。

8.6 雾计算和边缘计算

8.6.1 雾计算

8.6.1.1 定义

雾计算（Fog Computing）是云计算的延伸概念，主要用于管理来自传感器和边缘设备的数据，将数据、（数据）处理和应用程序集中在网络边缘的设备中，而不是全部保存在云端数据中心。在终端设备和云端数据中心之间再加一层"雾"，即网络边缘层，比如再加一个带有存储器的小服务器或路由器，把一些不需要放到云端的数据在这一层直接进行处理和存储，从而大大减小云端的计算和存储压力，提高效率，提升传输速率，降低时延。

8.6.1.2 雾计算的原理

雾计算的原理与云计算一样，都是把数据上传到远程中心进行分析、存储和处理。但是相比云计算而言，雾计算要把所有数据集中传输到同一个中心。雾计算的模式是设置众多分散的中心节点，即所谓"雾节点"来处理，这样能够让运算处理速度更快，从而更高效地得出运算结果。假如说云计算是把所有东西都送往天上的云彩，雾计算就是把数据送到身边的雾气里，这种逻辑被相关学者称为"分散式云计算"。

雾计算技术采用分布式的计算方式，将计算、通信、控制和存储资源与服务分布给用户或靠近用户的设备与系统。可以说，雾计算扩大了云计算的网络计算模式，将网络计算从网络中心扩展到了网络边缘，从而更加广泛地应用于各种服务。雾计算在地理上分布更加广泛，而且具有更大范围的移动性，这使它非常适应如今越来越多不需要进行大量运算的智能设备。对于一些对时间延迟敏感的应用，如实时和流媒体应用，雾计算也具有更大的优势。

云计算主要研究计算的方式，雾计算更强调计算的位置。雾计算并非由性能强大的服务器组成，而是由性能较弱、更为分散的、处于大型数据中心以外的庞大外围设备组成，这些外围设备包括智能终端本身，以及把智能设备与云端相连接的网关或路由设备，可以渗入工厂、汽车、电器、街灯及人们生活中的各类可计算设备中。

雾计算和云计算存在有很多相似之处：如都基于虚拟化技术，从共享资源池中，为多用户提供资源服务等。相对于云计算来说，雾计算的拓扑位置离产生数据的地方更近。

8.6.1.3 雾计算的优势

随着传感器的发展，物联网几乎席卷每个行业，智能终端的数量和采集数据的规模都在几何级增加，这给企业的计算和存储都带来非常大的压力。通过雾计算，大量的实时数据不用全部传到云端存储计算后，再把需要的数据从云端传回来，而是可以在网络的边缘直接处理有用的数据，大大提高了企业效率。

（1）雾计算可降低能耗

云计算把大量数据放到"云"里去计算或存储，"云"的核心是装有大量服务器和存储器的数据中心。由于目前半导体芯片和其他配套硬件还很耗电，全球数据中心的用电功率相当于 30 个核电站的供电功率。谷歌全球数据中心的用电功率就达到 3 亿瓦特，这一数字超过了 3 万户美国家庭的用电量。如果未来数据传输量（指大量无线终端和"云"之间的传输）进一步呈指数式增长，云中心将无法再维持下去。

（2）雾计算可提升效率

随着物联网时代的到来，各行各业包括家庭电器、可穿戴设备、汽车周边、工业农业、商用设备等各种需要联网的终端设备将产生海量的数据。这些数据的发送和接收可能造成数据中心和终端之间的 I/O（输入/输出）瓶颈，传输速率下降，甚至造成很高的时延，一些需要实时响应的设备将无法正常运行，比如无人机、安防报警、监护设备等。

（3）雾计算可用于海量数据分析

大量企业对海量数据采集需求的解决办法是减少数据采集的频率和总量，比如每 10 分钟采样一次，一天只采集上百次，精准度和效率会大打折扣，一些需要海量、不间断数据采集的设备就会降低本身的服务价值，而一些服务及时决策的设备在等待全部数据上传云端运算决策后再返回设备端的过程中服务能力会大大降低。

（4）雾计算可使升级更安全

在没有成熟的技术平台时，大部分设备怎么计算出厂时就已经确定了，除非远程升级它的整套系统，但这样升级效率低，也很危险，有可能一换操作系统，市面上上百万台设备就永远失联了。

8.6.1.4 雾计算的典型应用

（1）物联网终端

车联网应用和部署要求有丰富的连接方式和相互作用：车到车、车到接入点（无线网络连接、3G、LTE、路边单元），以及接入点到接入点等。雾计算能够为丰富的车联网服务菜单中的信息娱乐、安全、交通保障和数据分析、地理分析情况等提供支撑。

（2）无线传感网络

无线传感网络的特点是极低的功耗，电池可以 5～6 年换一次，甚至可以不用电池而使用太阳能或者其他能源供电。这样的网络节点只有很低的带宽及低端处理器，以及小容量的存储器，传感器主要收集温度、湿度、雨量、光照亮等环境数据，不需要把这些数据传送到"云"中，传到"雾"里就可以了。这是雾计算的典型应用。

8.6.2 边缘计算

8.6.2.1 定义

边缘计算主要为应用开发者和服务提供商在网络的边缘侧提供云服务和 IT 环境服务，目标是在靠近数据输入或用户的地方提供计算、存储和网络带宽。

这种方法需要利用不能连续连接到网络的资源，如笔记本、智能手机、平板、传感器。边缘计算涵盖了无线传感器网络、移动数据采集、移动签名分析、协作分布式点对点 Ad-Hoc 网络和处理，也可以分类为本地云/雾计算、网格/网格计算、露水计算、移动边缘计算、分布式数据存储和检索、自主自愈网络、远程云服务、增强现实，等等。

边缘计算着重解决传统云计算（或者说是中央计算）模式下存在的高时延、网络不稳定和低带宽问题。由于资源条件的限制，云计算服务不可避免受到高时延、网络不稳定带来的影响，但是通过将部分或者全部处理程序迁移至靠近用户或数据收集点的位置，边缘计算能够大大减少在云中心模式站点下给应用程序带来的影响。

举一个现实的例子，几乎所有人都遇到过手机 App 出现 404 错误的情况，这些错误就与网络状况、云服务器的带宽限制有关系。

8.6.2.2　边缘计算的原理

云计算和边缘计算通常会被做比较，边缘计算脱胎于云计算，那么，既然有了云计算，为何还要有边缘计算？

大家都熟悉云计算，它有许多特点，如庞大的计算能力、海量存储能力，通过不同的软件工具，可以构建多种应用。我们在使用的许多 App，本质上依赖的就是各种各样的云计算技术，比如视频直播平台、电子商务平台。边缘计算脱胎于云计算，更靠近设备侧，具备快速反应能力，但不能满足大量计算及存储的需求。

云计算能够处理大量信息，并可以存储短/长期的数据，这一点非常类似于我们的大脑。大脑是中枢神经中最大和最复杂的结构，也是最高部位，是调节机体功能的器官，也是意识、精神、语言、学习、记忆和智能等高级神经活动的物质基础。人类大脑的灰质层有数以亿计的神经细胞，它们构成了智能的基础。而具有灰质层的并不只有大脑，人类的脊髓也含有灰质层，并具有简单的中枢神经系统，负责来自四肢和躯干的反射动作，以及传送脑与外周之间的神经信息。膝跳反应就是脊髓反应能力的证据。边缘计算之于云计算就好比脊髓之于大脑，边缘计算反应速度快，无须云计算支持，但智能程度较低，不能进行复杂信息的处理。

以波音 787 为例。其每一个飞行来回可产生 TB 级的数据，美国每个月收集 360 万次飞行记录，监视所有飞机中的 25000 个引擎，每个引擎一天产生 588GB 的数据。这个级别的数据如果都上传到云计算的服务器中，对算力和带宽都提出了苛刻的要求。风力发电机装有测量风速、螺距、油温等数据的多种传感器，每隔几毫秒测一次，用于检测叶片、变速箱、变频器等的磨损程度，一个具有 500 个风机的风场一年会产生 2PB 的数据。

这些数据如果实时上传到云计算中心并产生决策，对算力和带宽提出了苛刻的要求。面对这样的场景，边缘计算就体现出它的优势了，由于它被部署在设备侧附近，可以通过算法即时反馈决策，并可以过滤绝大部分数据，有效降低云端负荷，使海量连接和海量数据处理成为可能。因此，边缘计算将作为云计算的补充，在未来共同存在于物联网的体系架构中。

8.6.2.3　边缘计算的优势和发展

边缘计算的发展前景广阔，被称为"人工智能的最后一公里"，但它还在发展初期，有许多问题需要解决，如框架的选用、通信设备和协议的规范、终端设备的标识、更低延迟的需求等。随着 IPv6 及 5G 技术的普及，其中的一些问题将被解决，虽然这是一段不小的历程。相较于云计算，边缘计算有如下优势。

- 低时延：计算能力部署在设备侧附近，设备请求实时响应。
- 低带宽运行：将工作迁移至更接近于用户或是数据采集终端的位置能够降低站点带宽

限制带来的影响，尤其是在边缘节点服务减少向中枢发送数据处理的请求时。

- 隐私保护：数据在本地采集、本地分析、本地处理，有效减少了数据暴露在公共网络的机会，保护了数据隐私。

前文讲了云计算的缺点以及边缘计算的优点，那么是不是意味着未来边缘计算更胜云计算一筹呢？其实不然！云计算是人和计算设备的互动，而边缘计算则属于设备与设备之间的互动，最后再间接服务于人。边缘计算可以处理大量的即时数据，而云计算最后可以访问这些即时数据的历史或者处理结果并进行汇总分析。边缘计算是云计算的补充和延伸。两者对比见表 8-2。

表 8-2　边缘计算与云计算对比

差异点	边缘计算	云计算
适用对象	边缘计算关注时延，因此，受预算限制的单位可以使用边缘计算以节省资源	云计算更适合处理海量数据存储的项目和组织
程式设计	可以使用集中不同的平台进行编程，所有平台均可有不同的运行时间	通常针对一种目标平台编写，并且使用一种编程语言
安全性考虑	边缘计算需要强大的安全模式，包括高级身份验证方法和主动应对攻击等	相对来说只需要一个可靠的安全计划

8.6.2.4　边缘计算的典型应用

既然边缘计算是云计算的重要补充，那么边缘计算的应用场景有哪些呢？边缘计算模式的基础特性就是使计算能力更接近于用户，即站点分布范围广且边缘节点由广域网络连接。

（1）供零售/金融/远程连接领域使用的"开箱即用云"

提供了一系列可定制边缘计算环境，这类边缘计算主要提供给企业使用，并服务于特定产业应用。它从根本上与分布式结构相结合来达到以下效果：降低硬件消耗，多站标准化部署，灵活更替部署在边缘侧的应用（不受硬件影响，同一应用在所有节点上一致运行），提升弱网络条件下的运行稳定性。如果联网的条件有限制，通过将联网方式设定为有限网络连接，可以提供内容缓存或计算、存储服务以及网络服务，比如新零售边缘计算环境。

（2）移动连接

在 5G 网络大规模普及前，移动网络仍存在受限和不稳定的问题，因此移动/无线网络也可以被看作云边缘计算的常见环境要素。许多应用或多或少依赖于移动网络，例如应用于远程修复的增强现实、远程医疗、采集公共设施（水力、煤气、电力、设施管理）数据的物联网设备、库存、供应链，以及运输解决方案、智慧城市、智慧道路和远程安全保障应用等。这些应用都受益于边缘计算就近端处理的能力。

（3）通用用户驻地设备（uCPE）

其特点是网络连接有限，工作量比较稳定，但需确保可用性高。此外，它需要一种方法来支持跨上百至上千节点的数据应用混合安置，而拓展现有 uCPE 部署也将成为一项新要求。这点非常适用于网络功能虚拟化（Network Function Virtualization，NFV）应用，尤其当不同站点需要不同系列的服务链应用，或是区域内一系列不同的应用需要统一协作时。由于本地资源的利用，以及必须满足在间断的网络连接下进行存储和进行数据处理的需求，我们需要支持网状或层次式的结构。自我修复以及与远程节点管理相结合的自我管理都是必需条件。

（4）卫星通信（SATCOM）

该场景以大量可用的终端设备分布于偏远和恶劣的环境为特征。将这些分散的平台用于提供托管服务是极为合理的，尤其是考虑到极高的时延、有限的带宽以及跨卫星通信的费用。具体示例包括船舶（从渔船到油轮）、飞机、石油钻井、采矿作业或军事基础设施等。

8.6.3 雾计算和边缘计算的区别

雾计算和边缘计算并不是用来代替云计算的，更多的是对云计算"bug 类"问题的"修修补补"，本质上是作为云计算的延伸拓展而诞生的概念。两者既有区别，又互相配合。

雾计算通常在 IoT 背景下被提及，典型的业务是路由器、接入点及与传感器和执行器一起的计算设备。处理能力放在包括 IoT 设备的局域网（Local Area Network，LAN）中，这个网络内的 IoT 网关或者说雾节点用于数据收集、处理、存储。多种来源的信息都被收集到网关里，处理后的数据被发送到需要该数据的设备。

雾计算的特点是处理能力强的单个设备接收多个端点的信息，处理后的信息被发到需要的地方，与云计算相比时延更低。与边缘计算相比，雾计算更具备可扩展性。雾计算不需要精确划分处理能力的有无，根据设备的能力也可以执行某些受限处理。

边缘计算进一步加强了雾计算的"LAN 内的处理能力"的理念，处理能力更靠近数据源。不是在中央服务器里整理后实施处理，而是在网络内的各设备中进行处理。这样，把传感器连接到可编程自动化控制器（Programmable Automation Controller，PAC）上，使数据处理和通信成为可能。与雾计算相比，边缘计算单一的故障点比较少。实际上雾计算和边缘计算很相似，但是两者在数据的收集、处理、通信的方法层面还存在些许不同，也各有利弊。

以智能吸尘器为例。雾计算方案是集中化的雾节点（或者 IoT 网关）从家中的传感器收集信息，检测到垃圾就启动吸尘器。边缘计算的解决方案是根据传感器有没有垃圾的判断来决定是否发送启动吸尘器的信号。

8.7　本章小结

随着军事现代化的快速发展，战争早已突破了传统模式，并发展成为陆、海、空、天、电等多位一体的全方位立体战争。在这种战场条件下，高效、可靠的控制信息权必然是获取战场胜利的关键。而随着战场数据规模的爆发式增长、数据类型的不断丰富，军事综合电子信息系统实时、近实时收集分析各类战场信息，成为获取制信息权的有效技术支撑。但现有计算平台的局限性使其计算服务不能弹性扩展，造成数据存取、数据计算分析等存在一定瓶颈。利用网络技术将多种资源集中起来，云计算可以为用户提供更加便捷和高效的服务。这种服务使解决上述瓶颈问题成为可能。有军事专家预言，未来云计算将成为新时代中没有硝烟的信息战略博弈，将主导新信息时代的战争。

8.8　思考题

1. 云计算与大数据、人工智能等技术之间的关系是怎样的？
2. 云计算如何分类？
3. 云计算的特点是什么？
4. 云计算、雾计算、边缘计算的优点和缺点分别是什么？

第**9**章

区块链

当前，全球科技创新进入了空前活跃时期，以人工智能、量子信息、移动通信、互联网、区块链为代表的新一代信息技术加速突破。区块链技术的集成应用在全球范围内呈现强劲发展势头，在新的技术革新和产业变革中发挥着重要作用。有人甚至把区块链技术看作继蒸汽机、电力、互联网之后的下一代颠覆性核心技术，认为互联网改变的是人类社会的信息传播方式，而区块链技术改变的将是人类社会的价值传递方式。

9.1 定义

It is not sufficient that everyone knows X. We also need everyone to know that everyone knows X, and that everyone knows that everyone knows that everyone knows X - which, as in the Byzantine Generals problem, is the classic hard problem of distributed data processing.

——James A. Donald

9.1.1 区块链的定义

作为第一个评论和批评中本聪（Nakamoto Satoshi）的白皮书和理论的人，James A. Donald给出了区块链最通俗的定义。中本聪是比特币的发明者，他在 2008 年发布了比特币的白皮书并创立了比特币网络。中本聪的真实身份一直是个谜，没有人确切知道他是谁，也不清楚他是否参与了比特币的开发。在比特币中，中本聪一般被认为持有了大量的比特币，他对比特币、区块链与加密学的理解及应用被广泛认为是当今数字货币领域的重要贡献。而区块链是比特币的底层技术之一。中本聪在比特币的设计中首次提出了区块链的概念，解决了很多数字货币传统的安全、去中心化、防篡改等问题。他的贡献和思想成果对区块链技术的发展和推广有重要的影响。

狭义来讲，区块链是一种按照时间顺序将数据区块（Block）以链条的方式组合成特定数据结构，并以密码学方式保证的难以篡改和难以伪造的去中心化共享总账（Decentralized

Shared Ledger），能够安全存储简单的、有先后关系的、能在系统内验证的数据。

广义的区块链技术则是利用加密链式区块结构来验证与存储数据、利用分布式节点共识算法来生成和更新数据、利用自动化脚本代码（智能合约）来编程和操作数据的一种全新的去中心化基础架构与分布式计算范式。

区块链就是分布式加密数据库（或分布式加密账本），旨在促进业务网络中的交易记录和资产跟踪流程。资产可以是有形的（如房屋、汽车、现金、土地），也可以是无形的（如知识产权、专利、版权、品牌）。几乎任何有价值的东西都可以在区块链网络上跟踪和交易，从而降低各方面的风险和成本。

定义里有 3 个词：记账本（数据库）、加密和分布式。搞清楚这 3 个词，就对区块链有比较清晰的了解了。

第 1 个关键词：记账本。

这个账本就像我们的银行账户一样，每一笔流水都有记录，而且不可删除。以比特币交易为例，一笔比特币交易完成之后，比特币的区块链上就会记住你购进购出多少比特币的流水，这些条目会保存在数据库中，这个数据库就是一个账本。

这个账本可不是普通的账本，而是多方参与的账本。多方参与意味着什么？这个账本不是一个人去记的，也不是一个中心化机构去记的，而是由分散在全球各个角落的人一起记的，甚至借助卫星系统，接下来可能还会分布在星空中。

特定机构记账有个缺点，比如"买卖二手车"的案例，加入中间商后，车辆的好坏、交易的安全都取决于中间商的记录，也就无法保证账本的准确性和安全性，若中间商篡改了记录（单点故障），或者数据丢失（黑客攻击），那么网络中的数据就不可信了，因此由中间商记账的方式有较大的缺陷。而分布式记账就不存在这样的问题。

这和我们平常在各个银行中开户存钱，然后再分别让各个银行给我们记账大不相同。无论你在世界哪里，只要你有一台计算机，就可以进入这个数据库，看到 A 交易了 10 个比特币，或者 B 交易了 100 个比特币等。

第 2 个关键词：加密。加密的意思是通过密码学的手段，保证你的账户不会被别人篡改。可以将比特币的加密过程类比为一个房子的钥匙和锁。拥有这把钥匙的人可以解锁房子进入里面，拥有房子内的所有物品。而如果没有钥匙，就无法进入这个房子，也无法使用其中的物品。

区块链中也有这个概念。当用户在区块链开户的时候，系统会自动创建一把钥匙，有了这个钥匙才可以操作区块链上的账户。这把钥匙的产生，以及使用钥匙进行账户操作的一些判断，都来源于加密学手段。在比特币的交易中，每个人都有公钥和私钥。公钥类似于门牌号，是公开的地址，任何人都可以找到它。私钥类似于房子的钥匙，只有拥有它的人才能进行比特币的发送和接收操作。当进行一次比特币交易时，需要使用私钥对交易信息进行数字签名，以证明该交易信息确实是由私钥的持有人发出的。只有拥有私钥的人才能成功签名交易信息，完成比特币交易。

第 3 个关键词：分布式。分布式的意思是说，区块链多方参与的节点实际上分布在全球任何一个网络节点里面，不归属于一个特定的机构。

BAT 的一些系统里存在很多服务器，我们可以说这个服务器是多方参与的，但是不能说它是分布式的。为什么呢？因为分布式有两个原则：一是在物理位置上是分布式的；二是在规则上是分布式的。BAT 的服务器是归属于一个特定机构或者特定个体的，这不能叫分布式。

理解了这 3 点，就能把区块链整个串起来了。

9.1.2　区块链的作用

为什么区块链很重要？因为业务运营依靠信息。信息接收速度越快，内容越准确，越有利于业务运营。区块链是用于传递这些信息的理想之选，因为它可提供即时、共享和完全透明的信息，这些信息存储在难以篡改的账本上，只能由获得许可的网络成员访问。区块链网络可跟踪订单、付款、账户、生产等信息。由于成员之间共享单一可信视图，因此通过区块链技术，可采取端到端的方式查看交易的所有细节，从而增强成员信心，提高效率并获得更多的新机会。

一是开创了全新的信息记录方式。通过共识算法、智能合约、分布式账本等独特技术，实现了信息难篡改、可追溯、去中心化等特性，是继大型机、个人计算机、互联网、移动/社交网络之后"计算范式"的第 5 次颠覆式创新。

二是重构了社会信用体系。无论是人工智能技术，还是大数据分析技术，都只是从概率上判断在互联网上通信的另一方的真实性，区块链则能直接证明和确认某一主体的所有行为，从而确定性地解决信息真实性问题，构建信任互联网与价值互联网，成为未来在线世界的主要支撑和社会信用体系的重要基石。

三是优化了价值传递方式。传统互联网的出现实现了信息传递的低成本和高效率，信息传递的速度发生了革命性变化，而区块链为价值的便捷安全传输而生，从根本上实现了在弱信任环境中不依靠第三方权威机构背书的价值传递，是人类信用和价值传递历史上的崭新里程碑。

四是促进了价值增值倍增。区块链通过共识算法、激励机制等塑造一个各节点平等参与、自发加入的安全可信环境，通过共识协商达成价值认同，在对等环境中不断扩展价值网络，促进价值网络的自繁殖，实现价值的不断增值。

9.1.3　区块链的分类

根据应用场景，区块链何以分为公有链、联盟链和私有链。

公有链，是一个完全开放的分布式系统。公有链中的节点可以自由地加入或退出，不需要经过严格的验证和审核，比如比特币、以太坊、EOS 等。共识机制在公有链中不仅需要考虑网络中存在的故障节点，还需要考虑作恶节点，并确保最终一致性。

联盟链，是一个相对开放的分布式系统。对于联盟链，每个新加入的节点都需要经过验证和审核，比如 Fabric、BCOS 等。联盟链一般应用于企业之间，对安全和数据的一致性要求较高，因此共识机制在联盟链中不仅需要考虑网络中存在的故障节点，还需要考虑作恶节点，除确保最终一致性外，还需要确保强一致性。

私有链，是一个封闭的分布式系统。由于私有链是一个内部系统，所以不需要考虑新节点的加入和退出，也不需要考虑作恶节点。私有链的共识算法还是传统分布式系统里的共识算法，比如 ZooKeeper 的 ZAB 协议，就是类 Paxos 算法的一种。其只考虑系统或者网络原因导致的故障节点，数据一致性要求根据系统的要求而定。

9.2　区块链的原理

9.2.1　"区块"和"链"

从结构上看，区块链包含"区块"和"链"两部分。

（1）区块

每个区块包含两个部分：区块头（Block Header）和区块体（Block Body）。

区块头：记录当前区块的特征值，由版本号、父区块哈希值、默克尔（Merkle）根、时间戳、难度目标、Nonce 构成。其中父区块哈希值与上一个区块有关，可以理解为构成链式结构的遗传基因；时间戳、难度目标、Nonce 与挖矿有关，本书不涉及；默克尔树（Merkle Tree，MT）是一种哈希二叉树，树的根就是 Merkle 根，Merkle 树和 Merkle 根在区块链中用于维护账本校验数据的完整性和难以篡改性，并在变动时快速定位变化的交易数据。在区块链中常用的校验算法为 SHA256。

区块体：存放的数据。每个交易发生时，都会被记录为一个数据"块"。这些交易表明资产的流动，资产可以是有形的（如产品），也可以是无形的（如知识产权）。数据块可以记录用户的首选信息项：谁、什么、何时、何地、多少甚至条件（如食品运输温度）。

（2）链

把很多区块连接在一起就形成了区块链，区块链的结构如图 9-1 所示。链头的区块为创世区块（Genesis Block），前一个区块为后一个区块的父区块，反之则被称为子区块。

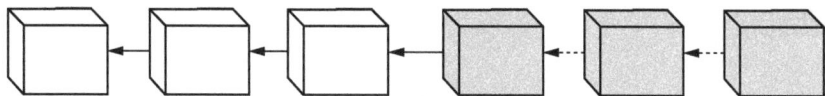

图 9-1　区块链的结构

每个区块都连接到位于它前后的块。区块与区块之间通过哈希值建立连接，即子区块的区块头包含父区块的哈希值。随着资产位置的改变或所有权的变更，这些数据块形成了数据链。数据块可以确认交易的确切时间和顺序，将数据块安全地连接在一起，绝大部分情况下可以防止任何数据块被篡改，或在两个现有数据块之间插入其他数据块。

9.2.2　区块链运作流程

（1）每个交易发生时，都会被记录为一个数据"块"

这些交易展示了资产的流动，资产可以是有形的，也可以是无形的。数据块可以记录用户的选择信息。

（2）每个块都连接到位于它前后的块

随着资产位置的改变或所有权的变更，这些数据块形成了数据链。

（3）交易被封闭在不可逆的链中

每添加一个数据块都会加强前一个块的验证，从而增强整个区块链。这使得区块链能够尽量防止被篡改，具备难以更改的关键优势。这不但在很大程度上消除了恶意人员进行篡改的可能性，还建立了一个用户和其他网络成员相互信任的交易账本。

区块链的底层机制非常复杂，我们通过以下步骤提供简要概述。区块链软件可以自动执行以下大部分步骤。

第 1 步：记录交易。

区块链交易显示实体资产或数字资产在区块链网络中从一方向另一方的转移。该交易以区块的形式被记录，包括交易双方、交易内容、交易时间、交易前提等信息。

第 2 步：达成共识。

分布式区块链网络中的大多数参与者必须就已记录的交易达成有效的一致。根据网络类型，达成协议的规则可能有所不同，但其通常是在网络开始建立时就制定好的。

第 3 步：将区块连接起来。

一旦参与者达成了共识，就将区块链中的交易写入区块，区块就相当于分类账簿中的页面。连同交易一起，还会将一个加密哈希附加到新区块。该哈希作为将区块连接在一起的链条。如果有意或无意修改了区块的内容，该哈希值也将更改。这将提供一种检测数据是否被篡改的方式。

因此，区块将与链条安全地连接在一起，且用户无法编辑它们。每增加一个区块，都会强化前一个区块的验证，因而也会强化整个区块链的验证，这就像堆砌木块建塔一样，用户能在前一层木块之上堆叠木块，如果用户从塔的中间取出一个木块，整座塔将垮塌。

第 4 步：共享分类账。

该系统会将中心分类账的最新副本分发给所有参与者。

9.2.3　激励机制

区块链的运作模式表明，既然记录不能撤销，那么节点越多，区块链就越安全，如何激励更多的节点加入区块链？这就需要激励机制。

比特币、以太坊及各种数字资产正是区块链系统激励功能的体现。中本聪设计的区块链是试验之作，本身并无商业价值。为了引起关注、发展联结点，同时激励参与者不断通过挖矿式计算创建新的区块，共同维护链条的延展存续，他必须给予为此而做出努力的人以报酬。

因此，在每一次挖矿成功并得到确认之后，新的区块形成，而公认胜出的挖矿者则获得代币，并被记入公共账本。中本聪将这种本质上属于一段计算机程序的奖励命名为比特币。

9.2.4　区块链的计算

有了激励机制，越来越多的节点将加入记账。在比特币系统中，采取竞争记账的方式，大家争抢记账的权利，抢到后获得记账奖励。在比特币系统中，记账奖励就是比特币。

区块链系统中争夺记账权的过程相对复杂，既要保护数据的安全，又要让用户争抢记账权。区块链系统引入了另一个运算机制——哈希算法。

哈希是密码学的经典技术，可以用来验证有没有人篡改数据内容。在区块链每一个区块上，都含有上一个区块的哈希值，确保区块按照时间顺序连接同时没有被修改，每个区块包含：区块头、交易详情、交易计数器和区块大小等数据。因此区块链系统中的用户每次都要进行哈希值的计算，不同节点拼算力，谁的算力更强——能更快地计算出一个目标散列值——谁就有更大概率获得下一个区块的"记账权"，进而获得对应的奖励。这就是"挖矿"的概念了。最先计算出哈希值的用户将获得奖励。

一个 n 位的哈希函数是一个从任意长的消息到 n 位哈希值的映射，一个 n 位的加密哈希函数是一个单向的、避免碰撞的 n 位哈希函数。这样的函数是目前在数字签名和密码保护中极为重要的手段。

> BlockChain
> 这句话经过哈希函数 SHA256 后得到的哈希值为：
> 3a6fed5fc11392b3ee9f81caf017b48640d7458766a8eb0382899a605b41f2b9。

哈希值的计算保证了区块链共识机制的运行，是贯穿整个区块链和加密货币技术的核心概念。哈希算法有以下两个关键特性。

（1）Hash 函数是一个任意格式/尺寸的输入数据到固定格式和长度的输出数据的映射

简单来说，可以 Hash（动词）任何数据——一篇文章、一段代码、一张图片、一首歌的音频，只要是数字格式的文件，都可以"Hash"一下，然后 Hash 函数会返回一串数字和字符的组合（如一个 32 位的字符串）。Hash 不是一个特指，而是一类函数的统称，不同的 Hash 函数返回的数据可能不一样，但同一种函数的返回格式是一样的。

（2）如果输入的数据有改动，Hash 函数的输出值是变化的

如一篇文章改了一个标点符号，一个图片改了一个像素，一个电影删了一个片段，一个应用程序多了一行代码，再通过 Hash 计算，会发现 Hash 值和原来的完全不同。

9.3　比特币

9.3.1　比特币的出现

比特币不是凭空出现的，它是被发明出来的。它的发明人是中本聪，中本聪也是比特币协议及相关软件 Bitcoin-Qt 的创造者。

他于 2008 年发表了一篇名为《比特币：一种点对点式的电子现金系统》（Bitcoin: A Peer-to-Peer Electronic Cash System）的论文，描述了一种被他称为"比特币"的电子货币及其算法。

2009 年 1 月，中本聪发布了运行该电子现金系统的第一个版本的软件，同时挖出了第一组比特币。在挖出的第一个区块（也被称为"创世区块"）中，中本聪留下了一句话："2009 年 1 月 3 日，财政大臣正处于实施第二轮银行紧急援助的边缘。"这句话来自《泰晤士报》发表的一篇文章，这为谁是中本聪提供了诱人的线索。

比特币的第一次转账发生在中本聪和哈尔·芬尼（Hal Finney）之间，哈尔·芬尼是最早响应并支持中本聪的比特币先驱之一。在接下来的 10 天里，中本聪是唯一的矿工，收获了超过 100 万比特币。

2010 年，中本聪将比特币源代码的控制权交给了软件开发人员加文·安德烈森（Gavin Andresen）。2011 年 4 月 23 日，中本聪发送了最后一条电子邮件："我已经转向了其他事情。在加文和其他人的带领下比特币会越来越好。"他移交了比特币源代码的控制权后就消失了。中本聪的所有活动很快就停止了。自 2009 年以来，与中本聪相关的钱包也从未被访问或使用过。

如果比特币达到 6 万美元一个，中本聪将成为世界上最富有的人。

比特币的出现时间是 2008 年全球金融危机爆发之后。其实，在此之前，很多人已经进行了电子货币、数字货币和虚拟货币的尝试，但都没有成功。这既有技术方面的原因，也有社会环境和经济背景方面的原因。

而从某种程度上说，正是 2008 年的金融危机催生了比特币。

9.3.2　比特币的获取

比特币是由运算产生的（但它不是运算的结果，而是运算的奖励）。比特币数量的上限是 2100 万。

比特币的获取方式有两种："挖矿"和"交易"。

挖矿就是使用计算机，按照算法进行运算，从而获得比特币。

交易比特币需要比特币地址。比特币地址用于接收比特币，功能类似于银行的存款账号，但不需要实名登记。如果只公开地址，不必担心里面的比特币被盗走，其中也没有任何身份信息。

比特币地址是大约 33 位长的、由字母和数字构成的一串字符，总是由 1 或者 3 开头，例如"1DwunA9otZZQykkVvkLJ8DV1tuSwMF7r3v"。

如果说比特币地址是银行卡账号，那私钥就是银行卡密码。每个比特币地址在生成时，都会有一个对应该地址的私钥被生成出来。这个私钥可以证明你对该地址上的比特币具有所有权，这个技术被称为非对称加密，在后续章节中介绍。

9.3.3　比特币的价值

货币的价值源于信任。从以前的贝壳，到后来的刀币，再到后来的纸币，都是基于信任才有了价值，成为货币。

2010 年 5 月 22 日，一个名叫 Laszlo Hanyecz 的人，在比特币平台上用 10000 个比特币向一位爱好者"购买"了两个 Papa John's 比萨，相当于 5000 个比特币一个比萨。当时他觉得一个比特币的价值是 0.003 美元，也就是一顿吃掉了 30 美元。

按照 2021 年 7 月 26 日的行情，一个比特币的价值大约是 37991 美元。也就是说，他这顿吃掉了约 380000000 美元。

9.4　区块链的关键技术

近年来，区块链在原有基础上已经有了很大的变化和进展。截至现阶段，经过丰富之后的区块链的四大核心技术——共识机制、智能合约、分布式账本和复合加密机制，在区块链中分别起到了数据存储、数据处理、数据安全、数据应用的作用。总体来说，四大核心技术在区块链中各有各的作用，它们共同构建了区块链的基础。

（1）共识机制

区块链如何做到让分布在整个区块链上的用户都主动在账本上记账呢？如何保证大家记的账都是一致的？这取决于区块链第一个运作机制——共识机制。

共识机制是区块链网络最核心的秘密。简单来说，共识机制是区块链节点就区块信息达成全网一致共识的机制，可以保证最新区块被准确添加至区块链、节点存储的区块链信息一致不分叉，甚至可以抵御恶意攻击。

为什么需要共识机制？在分布式系统中，各个不同的主机通过异步通信方式组成网络集群。为了保证每个主机达成一致的状态共识，就需要在主机之间进行状态复制。异步系统中可能会出现各样的问题，例如主机出现故障无法通信，或者性能下降，而网络也可能发生拥堵延迟，类似的种种故障可能导致错误信息在系统内传播。因此需要在默认不可靠的异步网络中定义容错协议，以确保各主机达成安全可靠的状态共识。利用区块链构造基于互联网的去中心化账本，需要解决的首要问题是如何实现不同账本节点上的账本数据的一致性和正确性。比较常用的共识机制包括工作量证明（Proof of Work，POW）、权益证明（Proof of Stake，POS）、工作量证明与权益证明混合（POS+POW）、股份授权证明（Delegated Proof-of-Stake，DPOS）、实用拜占庭容错（Practical Byzantine Fault Tolerance，PBFT）、瑞波共识协议等。其中比特币使用的是工作量证明机制。

由于共识机制，所有交易都是透明的，所有用户一起决定由谁来记账。这样避免了每次记账的人是确定的，以及弄虚作假、贪污受贿的情况，也就更加公正公平。共识机制带给区块链的特性就是去中心化。

（2）智能合约

智能合约是一种特殊协议，旨在提供、验证及执行合约。具体来说，智能合约是区块链具有"去中心化"特征的重要原因，它允许人们在不需要第三方的情况下，执行可追溯、不可逆转和安全的交易。

智能合约包含了有关交易的所有信息，只有在满足要求后才会执行结果操作。智能合约实质是将区块链上各类应用业务规则代码化而生成的程序脚本，它约束各参与方以事先约定的规则自动执行业务，一旦触发了合约中预设的条件，就可以自动执行相应的操作或行为，如激励、惩罚或自动支付等。

智能合约和传统纸质合约的区别在于智能合约是由计算机生成的。因此，代码本身解释了参与方的相关义务。

事实上，智能合约的参与方通常是互联网上的陌生人，其受制于有约束力的数字化协议。本质上，智能合约是一个数字合约，除非满足要求，否则不会产生结果。

（3）分布式账本

分布式账本本质上是一种去中心化的记账方式，其核心是以区块为基本记账单元，每个区块通过存储本区块及父区块的哈希值进行有序连接，形成区块链；同时，存储账本的所有节点互为全量备份，分布在不同机构、不同地理空间，由不同组织独立运维和管理。如要对账本任一区块数据进行篡改，不仅要对链上全部节点中的区块数据进行修改，也要对所有节点上的全量备份数据进行修改，而这几乎不可能实现，从而使账本具有高可靠性、高可用性。

对于比特币来说，它的交易记录必须要有地方存放，不然没人知道有哪些人做了交易。同时根据去中心化的思想，这些交易记录不能只存放在一台计算机里，那么就只能存放在世界上所有的计算机里面（前提是计算机里安装了比特币软件）。这样做的好处是：虽然每个人的计算机硬盘容量有限，但是所有人的计算机硬盘加起来容量几乎是无限的，而且就算通过黑客手段修改了自己计算机里的交易记录，也没办法修改全世界每台计算机的交易记录。

从表面上理解，上面说的这种存储方式很粗暴——每台计算机都存放世界上所有人的交易数据。但其实对于比特币来说，只有部分节点会存放世界上所有人的交易记录，这些节点往往是那些挖矿的矿工，只有他们的计算机才能完整地记录下世界上所有的交易记录，大家不用担心矿工修改记录，因为世界上的矿工有很多，而且几乎相互都不认识。同时，他们修改记录需要付出的代价非常大，几乎没有人能承担这个成本。

区块链采用点对点（Peer-to-Peer，P2P）传输的方式，有别于 Client-Server 的数据分发方式，点对点传输实现的是每个节点即数据的分发方，也是获取方，即对等网络。对等网络和分布式账本是对应的，实质是构建一个点对点直通式通信体系，形成一种无中心的服务器集群组织形式，每个节点通过单播、多播实现交易路由、新节点识别和账本同步，通过分布式哈希表进行信息交换。对等模式使终端之间能够不通过中心服务器而直接进行点对点的信息传播，同时可以支持网络资源的分布式读写。由于对等网络不需要中心节点，部分节点作恶或被攻击并不会影响整个系统的正常运行，从而确保网络节点的高可靠性、高可用性。

（4）复合加密机制

区块链集成了哈希算法、数字签名、密钥协商、对称加密等多种加密机制，实现区块链系统整体的安全性和可靠性。其中，哈希算法利用哈希函数的不可逆性，保障原始数据的安全及隐私；数字签名通过验证发起方身份及签名的对应，保证交易内容难以篡改及可定向追溯；密钥协商指两个或多个实体在不可信环境下通过非对称加密算法交换双方公钥，安全地协商出一个只有双方可知的对称密钥，保证后续交易安全；对称加密基于非对称密钥协商得到的对称密钥对数据进行快速加密，使交易数据不能被窃听，保证区块链节点之间的通信安全。

9.5　与传统分布式系统的区别

（1）相同点：数据共享

分布式系统的经典教材《分布式计算：原理、算法与系统》里指出，分布式系统一个非常重要的作用就是资源共享（Resources Sharing）。当然广义上的资源包括计算、存储资源和数据等，我们不考虑未来区块链是否能演变成计算资源共享的技术，但数据共享这一点确实是区块链与传统分布式系统的相同之处。

区块链的数据共享比传统分布式系统更加充分：所有节点都共享全量数据。需要指出，还有些说法谈到区块链实现了"数据共享"和"价值传递"，后者其实本质上也是在互信场景下的某种特殊数据共享，作为比特币每个节点共享的数据单位，每个区块实际上可以看作转账记录的集合（加上一些附加信息）。当然如何保证在不可信场景下的数据共享，这就是区块链的不同之处了。

如果仅仅是为了数据共享，尤其是单个业务主体内部的数据共享，大可不必采用区块链。传统分布式架构有更好的性能、更低的开销，至于数据安全问题，也可以用一些灾备技术去解决。

（2）不同点

区别一：多方维护。

首先，传统数据库，无论是分布式架构还是集中式架构，仍然存在管理员的概念。而区块链中对数据的操作不由单一主体控制。理论上来说，区块链就是一个任何节点都能写入的数据库，至于写入能否成功当然也受共识机制的影响（不管能不能成功，至少它有写入的权限）。

从每个节点的写入操作来看，不同于传统数据库具有增加、删除、更改和查找 4 个操作，区块链放弃了"删改"，仅保留了"增查"两个操作（实际上删和改是通过增来实现的），这样的好处是除了查找之外的所有操作都能留下记录，并且通过哈希函数保证了所有历史数据严格按照时间顺序记录（多节点数据写入的时序由共识机制保证）。这就是我们经常提到的可溯源特性。

说到共识，由于多方写入操作的存在，整个系统的共识机制也变得更加复杂。同时多个节点操作变得更加难以控制，类似于 Raft（Paxos）这样的经典共识机制并不能满足拜占庭容错（Byzantine-Fault Tolerant）的需求。一些区块链（主要是联盟链）受到传统共识机制的启发，采用了基于领袖（Leader-Based）的策略：先选出一个领袖，再由领袖提出区块，剩下的人达成一致，这类算法以 PBFT 为代表；比特币则另辟蹊径：干脆不要领袖，所有人都能出块，也别指望马上就能达成一致，最后最长的那个链就是大家达成一致的结果。实际上这种机制放弃了强一致性，仅仅保证最终一致性（听起来好像不安全的样子，但这个系统已经运行了 11 年还没出过什么大问题）。共识就不展开讲了，这里只是想强调由于多方维护的原因，区块链共识机制也与传统分布式系统有了一些区别。

因此，多方维护是指区块链中所有的参与方（或者叫节点，假设参与方等价为节点）都能查找和写入数据，并且写入操作只能以增加新记录的方式进行，这样的特性传统分布式系统并不能完全具备（或者需要进行一些改动）。

如果存在这么一个分布式系统，每个节点都可以执行写入查询操作，并且所有的历史数据都会被记录下来（可以不采用区块+链的形式），那么它是不是就等同于区块链了？答案是否定的，这是由第二个区别决定的。

区别二：多智能体系统。

之前同事问了我一个角度刁钻的问题：假设区块链系统中有 5 个节点，"一个人租了 5 台服务器当作节点"和"5 个人各自用自己的服务器当节点"有什么不同？

对于"一个人同时管理所有服务器"这种情况，可以说这些服务器组成了一个分布式系统，但所有服务器实际上都只属于一个智能体，因此不能算作多智能体系统。而一个理想的区块链网络应该是一个多智能体系统。

简单地说，多智能体系统存在合作或者竞争，那么怎么样让区块链网络中的所有智能体进行合作或者竞争呢？

区别三：激励。

区块链中最典型的激励是比特币，即通过挖矿的行为，让所有人参与到记账的过程中。

说到激励，我们很容易想到比特币中的挖矿，所有人参与到记账的过程中，竞争获取出块奖励（同时也共同维护了系统的安全和稳定性），类似的还有 POS 机制下的质押金没收惩罚机制（Slashing），这些都是激励机制。

9.6　区块链的基本安全

区块链技术产生具有固有安全特性的数据结构。它基于密码学、去中心化和共识的原则，这些原则确保了对交易的信任。在大多数区块链或分布式账本技术（Distributed Ledger Technology，DLT）中，数据被结构化为块，每个块包含一个事务或交易捆绑。每个新块都以几乎不可能篡改的方式连接到加密链中它之前的所有块。区块内的所有交易都通过共识机制进行验证和商定，确保每笔交易都是真实的和正确的。

区块链技术通过分布式网络中成员的参与来实现去中心化。没有单点故障，单个用户无法更改事务记录。但是，区块链技术在某些关键安全方面有所不同。

9.6.1　区块链安全性与区块链类型

区块链网络在谁可以参与以及谁可以访问数据方面可能有所不同。网络通常标记为公共或私有，描述允许谁参与，以及有许可或无许可，描述参与者如何获得对网络的访问权限。

网络通常允许任何人加入，参与者保持匿名。公共区块链使用连接互联网的计算机来验证交易并达成共识。比特币可能是公共区块链最著名的例子，它通过"比特币挖矿"达成共识。比特币网络上的计算机或"矿工"试图解决复杂的加密问题，以创建工作量证明，从而验证交易。除了公钥之外，这种类型的网络中几乎没有身份和访问控制。

私有区块链使用身份来确认成员资格和访问权限，通常只允许已知组织加入。这些组织共同形成了一个私有的、仅限会员的"业务网络"。许可网络中的私有区块链通过被称为"选择性背书"的过程达成共识。只有具有特殊访问权限的成员才能维护交易账本。此网络类型需要更多的标识和访问控制。

在构建区块链应用程序时，评估哪种类型的网络最适合业务目标至关重要。出于合规性和监管原因，专用和许可网络可以受到严格控制，并且更可取。然而，公共和无许可网络可以实现更大的去中心化和分发。

总体来看，有 4 点结论：一是公共区块链是公共的，任何人都可以加入并验证交易；二是私有区块链受到限制，通常仅限于业务网络，单个实体或联盟控制成员资格；三是无许可区块链对处理器没有限制；四是许可区块链仅限于一组选定的用户，这些用户使用证书被授予身份。

9.6.2 网络攻击和欺诈

虽然区块链技术产生了防篡改的交易分类账,但区块链网络也不能幸免于网络攻击和欺诈。那些居心叵测的人可以操纵区块链基础设施中的已知漏洞,并且多年来在各种黑客和欺诈中取得了成功。

(1)代码利用

去中心化自治组织(Decentralized Autonomous Organization,DAO)是一家受比特币启发,通过去中心化区块链运营的风险投资基金,The DAO 则是区块链公司 Slock.it 发起的一个众筹项目。2016 年 6 月 17 日,黑客利用 The DAO 代码里的递归漏洞,盗取了 360 万以太坊,约合 5000 万美元,超过了该项目筹集的以太坊总数目的三分之一。

(2)被盗的钥匙

2016 年 8 月,全球最大的加密货币交易所之一,总部位于香港的加密货币交易所 Bitfinex 发生了比特币盗窃事件,大约 120000 个比特币(价值约为 7200 万美元)被盗。此事件被认为是有史以来最大的比特币盗窃事件之一。Bitfinex 通过将用户账户上的所有余额削减 36% 来分摊被盗金额的损失。这表明该货币仍然是一个很大的风险。

(3)员工计算机被黑客入侵

2017 年,最大的以太坊和比特币加密货币交易所之一 Bithumb 遭到黑客攻击,黑客入侵了 30000 名用户的数据,并窃取了价值 87 万美元的比特币。尽管被黑客入侵的是员工的计算机,而不是核心服务器,但这一事件引发了对区块链整体安全性的质疑。

9.6.3 欺诈者攻击区块链技术

黑客和欺诈者以 4 种主要方式威胁区块链:网络钓鱼、路由、Sybil 和 51%攻击。

(1)网络钓鱼攻击

网络钓鱼是一种获取用户凭据的诈骗尝试。欺诈者向钱包密钥所有者发送电子邮件,这些电子邮件看起来好像来自合法来源。但实际上,这些电子邮件使用虚假超链接要求用户提供凭据。访问用户的凭据和其他敏感信息可能会导致用户和区块链网络的损失。

(2)路由攻击

区块链依赖实时的大量数据传输。黑客可以在数据传输到互联网服务提供商时拦截数据。在路由攻击中,区块链参与者通常看不到威胁,因此一切看起来都很正常。然而,在幕后,欺诈者已经提取了机密数据。

(3)Sybil 攻击

在 Sybil 攻击中,黑客创建并使用许多虚假的网络身份来淹没网络并使系统崩溃。Sybil 是一个被诊断患有多重身份障碍的著名的书籍人物。

(4)51% 攻击

挖矿需要大量的计算能力,特别是对于大规模的公共区块链。但是,如果一个矿工或一群矿工能够聚集足够的资源,他们可以获得区块链网络 50%以上的挖矿能力。拥有超过 50% 的权力意味着能够控制账本并有能力操纵它。

注意：私有区块链不易受到51%攻击。

9.6.4　典型区块链攻击方式

（1）分叉

假如几乎同一时间，"中国上海浦东新区张衡路"上的节点和"美国纽约曼哈顿第五大道"上的节点异口同声喊出来："我挖到区块了！里面的小纸条都是有效的！奖励归我！"其他节点也几乎同时参与了对这两个区块的校验，结果发现这俩都没问题，各节点也会困惑，因为在他们的视野里并不清楚最后哪一个区块会被主链接纳。算了！都连在自己区块链尾巴上吧，这时尴尬了，区块链硬生生地被分叉了！

区块链的分叉如图9-2所示。

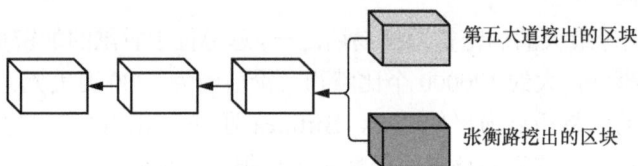

图9-2　区块链的分叉

你肯定在想，那还得了，这种情况继续下去，每个节点的区块以及他们整理维护的小纸条都将变得不一样，这已经严重违背了区块链世界里第一大基本原则——所有节点共同维护同一份数据。为了解决这个问题，区块链世界引入了一条新的规则——拥有最多区块的支链被认为是真正有价值的，较短的支链会被直接"Kill"掉。

我们都知道挖矿的过程有巨大的工作量（如果没有任何难度，把区块扔在人群中，必然导致同一时间发现区块的节点数量大大增加，也就会产生无数的支链，通过这个例子，你大概也就能够明白，比特币的区块链世界为什么需要设置工作难度了吧），并且在计算机的硅基世界里，不可能出现所谓"同时"的概念，哪怕纳秒的差别，也总会有先后顺序。因此理论上，"分叉"的这种僵局很快会在下一个区块挖掘出来（以及校验区块）的时候被打破，实在不行下下个，或者下下下个，总之机制可以让整个分叉的区块链世界迅速稳定下来。

更详细的区块链分叉如图9-3所示。

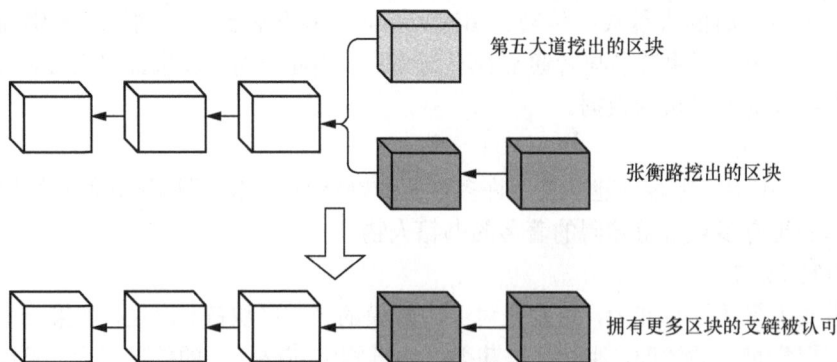

图9-3　更详细的区块链分叉

就图 9-3 而言，所有基于张衡路节点挖矿获得的区块以及后续区块的那条支链被视为有价值，最终会全部保留下来；其他节点会统一效仿那个拥有更长分支链的节点所做的决策。另外，值得一提的是，同一时间，较短分支上的区块会立即被丢弃，里面的小纸条也会随之释放出来，被重新标记上"未确认"。

（2）"双花"与"51%攻击"

你可能已经开始困惑或者有点兴奋，末尾几个区块的排序在修复过程中，因为时间差肯定会产生一些模棱两可的地方，这往往会给数据安全埋下一颗雷。一个最简单的假设——成员 A 记录的一张小纸条很不巧地被归在了一条较短的支链上，这条支链在竞争过程中理所当然输掉了比赛，区块被丢弃、小纸条被无情地贴上"未确认"的标签。在等待下次区块重新确认的过程中，这个时间差内，成员 A 好像可以做点什么坏事，比如说"双花"（双花，即花两次，双重支付的意思）。他脑海中也许很快浮过这样的构想，有没有可能通过图 9-4 所示这种方法触发"双花"问题的产生，从而让他不劳而获？

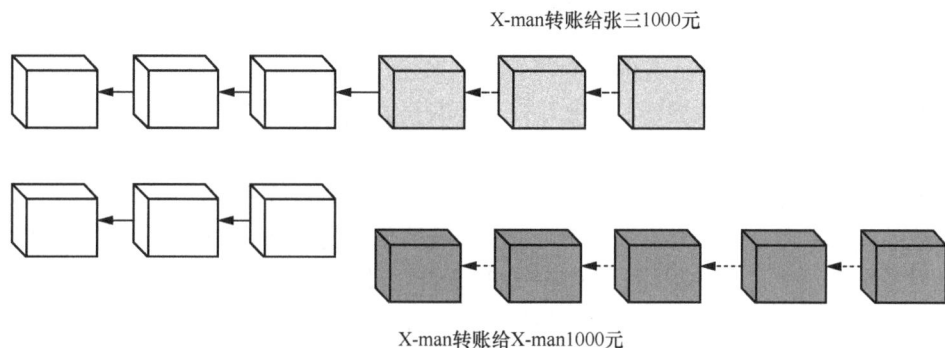

图 9-4　双花问题

假设有一个名叫 X-man 的坏家伙，他控制了一个计算机节点，这个节点拥有比地球上任何一个节点算力都强大的计算机集群。

首先，X-man 事先创造了一条独立的（不去广而告之）、含有比较多区块的链条。其中一个区块里放着"X-man 转账给 X-man 1000 元"的纸条。

接着，X-man 跟张三购买了一部手机，他在小纸条上记录下"X-man 转账给张三 1000 元"。张三已经比一般的卖家谨慎了，他在这条信息被 3 次确认后（即 3 个区块被真实挖出、校验和连接）才将手机给了 X-man。按照我们之前的理解，这条交易记录已经板上钉钉，很难被篡改了。

X-man 拿到手机之后，按下机房的开关，试图将先前已经创造的区块链条连接在自己这个节点区块链的末尾。

X-man 拥有了一条更长的区块链条，那条较短、存放着"X-man 转账给张三 1000 元"的区块链，以及在区块链世界里那则真实的转账行为被一同成功销毁。

事实真的如此吗？并非如此。区块链世界规则的制定远比我们想象的要健全很多，还记得前文描述的"区块的 ID 至少会跟区块内所有小纸条的集合、即将与之相连的上一个区块 ID、当前产生区块的时间戳以及挖矿节点的运气值等因素相关"吗？在连接到主链的过程中，主链会立马意识到，那条事先准备的链子（的第一个区块）的时间戳存在异常，不属于当前区块链世界里线性增长的时间戳，于是认定这个事先准备的链子（的第一个区块）是无效的，需要重新计算。

时间戳异常时区块链的选择如图 9-5 所示。

X-man转账给张三1000元

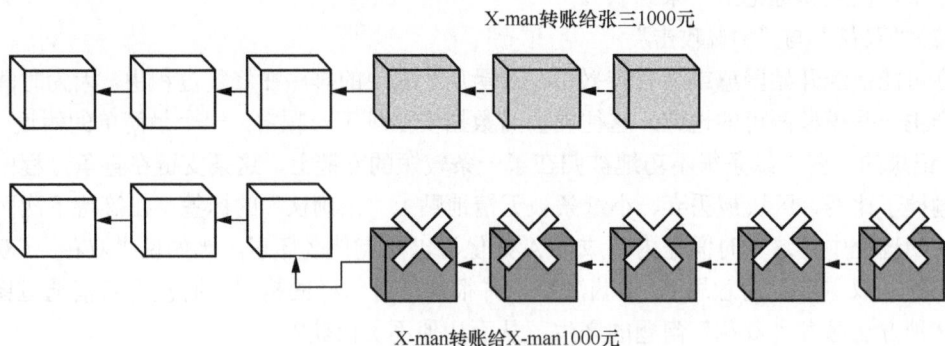

X-man转账给X-man1000元

图 9-5　时间戳异常时区块链的选择

在区块链的世界，重新计算的行为等同于把自己（节点）置身于同一条起跑线，跟世界上其他所有的节点一同竞争挖矿。你会说，我拥有更强大的计算能力，但是跟你竞争的对象并不是第五大道、南京西路、香榭丽舍大道上的某一个节点，而是全球所有算力的集合，在这个集合中，你拥有的算力永远都只是一个很小的子集。因此，根据区块链算力民主、少数服从多数的基本原则，这个构想永远不会成立。除非你控制着全球 51%的算力，这也就是区块链世界里另外一个著名的概念，叫作"51%攻击"，但这也仅是一个理论值，在真实世界里这样的攻击是很难发动起来的。举个最简单的例子：X-man 为了回滚刚刚发生的一笔交易记录，成功发起了 51%攻击，这意味着很快整个区块链系统将会崩盘，因为这次攻击已经严重伤害到人们对这套系统的信任，接着比特币开始暴跌至几乎一文不值；但是这个拥有 51%算力的 X-man 原本完全可以通过挖矿的方式获取更多收益。

9.7　区块链的应用和军事价值

区块链是分布式数据存储、点对点传输、共识机制、加密算法等计算机技术的新型应用模式，具有信息难篡改、可追溯、去中心化等特性，其技术的广泛应用实现了数据分布存储和数据非对称加密的有机结合，目前已在金融、物联网、公共服务、公益慈善、供应链等诸多领域崭露头角。

9.7.1　区块链与物联网

区块链技术产生具有固有安全特性的数据结构。它基于密码学、去中心化和共识的原则，这些原则确保了对交易的信任。在大多数区块链或分布式账本技术中，数据被结构化为块，每个块包含一个事务或交易捆绑。每个新块都以几乎不可能篡改的方式连接到链。区块内的所有交易都通过共识机制进行验证和商定，确保每笔交易都是真实的和正确的。

区块链技术通过分布式网络中成员的参与实现去中心化。没有单点故障，单个用户无法更改事务记录。但是，区块链技术在某些关键安全方面有所不同。

（1）货运

运输货物是一个复杂的过程，涉及具有不同优先级的各方。支持物联网的区块链可以在集装箱移动时存储温度、位置、到达时间和状态。不可变的区块链交易有助于确保各方信任数据并采取行动，以快速有效地移动产品。

（2）组件跟踪和合规性

跟踪进入飞机、汽车或其他产品的组件的能力对于安全性和法规遵从性至关重要。存储在共享区块链分类账中的物联网数据使各方能够在产品的整个生命周期内查看组件的来源，与监管机构、托运人和制造商共享此信息是安全、简单且经济高效的。

（3）记录运营维护数据

物联网设备跟踪关键机器的安全状态及其维护信息。从发动机到电梯，区块链提供了操作数据和由此产生的维护数据的无篡改分类账本。第三方维修合作伙伴可以监控区块链进行预防性维护，并在区块链上记录他们的工作；还可以与政府实体共享运营记录，以验证合规性。

9.7.2　行业应用

（1）金融

区块链应用于金融领域的核心价值是助力反洗钱和顾客身份审查。在区块链的创新和使用探究中，金融是最主要的领域，区块链技术在数字钱银、付出清算、智能合约、金融交易、物联网金融等多个方面应用前景广阔。就拿淘宝购物来说，支付环节需要经过支付宝完成可信任担保交易，但由于淘宝和支付宝同属一支，这种信用基础就被掌握在阿里巴巴自己手里。如果把支付宝担保渠道换成一个"可信任的超级系统"，让交易变得直观而安全，也就不需要第三方担保了。区块链的出现刚好可以让这个想法变成现实。比特币是现在区块链技术最广泛、最成功的应用，其由于具有难以篡改的时间戳和全网揭露的特性，得到了银行、证券、保险等金融职业的广泛信任。

（2）游戏

区块链应用于游戏领域的核心价值是把游戏权利交还给游戏玩家。区块链去中心化、智能合约、资产买卖等特点，能很好地解决现在游戏数据和用户数据隐私泄露的问题，促进游戏中虚拟数字钱银的保值，实现用户与游戏开发渠道公正的价值同享。在国外，区块链技术已被广泛应用在游戏钱银付出环节，如拥有 800 万名玩家的游戏 Fragoria 已启动区块链支付网关，为游戏职业提供首个加密钱银支付计划。

（3）社交

区块链应用于社交领域的核心价值是让用户自己控制数据，杜绝隐私泄露。想想为什么我们刚刚浏览完某个购物网站，总会在其他社交平台上收到类似的广告弹窗，因为数据隐私被垄断的大数据平台进行了贩卖。区块链技术在社交领域的应用目的，就是让社交网络的控制权从中心化的公司转向个人，实现中心化向去中心化的改变，让数据的控制权牢牢掌握在用户自己手里。以色列轻社交软件 Synereo，借助匿名化的区块链网络及内嵌代币机制，充分保证用户隐私安全，同时利用标签代币化和个性化定价，帮助人们重塑社交网络形象、人与人之间关系、身份与认知。

（4）版权

区块链应用于版权领域的核心价值是重塑对知识产权的保护。区块链技术将所有的交易都记录在区块中，且记录几乎不可被篡改，因此所有交易都可以被追踪和查询到，保障了区块链上的交易透明性，避免网络中的用户非法使用具有知识产权保护的内容。对原创者来说，这是一种更便捷、更安全、更廉价的版权保护方式。目前区块链技术多应用于数字音乐的版权保护。在线音乐平台 PledgeMusic 公布了一个全球分散式账本和公平贸易音乐数据库的综合蓝图，其可以充分解决所有权、付款和透明度的问题。

（5）云计算

区块链应用于云计算领域的核心价值是推动公共信任基础设施的建设进程。中国信息通信研究院认为，区块链与云的结合也是必然趋势。区块链与云的结合有两种方式：第一种是区块链在云上，第二种是区块链在云里。第二种也就是 BaaS（Blockchain-as-a-Service），指在云效能商直接把区块链作为效能供给用户。未来，云效能企业越来越多地将区块链技术整合至云核算的生态环境中，通过 BaaS 功能，有效降低企业应用区块链的安置成本，降低立异创业的初始门槛。

（6）共享经济

区块链应用于共享经济领域的核心价值是为平台构建用户信任。区块链是通过分布式和一致性的存储系统，完成 P2P 商业模式下透明公正的信誉管理体系。区块链借助智能合约，能够主动履行满意某项条件下的操作，也能够使更多产品被"共享"，大幅降低契约建立和履行的成本。如腾讯正在把智能合约运用于自行车租赁、房屋共享等领域。

（7）医疗

区块链应用于医疗领域的核心价值是实现数据共享，助力更精确的诊断、更有效的治疗。一直以来，医疗机构存在无法在各渠道上安全同享数据的问题。数据供给商之间更好的数据协作意味着更精确的诊断、更有用的治疗。区块链技术能够让医院、患者等相关方在区块链网络里同享数据，而不用担忧数据的安全性和完整性。

（8）慈善

区块链应用于慈善领域的核心价值是实现所有数据公开透明。对于慈善捐助，区块链可以让人们准确跟踪捐款流向、捐款何时到账、捐款最终到了谁的手里等信息。由此，区块链可以解决慈善捐赠过程中长期存在的透明度不高和问责不清等问题。

9.7.3 军事应用

区块链技术的应用已经从金融领域逐渐进阶到军事领域。包括美国和北约在内的多个国家和国际组织在积极尝试推动区块链技术在军事领域的应用。C4ISRNET 最新报告指出，美国国防部目前正在评估区块链技术在军事应用中的可行性。美国 2018 年颁布的《国防授权法案》要求国防部对区块链进行全面研究，探讨如何将其应用于军事领域。美国国防高级研究计划局（Defense Advanced Research Projects Agency，DARPA）授予美国两家计算机安全公司价值 180 万美元的合同，用于构建区块链应用程序 Guardtime 无钥签名基础设施，以验证完整性监控系统是否有可能构建一种不可破解的代码形式，研究区块链应用于保护军用卫星、核武器等高度机密数据免遭黑客攻击的潜力，以提高关键系统的安全性。美国国防高级研究计划局的工程师还在尝试利用区块链技术创建一个黑客无法入侵的安全信息服务系统。

北约也对区块链的军事化应用表现出了浓厚的兴趣。北约通信与信息局举办了区块链创新竞赛，寻求发现提高军事后勤、采购和财务效率的军事级区块链项目。爱沙尼亚和北约正尝试使用区块链技术开发下一代系统，以实现北约网络靶场防御平台的现代化。俄罗斯国防部认为，区块链有助于军队追踪黑客攻击的来源，提高数据库的总体安全性，并在俄罗斯时代科技园建立了相应的研究实验室。

2018 年，俄罗斯国防部宣布成立一个科学实验室，重点开发用于检测和防范对关键军事信息基础设施网络攻击的区块链系统。该实验室是军事研究中心的一部分，该中心创建于2018 年，用于保障新技术的开发和军事应用，负责政府信息安全的总参谋部第八主任部（General Staff's Eighth Main Directorate）被指定将基于区块链的技术融入其运营中。于2014 年创建的俄罗斯金融通信传输系统在 2019 年采用了区块链。这使俄罗斯能够规避针对他们的一些国际金融制裁。此外，俄罗斯间谍机构 FSB 和 GRU 在财务上利用了与加密货币相关的区块链技术。

从区块链技术在装备领域的具体应用看，它发挥了以下作用。一是可提升联合作战装备的保障能力。基于链上节点平等参与、链上数据全域共识、对等网络安全可信等特征，可对作战装备保障要素、保障单位及保障过程进行穿透式监管，实现作战装备保障信息由层级式向平行式转变，提高指挥信息传递效率，提升联合作战装备保障效能。二是可提升装备业务一体协同能力。基于各部门链上数据难以篡改、交叉验证、全链备份等特性，实现装备建设战略管理、项目管理和使用保障管理，提高装备的跨域协同能力。三是可推动装备现代治理能力提升。基于区块链分布式账本可追溯、智能合约可编程、价值网络自繁殖等特征，可实现装备质量全寿命可追溯、装备经费全过程可监管、装备态势全要素可监控，推动装备业务流程优化再造，促进装备现代治理能力提升。

应用区块链的项目必须有以下几个共同特质：所在领域对数据安全要求极高；所在领域对数据隐私要求极高；计算过程可追溯、难以篡改；开放姿态，众人皆能贡献参与；拥有自己独立发行的令牌；互联网应用已经相当成熟。区块链在军事领域的应用，大体有以下几个方面。

（1）武器装备全寿命周期管理

武器装备全寿命周期包括从立项论证、研制生产、交付服役到退役报废的全过程，需要对设计方案、试验结果、技术状态等大量数据资料进行记录备案。现行的武器装备记录方式通常为纸质或电子媒介备案，这种方式存在安全难以保障、转移交接困难、缺乏有效监管等缺陷。在武器装备管理中引入区块链技术，可让上级主管部门、武器装备管理部门和武器装备使用方，甚至武器装备科研单位和生产厂商都参与到武器装备战技状态的更新与维护环节中，形成一个分布式的、受监督的武器装备档案登记网络，提高武器装备档案的安全性、便利性和可信度。利用区块链技术，武器装备的每个零部件都可以追踪到原点，这也有助于解决武器装备采购合同的争议。引入区块链技术，构建一种难以破解的完整监控、管理和控制系统，可以进一步提高武器装备管理的安全性、便利性和可信度。

（2）指挥控制系统

区块链技术有助于构建自主化、安全的任务指挥与控制体系。区块链与人工智能和军事物联网相结合，将改变未来的军事指挥控制模式，即从集中控制模式转变为分散控制模式。在未来战场上，一群军用无人机以分散的方式持续地共享作战数据和决策，其作为一个统一的组织运作，不依赖单一的决策中心，能够在发生伤亡时不丧失作战能力。另一个适合分散指挥的领域是复杂的火力系统。过去北约海军舰艇一直依赖一种名为"宙斯盾作战系统"的集中武器控制系统，这是一种巧妙而集中的"大脑"，能够从数十个传感器收集数据，同时协调几种致命武器的火力。虽然它已经过时了，但仍然运行良好，但如果决策中心被拆除，其集中化特征会使它变得很脆弱。一组通过区块链进行协调的自治系统可以提供一种更可行的设计，既可以保留协调的优点，又可以消除中央控制固有的漏洞。

（3）军事物流

现代军事物流正向智能化时代迈进，智能仓储、智能包装、智能运输和智能配送等智能化物联网络将涵盖军事物流的全过程。运用区块链技术可以降低军事物流的成本，追溯物品的生产和运送过程，提高供应链管理的效率。该领域被认为是区块链一个很有前景的应用方向。在智能军事物流系统中，人和物动态、自主组网，构成一个去中心化的对等网络，无须中心服务器，分布式的网络结构就可提高军事物流系统的生存能力；接入网络的节点之间可以直接或以中继方式进行通信，实现信息自由交互；用户需求、仓储货品、装载运输、配送中转等军事物流链条中的重要信息，将被统一保存在各区块中，信息安全系数将大幅提升。"区块链+大数据"的解决方案利用大数据的自动筛选过滤模式，在区块链中建立信用资源，从而双重提高交易的安全性和便利程度，为智能军事物流模式应用节约时间，有效解决智能化军用物流面临的组网通信、数据保存和系统维护等难题，进一步提高军事物流系统的生存能力，确保系统有序高效运转。美国国防部委托美国国家制造科学中心和穆格公司，开发一个基于区块链的分布式交易系统，使国防部能够在安全的环境中，评估区块链技术对武器装备老旧零部件增材制造和智能数字化供应链流程的适应性。

（4）军事后勤保障

区块链技术还可以有效解决智能化军事后勤面临的组网通信、数据保存和系统维护等一系列难题。军事后勤保障网络一旦纳入区块链技术，军事后勤系统中的人员和物资就可实现自主组网，构成一个去中心化的网络。军事后勤保障系统中涉及的物资生产、采购、运输、配给等数据，都可以统一保存在各区块之中，使军事后勤信息的安全系数大幅提升。以联盟链为核心，以各军种、各部门需求为导向，可以组成一个完备的联盟链，使军事后勤装备及能源等与各军种、各部门的需求相匹配，时刻处于最佳状态。

（5）战场数据与网络安全

不论战争形态如何改变，战场数据的完整性和机要信息保护都是战争胜利的关键。区块链提供的去中心化的完全分布式域名系统（Domain Name System，DNS）服务，通过网络中各个节点之间的点对点数据传输，能够实现域名的查询和解析，确保军事基础设施的操作系统和固件没有被篡改，监控军用软件的状态和完整性，并确保使用军事物联网传输的数据没有被篡改。区块链的多个节点网络通过共识机制运作，单个节点均会存储区块链上所有数据，即便单一节点遭受攻击，也不会影响区块链系统的整体运行。区块链的分布式存储有效降低了数据集中管理的风险，在一定程度上提升了战场数据保护的安全性。

包括核设施、军用卫星等在内的战略武器系统对数字化系统的依赖程度越来越高。随着网络攻击手段的不断翻新，攻击频度的不断提高，世界军事强国的战略武器系统均面临着网络攻击的威胁。如：顶尖的黑客非法侵入军事网络信息系统，清理权限日志，以隐藏非法访问设备的痕迹；新的网络病毒改变数据或软件代码，造成类似"震网"病毒式的物理系统破坏。除了在维护数据安全性和完整性上具有独特优势外，区块链技术在网络安全防护等领域也大有作为。区块链可以永久记录数据库的动态，系统中各个组件的配置都可以被记录在案、保护在数据库中并被持续监控。任何配置的任意非法更改几乎都可以被系统立即检测到，从而有效防止黑客入侵，且可以将网络日志分布在多个设备之间，使受到攻击的风险最小化。

随着人工智能技术在算法创新、算力提升、数据挖掘等方面的快速进步，区块链技术将展现出更加广阔的应用前景，在数据、网络、激励、应用等各个层面为军事智能化注入新的活力，促进军事领域的技术革新。

9.7.4　军事领域的安全问题

区块链的分布式存储有效降低了数据集中管理的风险，大大提升了数据安全水平，在军事领域有广阔的应用前景。但是应该看到，区块链技术在军事领域的应用也不可避免地存在一些问题，必须引起高度重视。

（1）区块链在军事应用过程中也面临安全问题

与任何技术一样，安全问题出现在区块链开发人员将需求转化为产品和服务的过程中，代码行、共识机制、通信协议等都有可能带来可被恶意利用的漏洞。区块链目前仍然是一项充满差异化的技术：多种协议和编程语言正在并行开发不同的区块链。因此，区块链的开发人员很难获得保护代码所需的经验。区块链在很大程度上依赖密码学，即安全通信的有效实践，它建立在需要保护的通信网络和设备之上，传统的信息安全挑战同样会影响区块链。此外，密码学也是一个不断变化的技术领域，例如量子计算机的发展有望突破多种加密算法。区块链不是在真空中运行的，围绕密钥管理、钱包托管和节点补丁等与人有关的不完备的安全实践，也会带来在军事应用中诸多的安全问题。安全部署区块链的方案需要时间，并需要将区块链集成到更广泛的安全生态系统中，该生态系统需要包括由传统网络设备组成的传统信息安全平台。为此，需要将区块链集成到事件管理预案和流程中，并开始考虑去中心化的业务模型对安全域的影响。

（2）区块链在技术层面上还需要实现重大突破

目前区块链应用还处在初创开发阶段，没有直观可用的成熟产品。相比于互联网技术，人们可以用浏览器、App 等具体应用程序实现信息浏览、传递、交换和应用，但区块链还缺乏这类突破性的应用程序，存在高技术门槛的障碍。此外，还有区块的容量问题。由于区块链需要承载复制之前产生的全部信息，下一个区块信息量要远远大于之前的区块信息量，这样传递下去，区块写入的信息将会无限增大，由此带来的军事信息存储、验证和容量问题亟待解决。

（3）区块链应用面临竞争性技术的挑战

目前世界军事强国都非常看好区块链技术在军事领域的应用，但也要看到，推动军事转型发展的技术有很多种，哪种技术更方便、更高效，人们就会应用哪种技术。比如，如果在军事通信领域应用区块链技术，信息将被发给全网的所有人，但是只有有私钥的人才能解密打开信件，这样信息传递的安全性会大大增加。但是量子通信利用量子纠缠效应进行信息传递，同样具有高效、安全的特点。这对于区块链技术的军事应用来说，具有很强的竞争优势。

（4）区块链应用面临网络规模和信息管控的两难选择

区块链应用需要运行在去中心化的对等网络之上，一定数量的网络节点是系统运行的基本前提，网络节点规模越大，区块链越不容易被操控或攻破，系统也就越安全可靠。军事信息通常具有密级，要求在一定范围内可控，虽然可以使用非对称加密技术实现较强的信息安全性，但仍然面临信息密级与承载网络密级之间不适配的问题。此外，在对等网络中没有中心服务器的概念，节点之间点对点即可完成事务处理，信息流转是自主分散的，区块链的军事应用面临着信息自由交互与集中管控之间的矛盾。信息集中管控难题的根源是区块链技术去中心化的特质，相关应用落地必须符合军事领域的现行制度和政策，操作难度很大。

（5）区块链应用可能带来工作效率低的问题

区块链技术成功解决了无信任世界里的共识形成问题，但其以牺牲工作效率为代价，响应速度与容量远远低于现有的中心化系统。达成区块共识需要经历"竞争–验证–同步–竞争"的循环过程，"竞争"要求区块链上的节点付出成本进行自证以获取记账权；"验证"指执行校验反馈确认信息可信；"同步"指同步更新本地数据副本。整个过程相当烦琐耗时。军事领域对信息传送时效性要求极高，因此目前的区块链技术面临性能的瓶颈。当前主流区块链技术每秒钟的吞吐量大概从几个到几百个，数据写入区块链，最少需要 10 分钟，如果所有节点都同步数据，则需要花费更多的时间。当前区块链技术的性能与现有主流中心化应用能够达到的毫秒级响应速度及每秒万级的处理容量相差甚远，难以满足军事领域的特殊战技指标要求。

（6）区块链应用面临新旧体系能否兼容的问题

在现有的中心化体系下，区块链技术融入军事体系还存在兼容问题。开发一种区块链应用系统，并将其挂载到现有的军事体系中，该区块链系统能否发挥效能，取决于两个因素：一是区块链系统与现有军事体系能否兼容，并形成局部与整体的协作关系，如区块链系统与现有军事体系完成接口对接、指令响应及信息传递的情况是否达到要求；二是区块链系统对现有军事体系的能力提升情况，如可否补齐现有体系的短板。在中心化的军事体系中，完成去中心化区块链系统的部署需要解决两种不同理念的互斥难题，面临的是结构性矛盾和体制性障碍，即便能够实现二者的兼容与协作，但军事体系整体性能的提升还需要依赖各要素之间的无缝链接和紧密协作。

区块链技术向军事领域的全面渗透将在一定程度上改变未来的战争形态和作战样式，甚至影响战争胜负。目前区块链技术在军事领域中的应用还处于探索阶段，重大项目还未落地，但是它一旦被成功应用于军事领域，必将超越传统的军事管理体系，引发军队建设和作战方式的革命性变化。

9.8　本章小结

当前，区块链已成为与人工智能、量子信息、物联网同等重要的新一代信息技术，并可能产生颠覆性影响，是"一个还未探明储量的金矿"。同其他新兴技术产生后必然运用于军事领域一样，近年来世界发达国家军队纷纷探索区块链的军事应用，以期在新一轮军事革命大潮中占据先机。为此，应科学预判区块链对军事领域可能产生的冲击和影响，挖掘区块链的军事应用潜力，做好"区块链+军事"的大文章，为提升军队信息化、智能化水平注入强劲动力。

9.9　思考题

1．区块链的基本概念和核心技术是什么？
2．有哪些领域可以使用区块链技术？
3．区块链有哪些军事应用？

第**10**章

机器学习

机器学习（Machine Learning，ML）来源于早期的人工智能领域，是人工智能研究发展到一定阶段的必然产物。机器学习可以分为以支持向量机为代表的统计学习和以人工神经网络为代表的深度学习。统计学习模型参数往往是可解释的，而人工神经网络则是一个"黑箱"。本章我们主要介绍统计机器学习，包括机器学习的发展、基本实现方法和主要应用。

10.1 基本概念

10.1.1 定义

机器学习是一门多领域交叉学科，涉及概率论、统计学、逼近论、凸分析、算法复杂度理论等多门学科；专门研究计算机怎样模拟或实现人类的学习行为，以获取新的知识或技能，重新组织已有的知识结构，使之不断改善自身的性能。

机器学习是人工智能的核心，是使计算机具有智能的根本途径。机器学习是实现人工智能的一种工具；而监督学习、无监督学习、深度学习等只是实现机器学习的一种方法。

机器学习与其包含的算法之间的关系如图 10-1 所示。

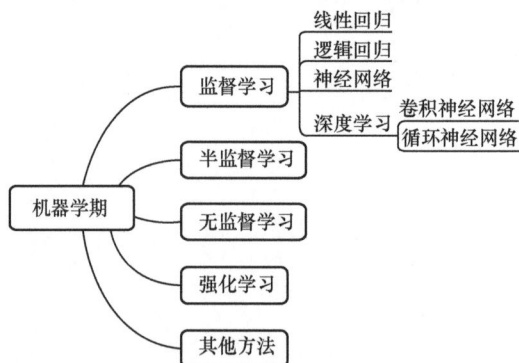

图 10-1　机器学习与其包含的算法之间的关系

注：这里把神经网络和深度学习归到监督学习下面可能不是很恰当，因为维度不一样，只能说有些监督学习的过程中用到神经网络的方法。而在半监督学习或无监督学习的过程中也可能会用到神经网络，这里只在监督学习的模式下介绍神经网络。

机器学习就是让机器自己有学习能力，能模拟人的思维方式去解决问题。

机器学习的目的不只是让机器去做某件事，而是让机器学会学习。就像教一个小孩，我们不能教他所有的事，我们只能进行启蒙工作，他要学会用我们教他的东西去创造更多的东西。

人解决问题的思维方式是，当遇到问题的时候，根据过往的经历、经验、知识来做决定。机器模拟人的思维方式是，先用大量的数据训练机器，让机器有一定的经验，再次输入新的问题时，机器可以根据以往的数据，输出一个最优解。

因此，机器学习就是让机器具备学习能力，像人一样去思考和解决问题。

10.1.2　机器学习的发展

机器学习并不是人工智能一开始就采用的方法。人工智能的发展经历了逻辑推理、知识工程、机器学习 3 个阶段。

第 1 阶段的重点是逻辑推理，例如数学定理的证明。这类方法采用符号逻辑来模拟人的智能。

第 2 阶段的代表是专家系统，这类方法为各个领域的问题建立专家知识库，利用这些知识完成推理和决策。如果要让人工智能做疾病诊断，那就要把医生的诊断知识建成一个库，然后用这些知识对病人进行判断。专家系统有两个明显缺陷：一是知识量极其庞大；二是人工知识不具有通用性，可扩展性差。

第 3 阶段的代表是机器学习。与其总结好知识告诉人工智能，还不如让人工智能自己去学习知识。

虽然机器学习这一名词以及其中某些零碎的方法可以追溯到 1958 年甚至更早，但机器学习真正作为一门独立的学科要从 1980 年算起，在这一年第一届机器学习的学术会议和相关期刊诞生了。到目前为止，机器学习的发展经历了如下 3 个阶段。

- 20 世纪 80 年代是正式成形期，尚不具备影响力。
- 20 世纪 90 年代至 21 世纪初是蓬勃发展期，众多的理论和算法诞生了，机器学习真正走向了实用。
- 2012 年之后是深度学习时期，深度学习技术诞生并急速发展，较好地解决了现阶段 AI 的一些重点问题，并带来了产业界的快速发展。

机器学习算法发展历程如图 10-2 所示。

1980 年机器学习作为一支独立的力量登上了历史舞台。在这之后的 10 年里出现了一些重要的方法和理论，典型的代表是：分类与回归树（Classification and Regression Tree，CART）、反向传播算法、卷积神经网络。在这一时期，隐马尔可夫模型（Hidden Markov Model，HMM）被成功地应用于语音识别，使语音识别的方法由规则和模板匹配转向机器学习。

1990—2012 年机器学习逐渐走向成熟和应用。在这 20 多年里机器学习的理论和方法得到了完善和充实，可谓是"百花齐放"的年代。代表性的重要成果有：支持向量机（Support Vector Machine，SVM）、AdaBoost 算法、循环神经网络（RNN）、长短期记忆（Long Short-Term Memory，LSTM）网络、流形学习、随机森林等。在这一时期机器学习算法真正走向了实际应用。典型的代表是车牌识别、光学字符识别（Optical Character Recognition，OCR）、手写文字识别、人脸检测技术（数码相机中用于人脸对焦）、搜索引擎中的自然语言处理技术和网页排序、广告点击率（Click-Through Rate，CTR）预估、推荐系统、垃圾邮件过滤等。同时一些专业的 AI 公司诞生了，如 MobilEye、科大讯飞、文安科技、文通科技、IO Image 等。

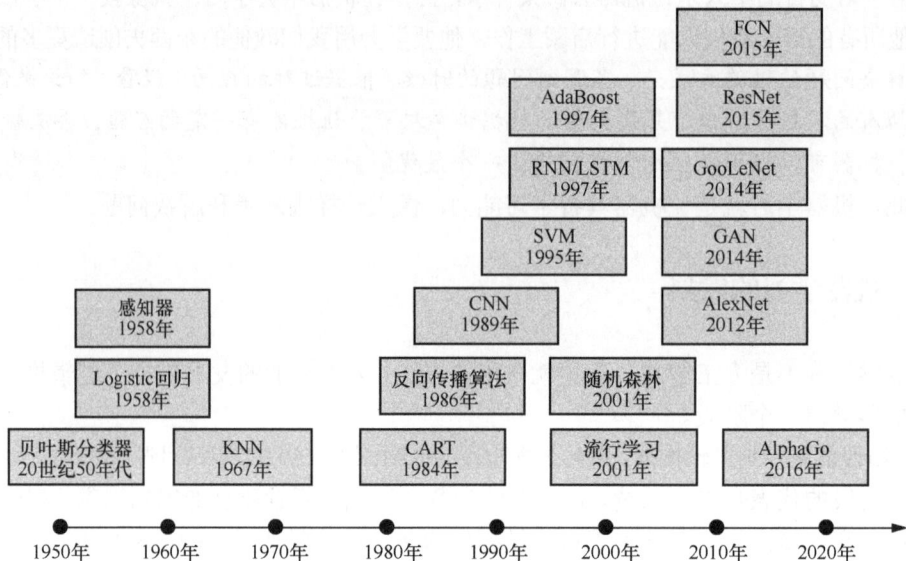

图 10-2　机器学习算法发展历程

自 2012 年以后，随着大量样本出现、算法的改进和计算能力的提高，深度神经网络取得了长足的发展。深度学习的起源可以追溯到 2006 年欣顿（Hinton）等人提出了一种训练深层神经网络的方法，用受限玻尔兹曼机训练多层神经网络的每一层，得到初始权重，然后继续训练整个神经网络。2012 年欣顿小组发明的深度卷积神经网络 AlexNet 首先在图像分类问题上取得成功，随后被用于机器视觉的各种问题，包括通用目标检测、人脸检测、行人检测、人脸识别、图像分割、图像边缘检测等。在这些问题上，卷积神经网络取得了当时最好的性能。在另一类被称为时间序列分析的问题上，循环神经网络取得了成功。典型的代表是语音识别、自然语言处理。使用深度循环神经网络之后，语音识别的准确率显著提升，直至达到实际应用的要求，直接推动了语音识别、机器翻译等技术走向实际应用。在策略、控制类问题上，深度强化学习技术取得了成功，典型的代表是 AlphaGo。在各种游戏、自动驾驶等问题上，深度强化学习显示出了接近人类甚至比人类更强大的能力。以生成式对抗网络（Generative Adversarial Networks，GAN）为代表的深度生成框架在数据生成方面取得了惊人的效果，可以创造出逼真的图像、流畅的文章、动听的音乐，为解决数据生成这种"创作"类问题开辟了一条新思路。DeepMind、OpenAI、字节跳动、商汤科技、第四范式等都诞生于这一时期。

10.1.3　机器学习算法的分类

机器学习算法的分类方式有很多，一般可以按照以下 3 种方式进行分类。

- 根据训练期间接受的监督数量和监督类型，可以将机器学习分为以下 4 种类型：监督学习（Supervised Learning）、非监督学习、半监督学习和强化学习。算法的演变与发展大多在各个类的内部进行，但也可能会出现大类间的交叉，如深度强化学习就是深度神经网络与强化学习技术的结合。
- 根据是否能够动态地增量学习，可以分为：在线学习和批量学习。
- 根据泛化的方法不同，可以分为：基于实例的学习和基于模型的学习。

本书主要介绍按照监督方式进行分类的方式。常见的机器学习算法见表 10-1。

表 10-1　常见的机器学习算法

算法	类型	简介
朴素贝叶斯	分类	贝叶斯分类法是基于贝叶斯定理的统计学分类方法。它通过预测给定的元组属于特定类的概率来进行分类。朴素贝叶斯分类法假定每个特征在给定类别下是独立于其他特称的，也被称为类条件独立性
决策树	分类	决策树是一种简单但被广泛使用的分类器，它通过训练数据构建决策树来对未知的数据进行分类
SVM	分类	支持向量机把分类问题转化为寻找分类平面的问题，并通过最大化分类边界点距离分类平面的距离实现分类
逻辑回归	分类	逻辑回归用于处理因变量为分类变量的回归问题，常见的是二分类或二项分布问题，也可以处理多分类问题，它实际上属于一种分类方法
线性回归	回归	线性回归是处理回归任务最常用的算法之一。该算法的形式十分简单，它期望使用一个超平面拟合数据集（只有两个变量的时候就是一条直线）
回归树	回归	回归树通过将数据集重复分割为不同的分支而实现分层学习，分割的标准是最大化每一次分离的信息增益。这种分支结构让回归树很自然地学习到非线性关系
K 邻近（KNN）	分类+回归	通过搜索 K 个最相似的实例（邻居）的整个训练集并总结 K 个实例的输出变量，对新数据点进行预测
AdaBoosting	分类+回归	它的目的是从训练数据中学习一系列的弱分类器或基本分类器，然后将这些弱分类器组合成一个强分类器
神经网络	分类+回归	它从信息处理的角度对人脑神经元网络进行抽象，建立某种简单模型，按不同的连接方式组成不同的网络

10.2　机器学习流程

机器学习在实际操作层面一共分为 7 步：收集和准备数据、特征工程、建立模型、模型训练、模型评估、模型优化、预测。

步骤 1：收集和准备数据。

在机器学习中，数据质量非常重要。数据必须能够代表整个问题领域和所需学习的任务。数据收集包括数据获取、数据清理、特征选择、特征加工等。这个阶段的目的是准备好一组有效的、丰富的训练数据集。

步骤 2：特征工程。

特征在机器学习中扮演了很关键的角色，它们的表现较差将会影响模型的效度。特征工程是指对数据进行适当的处理，从而使其可以更好地用于建模，它包括新特征的产生、变量处理、特征的提取和选择。

步骤 3：建立模型。

选择一个合适的模型是非常重要的，这将直接影响到预测结果的准确率。需根据任务的性质和数据类型，选择合适的模型。

步骤 4：模型训练。

数据被分为训练集和测试集。训练集被送入模型中进行学习。让模型自行从数据中学习准确和智能的信息，寻找数据中的相关规律。

步骤 5：模型评估。

一旦训练完成，就可以评估模型是否有用了。这是我们之前预留的验证集和测试集发挥作用的地方。评估的指标主要有准确率、召回率、F 值。这个过程可以看到模型是如何对尚未看到的数据做预测的，体现的是模型在现实世界中的表现。

步骤 6：模型优化。

完成评估后，用户可能希望了解是否可以以任何方式进一步改进训练。可以通过模型优化来做到这一点。当我们进行训练时，隐含地假设了一些参数，我们可以通过人为调整这些参数让模型表现更出色。

步骤 7：预测。

将优化后的模型部署到线上环境，实现最终的预测功能。

10.3　监督学习

10.3.1　定义

监督学习的样本数据带有标签值，它从训练样本中学习得到一个模型，然后用这个模型对新的样本进行预测推断。它的样本由输入值 x 与标签值 y 组成，如式（10-1）所示：

$$(x, y) \tag{10-1}$$

其中，x 为样本的特征向量，是模型的输入值；y 为标签值，是模型的输出值。标签值可以是整数也可以是实数，还可以是向量。有监督学习的目标是给定训练样本集，根据它确定映射函数，如式（10-2）所示：

$$y = f(x) \tag{10-2}$$

确定这个函数的依据是函数能够很好地解释训练样本，让函数输出值 $f(x)$ 与样本真实标签值 y 之间的误差最小，或者让训练样本集的对数似然函数最大。这里的训练样本数是有限的，而样本所有可能的取值集合在很多情况下是一个无限集，因此只能从中选取一部分样本参与训练。

监督学习是用已标记的训练数据来推断一个功能的机器学习任务，主要特点就是训练数据是有标签的，即输入时告诉机器这是什么，通过输入给定标签的数据，让机器自动找出输入与输出之间的关系。其实现在我们看到的人工智能大多数是监督学习，如图像识别。当输入一张猫的图片时，你告诉机器这是猫；当输入一张狗的图片时，你告诉机器这是狗……如此训练。

监督学习训练过程示意图如图 10-3 所示。

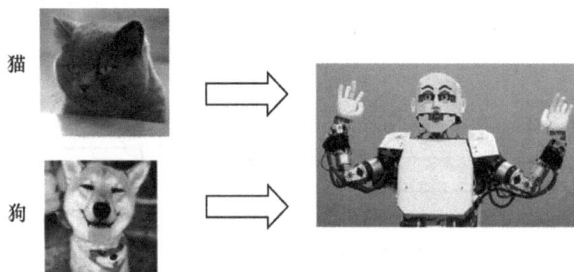

图 10-3　监督学习训练过程示意图

测试时，当你输入一张机器以前没见过的图片，机器能辨认出这张图片中是猫还是狗。监督学习识别过程示意图如图 10-4 所示。

图 10-4　监督学习识别过程示意图

日常生活中的很多机器学习应用，如垃圾邮件分类、手写文字识别、人脸识别、语音识别等是有监督学习。这类问题需要先收集训练样本，对样本进行标注，之后用标注好的训练样本训练模型，最后根据模型对新的样本进行预测。

10.3.2　监督学习的优缺点

优点：算法难度较低，模型容易训练。

缺点：需要人工给大量的训练数据打上标签，因此催生了数据标签师和数据训练师的岗位。

在监督学习中，算法从有标记数据中学习。在理解数据之后，该算法通过将模式与未标记的新数据进行关联来确定应该给新数据赋哪种标签。

10.3.3　监督学习算法

监督学习的主要算法如图 10-5 所示，可以分为线性模型、决策树、KNN、贝叶斯、线性判别分析（Linear Discriminant Analysis，LDA）等。LDA 也可以归类到线性模型中，它旨在寻找一个投影方向，当把数据投影到一条直线上时，同类别的数据尽可能地接近，不同类别的数据尽可能地分开。

线性模型是最大的一个分支，它最后衍生出了一系列复杂的非线性模型。如果用于分类问题，最简单的线性模型是线性回归，加上 L2 和 L1 正则化项之后，分别得到岭回归和 LASSO 回归。对于分类问题，最简单的是感知器模型，从它衍生出了支持向量机、Logistic 回归和神经网络三大分支。而神经网络又衍生出了各种不同的结构，包括自动编码器、受限玻尔兹曼机、卷积神经网络、循环神经网络、生成式对抗网络等。当然，还有其他一些类型的神经网络，因为使用很少，所以在这里不列出。

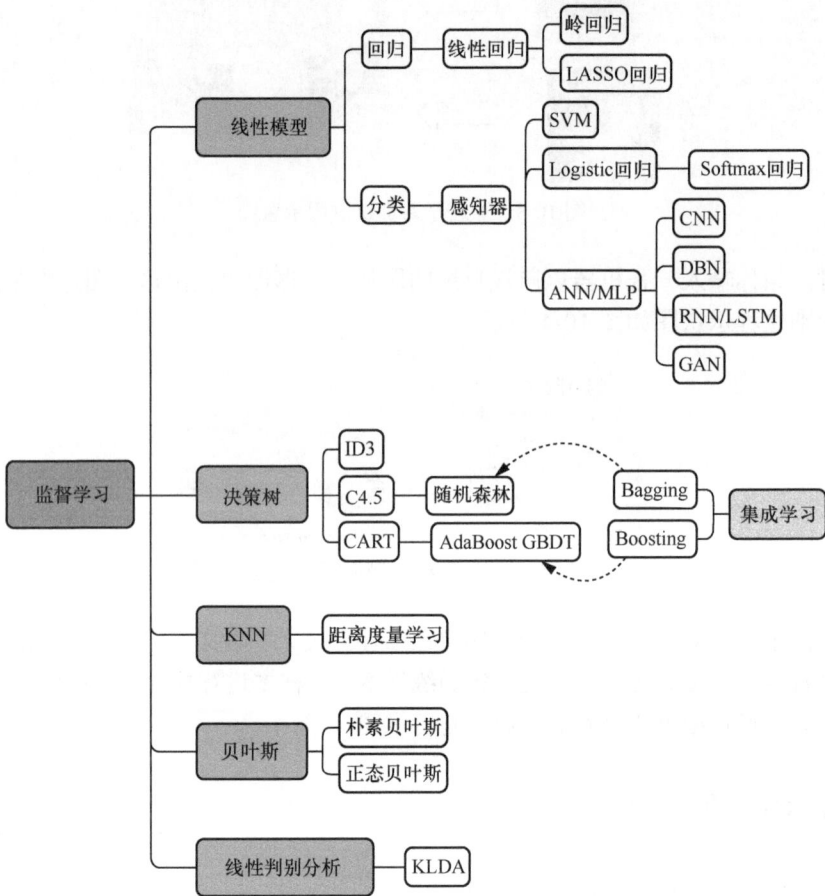

图 10-5 监督学习的主要算法

分类问题预测数据所属的类别，分类的例子包括垃圾邮件检测、客户流失预测、情感分析、犬种检测等。回归问题根据先前观察到的数据预测数值，回归问题的例子包括房价预测、股价预测、身高体重预测等。决策树是一种基于规则的方法，它的规则是通过训练样本学习得到的，典型的代表是 ID3、C4.5 以及分类与回归树。集成学习是机器学习中一类重要的算法，它通过将多个简单的模型进行集成，得到一个更强大的模型，简单的模型被称为弱学习器。决策树与集成学习算法相结合，产生了随机森林、Boosting 这两类算法（事实上，Boosting 算法的弱学习器不仅可以用决策树，还可以用其他算法）。

KNN 算法基于模板匹配的思想，是最简单的一种机器学习算法，它依赖距离定义，而距离同样可以由机器学习得到，这就是距离度量学习。

贝叶斯也是有监督学习算法中的一个大分支，最简单的是贝叶斯分类器，更复杂的有贝叶斯网络。而贝叶斯分类器又分为朴素贝叶斯和正态贝叶斯两种。

10.3.4 线性回归

10.3.4.1 基本概念

（1）回归分析

回归分析是一种预测性的建模技术，它研究的是因变量（目标）和自变量（预测器）之间的关系。这种技术通常用于预测分析、时间序列模型以及发现变量之间的因果关系。通常使用曲线来拟合数据点，目标是使曲线到数据点的距离最小。

（2）线性回归

线性回归是回归问题中的一种。线性回归假设目标值与特征之间线性相关，即满足一个多元一次方程。通过构建损失函数，求解损失函数最小时的参数 w 和 b。通常可以表达为式（10-3）：

$$\hat{y} = wx + b \tag{10-3}$$

其中，$\hat{y}$ 为预测值，自变量 x 和因变量 y 是已知的，而我们想实现的是新增一个 x，预测其对应的 y 是多少。因此，为了构建这个函数关系，要通过已知数据点，求解线性模型中 w 和 b 两个参数。

当我们只用一个 x 来预测 y 时，它就是一元线性回归，也就是在找一个直线来拟合数据。比如，有一组数据画出来的散点图，横坐标代表广告投入金额，纵坐标代表销售量，线性回归就是要找一条直线，让这条直线尽可能地拟合图中的数据点。

"波士顿房价预测"就是一个线性回归的问题，即要找一条线拟合这些测试数据，让误差最小。如图 10-6 所示，用面积作为自变量、房屋价格作为因变量，求取房屋价格，可以用一条直线表示面积和价格之间的线性关系。要使误差最小，就是要使每一个测试点到直线的距离之和最小。

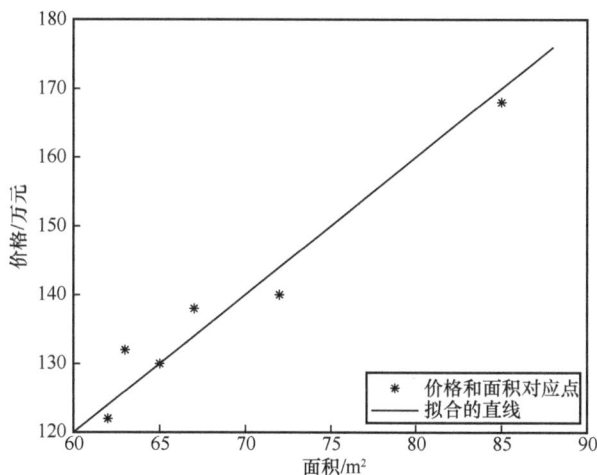

图 10-6 线性回归

10.3.4.2 代价函数

求解最佳参数时，需要有一个标准对结果进行衡量，为此我们需要定量化一个目标函数式，使计算机可以在求解过程中不断地优化。

用任何模型求解问题，最终都可以得到一组预测值 $\hat{y}$，对比已有的真实值 y。数据行数为 n，将损失函数定义为式（10-4）：

$$L = \frac{1}{n}\sum_{i=1}^{n}(\hat{y}_i - y_i)^2 \tag{10-4}$$

即预测值与真实值之间的平方距离的平均，统计中一般称其为均方误差（Mean Square Error，MAE）。把之前的函数式代入损失函数，并且将需要求解的参数 w 和 b 看作函数 L 的自变量，可得式（10-5）：

$$L(w,b) = \frac{1}{n}\sum_{i=1}^{n}(wx_i + b - y_i)^2 \tag{10-5}$$

现在的任务是求解最小化 L 时 w 和 b 的值，核心目标优化式如式（10-6）所示：

$$(w^*, b^*) = \arg\min_{(w,b)}\sum_{i=1}^{n}(wx_i + b - y_i)^2 \tag{10-6}$$

求解方式有两种：最小二乘法（Least Square Method）和梯度下降法（Gradient Descent）。

（1）最小二乘法

求解 w 和 b 是使损失函数最小化的过程，在统计中，称之为线性回归模型的最小二乘参数估计（Parameter Estimation）。我们可以将 $L(w,b)$ 分别对 w 和 b 求导，得到式（10-7）式（10-8）：

$$\frac{\partial L}{\partial w}2\left(w\sum_{i=1}^{n}x^2 - \sum_{i=1}^{n}x_i(y_i - b)\right) \tag{10-7}$$

$$\frac{\partial L}{\partial b}2\left(nb - \sum_{i=1}^{n}(y_i - wx_i)\right) \tag{10-8}$$

令上述两式为 0，可得到 w 和 b 最优解的闭式（Closed-Form）解，如式（10-9）及式（10-10）所示：

$$w = \frac{\sum_{i=1}^{n}y_i(x_i - \bar{x})}{\sum_{i=1}^{n}x_i^2 - \frac{1}{n}\left(\sum_{i=1}^{n}x_i\right)^2} \tag{10-9}$$

$$b = \frac{1}{n}\sum_{i=1}^{n}(y_i - wx_i) \tag{10-10}$$

（2）梯度下降

梯度下降的核心内容是对自变量进行不间断的更新（针对 w 和 b 求偏导），使目标函数不断逼近最小值，如式（10-11）及式（10-12）所示：

$$w \leftarrow w - \alpha\frac{\partial L}{\partial w} \tag{10-11}$$

$$b \leftarrow b - \alpha\frac{\partial L}{\partial b} \tag{10-12}$$

线性回归模型相对简单，并可提供易于解释的数学计算式，可以生成预测。线性回归可以应用于商业和学术研究的各个领域，如生物、行为、环境、社会科学甚至商业的所有领域。

线性回归模型已成为科学可靠地预测未来的行之有效的方法。由于线性回归是一个长期建立的统计过程，因此线性回归模型的属性很容易理解，并且可以非常快速地进行训练。

10.3.5　逻辑回归

逻辑回归（Logistic Regression）也被称作Logistic 回归分析，是一种广义的线性回归分析模型，属于机器学习中的监督学习。其推导过程与计算方式类似于回归的过程，但实际上主要用于解决二分类问题（也可以解决多分类问题）。通过给定的 n 组数据（训练集）来训练模型，并在训练结束后对给定的一组或多组数据（测试集）进行分类。例如，给出一个人的身高、体重这两个指标，然后判断这个人是胖还是瘦；给出一个人两门课程的考试成绩，判断这个人能不能被某大学录取等。

根据输入数据不同，逻辑回归可以分为"线性可分"和"非线性可分"。

逻辑回归名字里虽然有回归，但是它解决的是分类问题。逻辑回归输出的特点如图 10-7 所示。

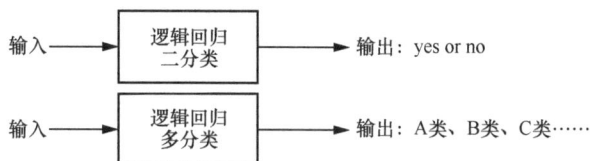

图 10-7　逻辑回归输出的特点

与线性回归法不同，逻辑回归不会尝试在给定一组输入的情况下预测数值变量的值。相反，输出是给定输入点属于某个类的概率。为简单起见，假设只有两个类（对于多类问题，对应的是多项 Logistic 回归），我们希望输出概率 P 大于某个值时，判别为类别 A；输出概率 P 小于某个值时，判别为类别 B。因此，Logistic 回归的输出总是在[0,1]中。其实也可以这么理解，线性可分就是寻找一个线性边界进行分类。对于两个维度，它是一条直线（没有弯曲）；对于三维，它是一个平面；对于更高维也是一样的道理。如图 10-8 所示，已知三角形和星形的数据点，根据一条直线或平面就可以区分这些点的类别，并完成分类。

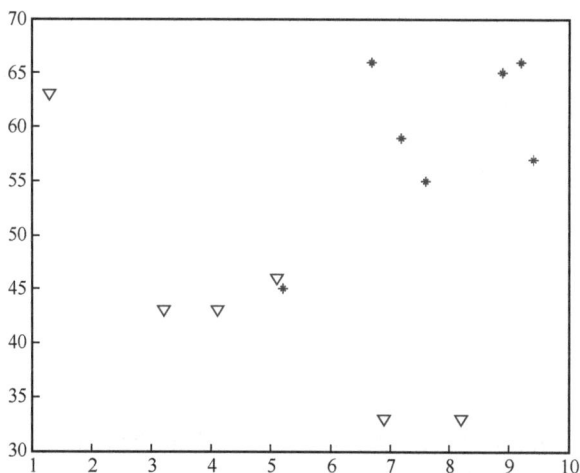

图 10-8　线性可分分类问题

如图 10-8 所示，我们要做的事情就是找一条线，把三角形和星形分开，而不是找一条线去拟合这些点。

比如做拦截垃圾邮件的模型，就是把邮件分为垃圾邮件和非垃圾邮件两类。输入一封邮件，经过模型分析，若是垃圾邮件，则拦截。

对线性模型进行分类，如二分类任务，简单的方法是通过阶跃函数（Unit-Step Function）进行分类，如图 10-9 所示，即将线性模型的输出值连接一个函数进行分割，大于 z 的判定为 0，小于 z 的判定为 1。

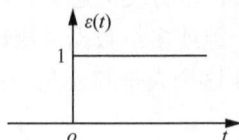

图 10-9　阶跃函数示意图

但这样的分段函数数学性质不好，既不连续，也不可微。因此在二分类任务中，通常使用 Sigmoid 函数实施分割，如图 10-10 所示，其数学表达式如式（10-13）所示：

$$y = \frac{1}{1 + e^{-z}} \qquad (10\text{-}13)$$

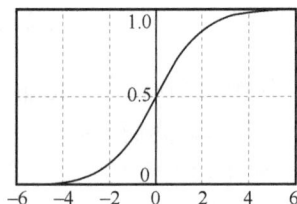

图 10-10　Sigmod 函数示意图

Sigmoid 函数是一个 s 形曲线，像是阶跃函数的温和版，阶跃函数在 0 和 1 之间是突然起跳，而 Sigmoid 有个平滑的过渡。从图形上看，Sigmoid 曲线就像是被掰弯、捋平后的线性回归直线，其将取值范围 $(-\infty, +\infty)$ 映射到 $(0,1)$，更适合表示预测的概率，即事件发生的"可能性"。

逻辑回归在线性回归的基础上加了一个 Sigmoid 函数（非线性）映射，使逻辑回归成为一个优秀的分类算法。本质上来说，两者都属于广义线性模型，但它们两个要解决的问题不一样：逻辑回归解决的是分类问题，输出的是离散值；线性回归解决的是回归问题，输出的连续值。

10.3.6　决策树

10.3.6.1　定义

决策树（Decision Tree）是在已知各种情况发生概率的基础上，通过构成决策树来求取净现值的期望值大于或等于 0 的概率，评价项目风险，判断其可行性的决策分析方法，是直观运用概率分析的一种图解法。由于这种决策分支画成图形很像一棵树的枝干，故被称为决策树。在机器学习中，决策树是一个预测模型，代表的是对象属性与对象值之间的一种映射关系。Entropy 即系统的凌乱程度，使用算法 ID3、C4.5 和 C5.0 生成树算法使用熵。这一度量是基于信息学理论中熵的概念的。

决策树是一种树状结构，其中每个内部节点表示一个属性上的测试，每个分支表示一个测试输出，每个叶节点表示一种类别。

分类树（决策树）是一种十分常用的分类方法。它是一种监督学习，所谓监督学习就是给定一堆样本，每个样本都有一组属性和一个类别，这些类别是事先确定的，那么通过学习得到一个分类器，这个分类器能够对新出现的对象进行正确的分类。这样的机器学习就被称为监督学习。

10.3.6.2　决策树的组成

决策点：对几种可能方案进行选择，最后选择的最佳方案。如果决策属于多级决策，则决策树的中间可以有多个决策点，以决策树根部的决策点为最终决策方案。

状态节点：代表备选方案的经济效果（期望值），对各状态节点的经济效果进行对比，按照一定的决策标准就可以选出最佳方案。由状态节点引出的分支被称为概率枝，概率枝的数目表示可能出现的自然状态数目，每个分枝上要注明该状态出现的概率。

结果节点：将每个方案在各种自然状态下取得的损益值标注于结果节点的右端。

典型决策树算法实例如图 10-11 所示。

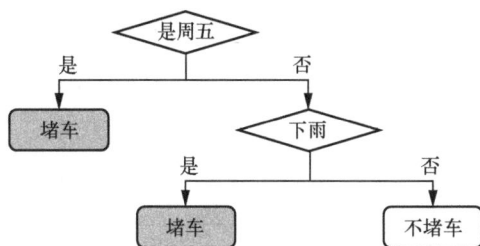

图 10-11　典型决策树算法实例

10.3.6.3　决策树算法流程

（1）特征选择

特征选择决定了使用哪些特征来做判断。在训练数据集中，每个样本的属性可能有很多个，不同属性的作用有大有小。因而特征选择的作用就是筛选出与分类结果相关性较高的特征，也就是分类能力较强的特征。在特征选择中通常使用的准则是信息增益。

（2）决策树生成

选择好特征后，从根节点出发，对节点计算所有特征的信息增益，选择信息增益最大的特征作为节点特征，根据该特征的不同取值建立子节点；对每个子节点使用相同的方式生成新的子节点，直到信息增益很小或者没有特征可以选择为止。

（3）决策树剪枝

剪枝的主要目的是对抗"过拟合"，通过主动去掉部分分支来降低过拟合的风险。

10.3.7　神经网络

10.3.7.1　定义

神经网络（Neural Networks），也称为人工神经网络（Artificial Neural Network，ANN）或模拟神经网络（Spiking Neural Network，SNN），是机器学习的子集，是深度学习算法的核心。其名称和结构受人类大脑的启发，模仿生物神经元信号相互传递的方式。

人工神经网络由节点层组成，包含一个输入层、一个或多个隐藏层和一个输出层。每个节点也被称为一个人工神经元，它们连接到另一个节点，具有一定的权重和阈值。如果节点的输出高于指定的阈值，那么该节点将被激活，并将数据发送到网络的下一层；否则，不会将数据传递到网络的下一层。

10.3.7.2　神经网络原理

（1）与生物神经网络的关系

人工神经元是模仿生物神经元进行设计的，生物神经元和人工神经元的关系对照见表 10-2。神经网络是机器学习中的一种模型，是一种模仿动物神经网络行为特征进行分布式并行信息处理的算法数学模型。这种网络依靠系统的复杂程度，通过调整内部大量节点之间相互连接的关系，达到处理信息的目的。

表 10-2　生物神经元和人工神经元关系对照

生物神经元	人工神经元	作用
树突	输入层	接收输入的信号
细胞体	加权和	加工和处理信号
轴突	激活函数	控制输出
突触	输出层	输出结果

（2）神经网络基本结构

① 神经元

神经元是神经网络的基本计算单元，也被称作节点（Node）或者单元（Unit）。它可以接收来自其他神经元的输入或外部的数据，然后计算一个输出。每个输入值都有一个权重（Weight），权重的大小取决于这个输入相比于其他输入值的重要性。然后在神经元上执行一个特定的函数 f，定义为 $z = g(a_1 w_1 + a_2 w_2 + b)$，这个函数会对该神经元的所有输入值以及其权重进行一个操作。

由图 10-12 可以看到，除了权重外，还有一个输入值是 1 的偏置值（Bias）。这里的函数 f 是一个被称为激活函数的非线性函数，它的目的是给神经元的输出引入非线性。现实世界中的数据都是非线性的，因此我们希望神经元都可以学习到这些非线性的表示。

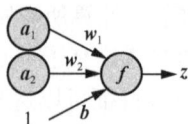

图 10-12　神经元的基本结构

比较常见的激活函数包括 Sigmoid、tanh、ReLU 等。

② 前向神经网络

前向神经网络是第一个也是最简单的人工神经网络。如图 10-13 所示，这个神经网络分为 3 个网络层，分别是输入层、隐藏层（中间层）和输出层，每个网络层都包含多个神经元，每个神经元都会和相邻的前一个层的神经元连接，这些连接也是该神经元的输入。根据神经元所在层的不同，前向神经网络的神经元也分为 3 种，分别为：输入神经元、隐藏神经元和输出神经元。

输入神经元位于输入层，主要将来自外界的信息传递进神经网络，如图片信息、文本信息等，这些神经元不需要执行任何计算，只需要将信息或数据传递到隐藏层。

隐藏神经元位于隐藏层。隐藏层的神经元不与外界有直接的连接，都是通过前面的输入层和后面的输出层与外界有间接的联系，因此被称为隐藏层。图 10-12 只有 1 个隐藏层，但实际上隐藏层可以有很多个，当然也可以没有，那就是只有输入层和输出层的情况了。隐藏层的神经元会执行计算，将输入层的输入信息通过计算进行转换，然后输出到输出层。

输出神经元位于输出层。输出神经元就是将来自隐藏层的信息输出到外界，即输出最终的结果，如分类结果等。

③ 多层感知器

有两种典型的前馈神经网络（Feedforward Neural Networks），分别是单层感知器和多层感知器，如图 10-13 所示。

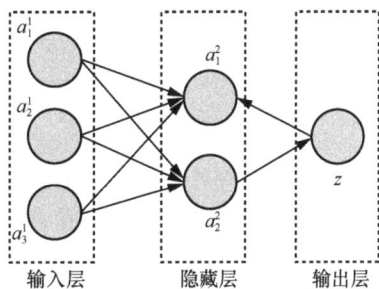

图 10-13　前馈神经网络示意图

单层感知器只有输入层和输出层，因此只能学习线性函数，而多层感知器拥有一个或多个隐藏层，因此也就可以学习非线性函数了。拥有一个隐藏层的多层感知器如图 10-14 所示。

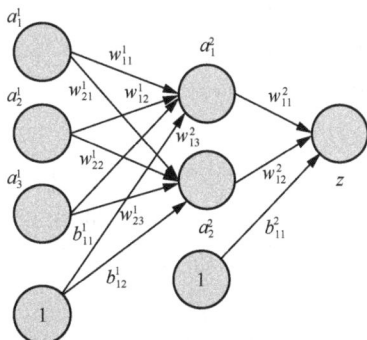

图 10-14　多层感知器

更多典型的神经网络将在第 11 章人工智能技术中介绍。

10.4　半监督学习

半监督学习（Semi-Supervised Learning）的主要特点是在训练数据的过程中，小部分数据是有标签的，大部分数据是无标签的。

半监督学习更像人的学习方式，就像小时候，妈妈告诉你这是鸡，这是鸭，这是狗，但她不能带你见到这个世界上所有的生物；下次见到天上飞的，你可能会猜这是一只鸟，虽然你不知道这只鸟具体叫什么名字。

其实我们不缺数据，缺的是有多样标签的数据。想要数据很简单，放一个摄像头不断拍，放一个录音机不断录，就有大量数据了。

简单说一个半监督学习的方式，如图 10-15 所示。

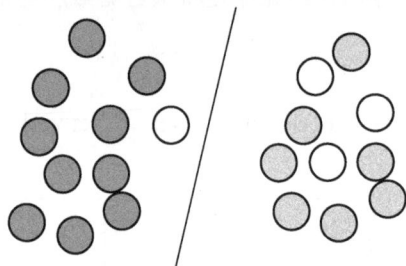

图 10-15　半监督学习示例

假设深灰色的和浅灰色的是有标签的两类数据，而无色的是无标签的数据，那么先根据深灰色和浅灰色对数据进行分类，然后看无色的数据在哪边，再给它们分别标上深灰色的或浅灰色的标签。

因此半监督学习的一个重要思想就是，怎么用有标签的数据将无标签的数据打上标签。

10.5　无监督学习

无监督学习（Unsupervised Learning）的主要特点是训练数据是无标签的，需要通过大量的数据训练，让机器自主总结出这些数据的结构和特点。

就像一个不懂得欣赏画的人去看画展，看完之后，他可以凭感觉归纳出这些画作是一种风格，另外的那些画作是另一种风格，但他不知道这些是写实派，那些是印象派。

比如给机器输入大量的文章，如图 10-16 所示，机器就学会把文章分类，但它并不知道它们是经济类的、文学类的、军事类的等，机器并不知道每一类是什么，它只知道把相似的文章归到一类。

无监督学习主要应用在解决分类和聚类问题方面，比如 Google 和今日头条的内容分类。

在无监督学习中，给定的数据集没有"正确答案"，所有的数据都是一样的。无监督学习的任务是从给定的数据集中，挖掘出潜在的结构。

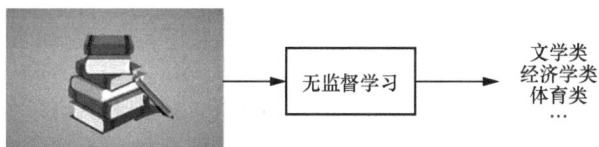

图 10-16　无监督学习

举个例子。我们把一堆猫和狗的照片输入机器，不给这些照片打任何标签，但是我们希望机器能够将这些照片分类。

通过学习，机器会把这些照片分为两类，一类都是猫的照片，另一类都是狗的照片，如图 10-17 所示。虽然结果跟上面的监督学习看上去差不多，但是两者有本质的差别：在非监督学习中，虽然照片被分为了猫和狗，但是机器并不知道哪个是猫，哪个是狗。对于机器来说，相当于分成了 A、B 两类。

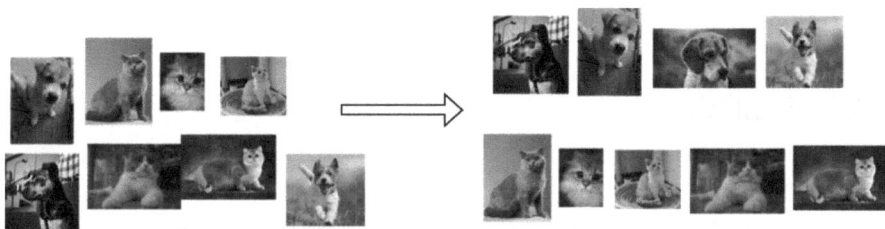

图 10-17　猫狗分类问题

10.6　强化学习

10.6.1　基本概念

（1）强化学习的定义

强化学习（Reinforcement Learning，RL）又称再励学习、评价学习或增强学习，是机器学习的范式和方法论之一，用于描述和解决智能体在与环境交互的过程中通过学习策略来达成回报最大化或实现特定目标的问题。

强化学习讨论的问题是一个智能体（Agent）怎么在一个复杂不确定的环境（Environment）中极大化它能获得的奖励。通过感知所处环境的状态（State）对动作（Action）的反应（Reward）来指导更好地动作，从而获得最大的收益（Return），这被称为在交互中学习，这样的学习方法就叫作强化学习。

强化学习并不是某一种特定的算法，而是一类算法的统称。强化学习的常见模型是标准的马尔可夫决策过程（Markov Decision Process，MDP）。按给定条件，强化学习可分为有模型强化学习（Model-Based RL）和无模型强化学习（Model-Free RL），以及主动强化学习（Active RL）和被动强化学习（Passive RL）。强化学习的变体包括逆向强化学习、阶层强化学习和部分可观测系统的强化学习。求解强化学习问题使用的算法可分为策略搜索算法和值函数（Value Function）算法两类。深度学习模型可以在强化学习中得到使用，形成深度强化学习。

（2）与监督学习和非监督学习的关系

强化学习是除了监督学习和非监督学习之外的第三种基本的机器学习方法。

监督学习从外部监督者提供的带标注的训练集中进行学习（任务驱动型）。

非监督学习是一个典型的寻找未标注数据中隐含结构的过程（数据驱动型）。

强化学习更偏重智能体与环境的交互，这带来了一个独有的挑战——"试错（Exploration）"与"开发（Exploitation）"之间的折中权衡。智能体必须开发已有的经验来获取收益，同时也要进行试探，使未来可以获得更好的动作选择空间（从错误中学习）。

（3）强化学习的特点

试错学习：强化学习一般没有直接的指导信息，智能体要不断地与环境进行交互，通过试错的方式获得最佳策略（Policy）。

延迟回报：强化学习的指导信息很少，而且往往是在事后（最后一个状态）才给出的。比如围棋只有到了最后才能知道胜负。

10.6.2　强化学习的原理

（1）基本原理

在强化学习的过程中，智能体跟环境一直在交互。智能体在环境里获取状态，然后利用这个状态输出一个动作、一个决策。这个决策会被放到环境之中去，环境会根据智能体采取的决策，输出下一个状态以及当前这个决策得到的奖励。智能体的目的就是尽可能多地从环境中获取奖励。强化学习的基本原理如图 10-18 所示。

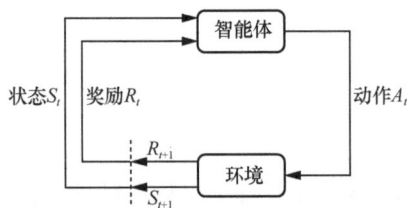

图 10-18　强化学习的基本原理

（2）主要元素

强化学习主要包括环境和智能体两部分，以及状态/观察值、动作和奖励三元素。

环境：是一个外部系统，智能体处于这个系统中，能够感知到这个系统并且能够基于感知到的状态做出一定的行动。

智能体：是一个嵌入环境中的系统，能够通过采取行动来改变环境的状态。

状态/观察值（Observation）：状态是对世界的完整描述，不会隐藏世界的信息；观察值是对状态的部分描述，可能会遗漏一些信息。

动作：不同的环境允许不同种类的动作，在给定的环境中，有效动作的集合经常被称为动作空间（Action Space），包括离散动作空间（Discrete Action Space）和连续动作空间（Continuous Action Space）。例如，走迷宫的机器人如果只有东南西北这 4 种移动方式，则称其为离散动作空间；如果机器人向 360° 中的任意角度都可以移动，则称其为连续动作空间。

奖励（Reward）：是由环境给的一个标量的反馈信号（Scalar Feedback Signal），这个信号显示了智能体在某一步采取了某个策略的表现如何。

强化学习算法的思路非常简单。以游戏为例，如果在游戏中采取某种策略可以取得较高的得分，那么就进一步"强化"这种策略，以期继续取得较好的结果。这种策略与日常生活中的各种"绩效奖励"非常类似。我们平时也常用这种策略来提高自己的游戏水平。

在 Flappy Bird 这个游戏中，如图 10-19 所示，我们简单地通过点击操作来控制小鸟躲过各种水管，让它飞得越远越好，因为小鸟飞得越远，积分越高。

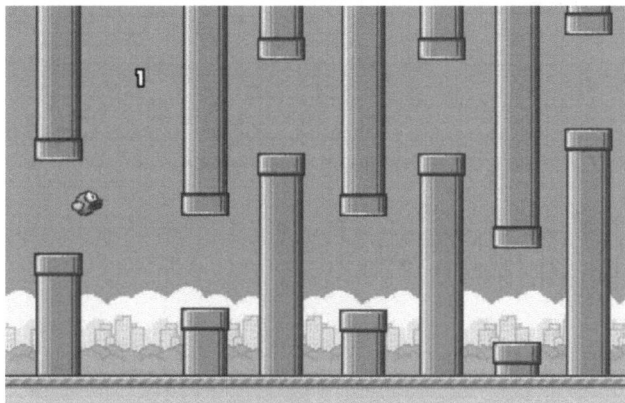

图 10-19　Flappy Bird 游戏界面

这就是一个典型的强化学习场景：

- 机器有一个明确的小鸟角色——智能体；
- 当前小鸟的状态——状态/观察值；
- 整个游戏过程中需要躲避各种水管——环境；
- 躲避水管的方法是让小鸟用力飞一下——行动；
- 飞得越远，就会获得越高的积分——奖励。

游戏是典型的强化学习场景，强化学习和监督学习、无监督学习最大的不同就是不需要大量的"数据喂养"，而是通过自己不停地尝试来学会某些技能。

10.6.3　强化学习的分类

根据智能体是否能完整了解或学习到所在环境的模型，强化学习可以分为无模型强化学习和有模型强化学习，如图 10-20 所示。

有模型强化学习对环境有提前的认知，可以提前规划；缺点是如果模型跟真实世界不一致，那么其在实际使用场景中的表现较差。

无模型强化学习放弃了模型学习，在效率上不如前者，但是这种方式更加容易实现，也容易在真实场景下调整到很好的状态。因此无模型学习方法更受欢迎，得到了更加广泛的开发和测试。

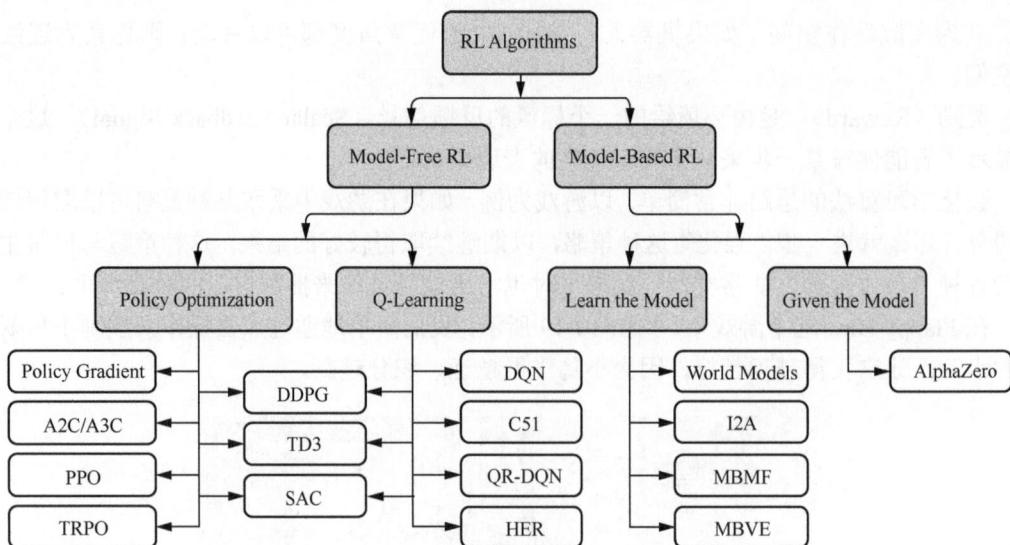

图 10-20　强化学习的分类

10.6.4　强化学习的应用场景

强化学习目前还不够成熟，应用场景也比较局限。最大的应用场景就是游戏了。

（1）游戏

强化学习在游戏领域应用最多，如围棋、StarCraft2、Dota2、绝悟等。

2016 年 AlphaGo Master 击败李世石，而使用强化学习的 AlphaGo Zero 仅花了 40 天时间就击败了自己的前辈 AlphaGo Master。

2019 年 1 月 25 日，AlphaStar 在星际争霸 2 中以 10:1 击败了人类顶级职业玩家。

2019 年 4 月 13 日，OpenAI 在 Dota2 的比赛中战胜了人类世界冠军。

（2）机器人

强化学习在机器人领域也有不少应用。机器人很像强化学习里的智能体。在机器人领域，强化学习也可以发挥巨大的作用。如波士顿动力的机器人、机器狗，都可以通过强化学习进行控制；再如机械臂类的机器人已经被广泛应用于工业自动化中。

（3）军事

强化学习在智能空战中也有重要的应用。2020 年苍鹭系统公司研制的应用强化学习算法的 AI 飞行员以 5:0 战胜人类飞行员。目前国内也有不少公司参与智能空战研究，均取得了不错的进展。

10.7　机器学习面临的问题

从大的类别上来看，机器学习主要面临两个问题：一是数据集不具备代表性；二是算法与数据集不匹配。

10.7.1 数据集问题

（1）数据集太小，训练样本较少

这种情况被称为小样本问题。一般的机器学习算法需要大量或者充足的样本数据才能进行有效的学习，即使简单问题也需要成百上千的数据进行支撑；在复杂问题中，如智能语音、问答系统中，如果没有有效的迁移模型，训练数据可能达到千万级别。

（2）数据集多样性和代表性问题

数据集不仅要数量大，还要多样性好。例如识别狗的数据集不能仅包含金毛犬的数据，还应该包括哈士奇、柯基、博美等各种各样的犬类，这样才能保证尽量多的狗能够被识别出来。

同时，数据要有代表性。使用没有代表性的数据进行训练，模型的预测就会不准确，如果样本太少，容易引入采样噪声（即非代表性数据）；即使样本很多，如果采样方法有缺陷，也得不到很好的结果，这种情况被称为采样偏差（Sampling Bias）。比如统计了 5 个湖南人喜欢吃甜豆腐脑，不能说所有湖南人都喜欢吃甜豆腐脑，这就是采样噪声和采样偏差的例子。

（3）数据集质量低的问题

如果训练数据中包含较多的错误数据、离群点和噪声，想要得到一个性能较好的模型是非常困难的。因此，花费时间清洗训练数据是十分必要的，这也是数据科学家们非常重视的工作。常用的方法如下。对于离群点，通常的办法是剔除该实例或者手动修正；对于有特征缺失值的情况，可以删除这个特征、删除缺失特征的实例样本，或者填充缺失值（填充为中值或平均值），还可以分别训练包含该特征和不包含该特征的两个模型之后再对比效果。

（4）不相关特征问题

如果训练数据包含足够的相关特征，且不包含太多的不相关特征，模型就有足够的学习能力。机器学习如此强大的一个重要原因就是提取一些重要的特征进行训练。提取特征并处理的过程被称为特征工程，具体包含以下几个方面。

- 特征选择：从所有特征中选择最有用的特征供模型进行训练。
- 特征提取：结合已有的特征产生更有用的特征（例如降维技术）。
- 通过收集新数据创建新特征。

10.7.2 算法问题

（1）过拟合问题

假如看到一个南方人吃甜豆腐脑，就说所有南方人都吃甜豆腐脑，这就是一个过度概括问题。在机器学习中，类似的情况被称为过拟合（Over-Fitting），表示模型在训练数据上表现得很好，但是在其他样本上表现却不好，泛化能力差。

诸如深层神经网络这种复杂模型可以检测出数据中的细微模式，但是如果训练集包含噪声，或者样本不多（带来采样噪声），模型很可能会检测到噪声本身的模式。很明显这些模式无法很好地泛化到其他样本中。模型本身没有办法判断一个模式是真实反映数据内在特征的还是由数据中噪声造成的。

引起过拟合的原因可能有以下几种。

- 模型本身过于复杂，以至于拟合了训练样本集中的噪声，此时需要选用更简单的模型，或者对模型进行裁剪。
- 训练样本太少或者缺乏代表性，此时需要增加样本数，或者增加样本的多样性。
- 训练样本噪声的干扰，导致模型拟合了这些噪声，这时需要剔除噪声数据或者改用对噪声不敏感的模型。

过拟合示意图如图 10-21 所示。

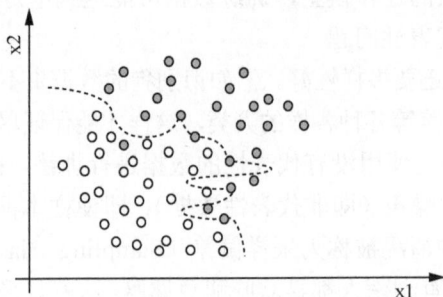

图 10-21　过拟合示意图

（2）欠拟合问题

欠拟合（Under-Fitting）也称为欠学习，它的直观表现是算法训练得到的模型在训练集上表现差，没有学到数据的规律。引起欠拟合的原因有：模型本身过于简单，例如数据本身是非线性的但使用了线性模型；特征数太少无法正确建立统计关系。如图 10-22 所示，数据是线性不可分的，样本的分界线是曲线而非直线，但是图 10-22 使用了线性分类器，导致大量的样本被错误分类，这时更好的选择是非线性分类器。

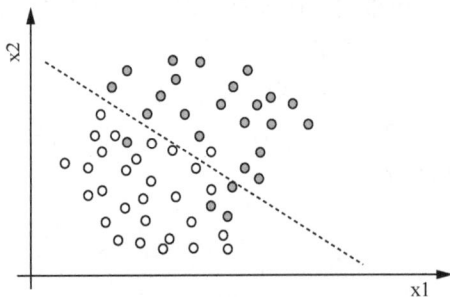

图 10-22　欠拟合示意图

（3）判断数据拟合

判断数据拟合度标准见表 10-3。

表 10-3　过拟合与欠拟合的判断标准

训练集的表现	测试集的表现	结论
不好	不好	欠拟合
好	不好	过拟合
好	好	适度拟合

10.8　本章小结

机器学习是目前业界最火热的一项技术，从网上购物到自动驾驶汽车技术，再到网络攻击抵御系统等，都有机器学习的因子在内，同时机器学习也是最有可能使人类完成"AI 梦"的一项技术。相关领域的开发人员或管理人员，以及身处这个世界，享受着 IT 技术带来便利的人们，最好都了解一些机器学习的相关知识与概念，因为这可以帮助我们更好地理解为我们带来莫大便利的技术的原理，让我们更好地理解当代科技的进程。

10.9　思考题

1．可以预见的强化学习的未来发展或应用方向是什么？
2．什么是机器学习？
3．机器学习的主流算法有哪些？

第11章
人工智能技术

I was the head。

——Geoff Hinton

11.1 基本概念

11.1.1 定义

人工智能是研究、开发用于模拟、延伸和扩展人的智能的理论、方法、技术及应用的一门技术科学。

人工智能是计算机科学的一个分支，它企图了解智能的实质，并生产出一种新的能以与人类智能相似的方式做出反应的机器。

按照智能程度，一般可以将人工智能划分为弱人工智能（Week AI）、强人工智能（Strong AI）和超人工智能（Super AI，ASI）3 个类型。

（1）弱人工智能

弱人工智能也被称为限制领域人工智能（Narrow AI）或应用型人工智能（Applied AI），指专注于且智能解决特定领域问题的人工智能，其最大的特点是缺乏人类意识。如 AlphaGo 智能解决下围棋的问题，而且水平极高，但是它不能解决象棋、麻将的问题。

弱人工智能还可以归结为基于规则的智能和自适应智能。

基于规则的智能需要人为设定条件，并且告诉计算机符合这个条件后该做什么。这种规则式的智能受限于人类经验，因此基于规则的智能不能超越人类的认知，理论上结果都是可以预料的。早期的人工智能方式都可以归结为该类。

自适应智能与基于规则的智能最大的区别在于其由机器从"特定的"数据中总结规律，提取出"特定的"知识，并将知识应用到实际场景中。

一般意义上的人工智能需要大量数据来实施"训练"过程，机器从数据中自动抽取"特定的"知识，进而实现识别过程。但是随着人工智能技术的发展，小样本甚至零样本识别技术也成为研究和应用的热点，人工智能"思考"的方式也越来越像人类。

"特定的"知识一般指人工智能从"特定的"数据中抽取的特征，这些特征被保存下来，用于识别过程。也正是因为归纳逻辑，所以需要依赖大量的数据。数据越多，归纳出来的经验越具有普适性。

这种提取知识的方式不受人的认知所限，当前大多数人工智能算法是自适应智能方式。如图 11-1 所示，给定人工智能系统一定数量的狗的照片，通过训练，告知人工智能系统这是"狗"，人工智能系统下次见到狗的照片时就会自动识别出来。

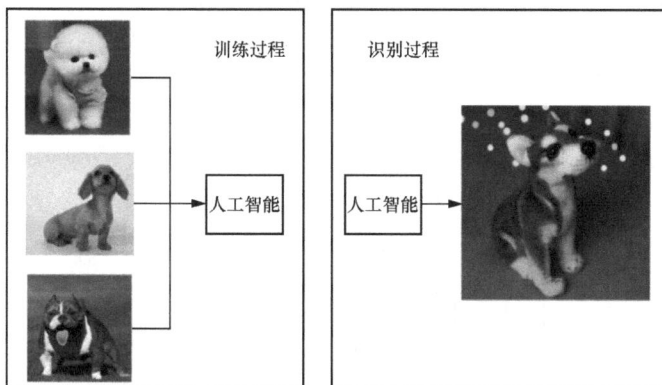

图 11-1　人工智能训练和识别例子

（2）强人工智能

强人工智能又被称为通用人工智能（Artificial General Intelligence），指可以胜任人类所有工作的人工智能。虽然目前人工智能拥有了自适应性，如 AlphaGo 等系统，能够产生人类前所未见的知识，但仍旧不能脱离人类对智能的干预，即人类需要什么，人工智能就创造什么，而不能脱离人类设定的环境，自行产生新的规则。未来人工智能一定会发展得更加创新智能，从而举一反三，创造新的场景和秩序。这在未来也会给人类带来诸多伦理问题，引人遐想。

强人工智能一般具有以下能力：

• 存在不确定因素时进行推理、使用策略、解决问题和制定决策的能力；
• 知识表示的能力，包括常识性知识的表示能力；
• 规划能力；
• 学习能力；
• 使用自然语言进行交流沟通的能力；
• 将上述能力整合起来实现既定目标的能力。

（3）超人工智能

人工智能通过不断发展，超越人类的指挥，比最有天赋的人类还聪明，由此产生的人工智能被称为超人工智能。超人工智能的定义比较模糊，因为没有人知道到人类最高水平的智慧会表现出何种能力，我们也无法推测计算机程序到底有没有能力实现这一目标。

我们当前所处的阶段是弱人工智能阶段，强人工智能还没有实现，因此我们无法预知人工智能的边界。目前人工智能解决的问题十分有限，按照图灵对可解决的问题的划分，第一个层次是人工智能已经找到解决方法的问题，第二个层次是人工智能可以解决的问题，第三个层次是图灵机能解决的问题，第四个层次是可以计算的问题，第五个层次是数学问题，第六个层次是所有问题。也就是说目前 AI 能够解决的问题仅仅是所有问题中的一小部分。

11.1.2　机器学习与人工智能

机器学习是人工智能的一个分支，是实现人工智能的一种方式，也可以说它是人工智能的一类算法。机器学习算法是人工智能背后的推动力量。

机器学习不是一种算法，而是许多算法的总称，如决策树、聚类、贝叶斯等，人工神经网络是机器学习算法的一种，深度学习来源于人工神经网络的研究，但并非等同于人工神经网络。不过在称呼上，许多深度学习算法沿用"神经网络"这个词，如卷积神经网络、循环神经网络、图神经网络等。

人工智能、机器学习和深度学习之间的关系如图 11-2 所示。

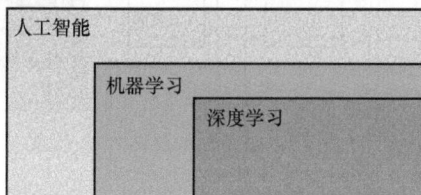

图 11-2　人工智能、机器学习和深度学习之间的关系

11.1.3　人工智能与其他信息技术的关系

人工智能的出现和发展主要有两个因素，一是数据大量累积，二是算力发展。从香农提出信息论后，数字化是信息传递和处理的最主要的方式。第三次工业革命的工作都是围绕数字化来产生的，如计算机、半导体、通信网等。随着信息技术的发展，传感器、嵌入式设备、摄像头等硬件产生了越来越多的数据，这些硬件都连接在"云管端"系统中的"端"上，这些数量庞大的数据被称为大量数据。

随着大量数据的出现，数据传输、存储、计算技术随之出现，其中传输技术解决的是数据互联的问题，代表性的技术有互联网、物联网和其他通信技术（5G 等）。在"云管端"中数据互联技术属于"管"。长期以来，通信在编码解码、调制解调、加密解密等技术上取得了长足的发展，但是信道发展一直不畅。目前在光纤、5G、Wi-Fi、蓝牙、NFC 等技术的共同努力下，实现人与人之间的连接，以及人与物、物与物之间连接的"物联网"诞生了。这些"管"利用分布在各处的嵌入式设备、传感器和摄像头等（军事上包括雷达、光电、磁探、遥感等），采集、生成和传输大量数据。

"端"采集数据，"管"传输数据。数据的体量越来越大，需要对海量复杂格式数据进行存储、调用和分析的技术，即"云"和大数据技术。此处的大数据技术与前文的大量数据有所不同，大量数据仅仅是体量大，而大数据技术不仅是体量大，还包括从大量数据中分析数据规律、挖掘数据知识，两者是有本质区别的。云负责存储、管理和运算数据，类似于人的大脑。在云上的计算方式就是云计算。

除"云"上可以实施计算外,"端"上也可以实施计算,在各个"端"上实施的计算被称为边缘计算,云计算和边缘计算构成信息系统计算新体系。端上计算最典型的代表是区块链。

与此同时,随着半导体技术的发展,芯片(CPU、GPU)也取得了较大进步(参考摩尔定律),算力得到了极大的提升。算力使计算速度不断提高。以往的神经网络的计算能力往往达不到网络复杂度的要求,但随着算力的增加,更深、更复杂的网络不断出现,人工智能技术得到了长足的发展。同时,强大的物联网为海量数据的采集提供了条件,配合大数据技术,这些数据将被算力控制和处理。这将实现整个系统效能的跃升。当算力足够强大的时候,人工智能被引入,会以更合理、更高效的方式接管整个系统的运作控制,进而实现生产力的再次跃升。

5G、云计算、边缘计算、区块链、大数据、人工智能都是信息系统的组成部分。它们相互紧密联系,共同形成一个系统(5IABCDE,5G、IoT、AI、Blockchain、Cloud Computing、Big Data、Edge Computer),如图 11-3 所示。而人工智能是智能时代必然的产物,也是智能时代信息技术的核心。

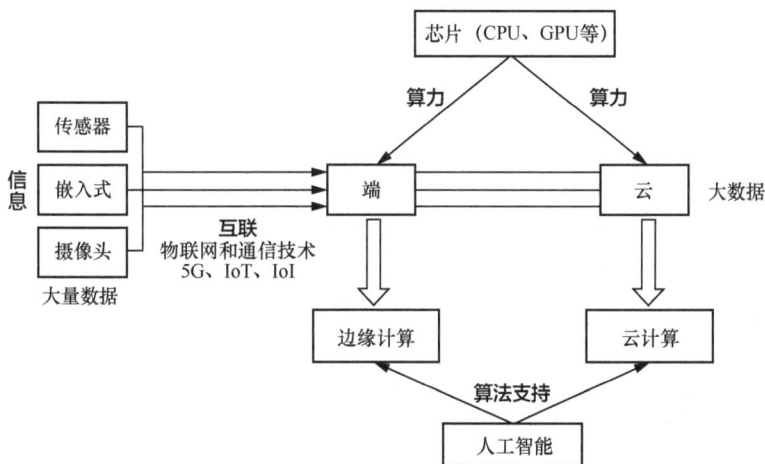

图 11-3　信息技术 5IABCDE 之间的关系

11.1.4　人工智能的发展

(1)第一次浪潮(非智能对话机器人):20 世纪 50 年代到 20 世纪 60 年代

1950 年 10 月,图灵在 *Computing Machinery and Intelligence* 中提出了人工智能的概念,描述了一台可以用于辅助数学研究的机器,后人称之为"图灵机",同时提出了图灵测试来测试人工智能。这奠定了电子计算机和人工智能的理论基础。图灵测试提出没几年,人们就看到了计算机通过图灵测试的"曙光"。1966 年,美国计算机协会设立了图灵奖,日后其发展为计算机科学领域的"诺贝尔奖"。

1956 年达特茅斯会议由麦卡锡、明斯基、罗彻斯特和香农等一批卓越的青年科学家共同发起,会上讨论了用机器来模拟智能的一系列问题,并首次使用了"人工智能"这一术语。

达特茅斯会议后,AI 发展出现了第一次高潮,主要包括计算机可以用于解决代数应用题、证明集合定理、学习和使用英语等。1957 年,理查德·罗森布拉特(Richard Rosenblatt)

基于感知科学设计出第一个神经网络——感知机（the Preceptron），它模拟人脑的工作方式，证明了《数学原理》命题验算部分的 220 个命题，有学者信心满满宣称：不出 10 年，AI 将超越人类。

但是，20 世纪 70 年代，基于逻辑归纳的学习系统取得了较大进展，随着神经网络设计变得不断复杂，计算机性能出现瓶颈，计算复杂性指数级增长，数据量大量缺失，因此机器学习发展停滞不前，人工智能的发展进入第一次寒冬。

（2）第二次浪潮（语音识别）：20 世纪 80 年代到 20 世纪 90 年代

在 20 世纪 80 年代初，机器学习取代了逻辑计算，"知识处理"成为主流 AI 研究的焦点，知识工程、专家系统、语义网等技术不断兴起，其中专家系统的研究和应用最突出，它主要模拟人类专家的知识和经验来解决特定的问题，实现人工智能从理论到实际的重大突破。

1986 年大卫•鲁姆哈特（David Rumelhart）和詹姆斯•麦克莱兰德（James Mc Clelland）提出基于误差反向传播算法的 BP 神经网络，解决了多层神经网络隐含层连接权的问题，该网络被认为是一种真正能够使用的人工神经网络模型。BP 神经网络的出现是 AI 发展的第二次高潮。

但随着人工智能应用规模不断扩大，专家系统存在的应用领域狭窄、缺乏常识性知识、知识获取困难、推理方法单一、缺乏分布式功能等问题逐渐暴露，人工智能的发展陷入第二次低谷。

在这一时期，支持向量算法取得了长足的进展，同时基于统计学习的理论也得到了发展。1997 年 IBM 公司的超级计算机"深蓝"战胜了国际象棋世界冠军卡斯帕罗夫，"深蓝"收集了上百位国际象棋大师的对弈棋谱并进行了学习，实际上，"深蓝"把一个机器智能问题转换成一个大数据和大量计算的问题。在第二次浪潮中，核心突破的原因是放弃了符号学派的思路，改为用统计思路解决实际问题。

（3）第三次浪潮（深度学习+大数据）：21 世纪初

2006 年是深度学习发展史的分水岭。欣顿在这一年发表了《深度信念网络的一种快速学习算法》（*A Fast Learning Algorithm for Deep Belief Nets*），其他重要的深度学习学术文章也在这一年发布，在基本理论层面取得了若干重大突破。自 2012 年的 AlexNet 开始，得到 GPU 计算集群支持的复杂卷积神经网络多次成为大规模视觉识别比赛的优胜算法。

人工智能第三次浪潮的到来主要是因为两个条件已经成熟。

条件一：2000 年后互联网行业飞速发展形成了海量数据，同时数据存储的成本也快速下降，使海量数据的存储和分析成为可能。

条件二：GPU 的不断成熟提供了必要的算力支持，提高了算法的可用性，降低了算力的成本。在各种条件成熟后，深度学习发挥出了强大的能力。在语音识别、图像识别、NLP 等领域不断刷新纪录，让 AI 产品真正进入了可用（例如语音识别的错误率只有 6%，人脸识别的准确率超过人类，BERT 在 11 项表现中超过人类……）的阶段。

2016 年谷歌公司的 AlphaGo Master 战胜人类选手李世石，AlphaGo Master 使用强化学习，使机器可以自己对弈学习。升级版的 AlphaGo Zero 经过 40 天自我训练，打败了 AlphaGo Master，人工智能在围棋项目中屡次战胜人类顶尖选手，人工智能第三次浪潮来临。

第三次浪潮来袭主要是因为具备大数据和算力两个条件，这样深度学习可以发挥出巨大的威力，并且 AI 的表现已经超越人类，达到"可用"的阶段，而不只是科学研究。

人工智能 3 次浪潮的不同之处如下。

- 前两次浪潮是学术研究主导的，第三次浪潮是现实商业需求主导的。
- 前两次浪潮多是市场宣传层面的，而第三次浪潮是商业模式层面的。
- 前两次浪潮多是学术界在积极寻求项目投资，第三次浪潮多是投资人主动向热点领域的学术项目和创业项目投资，同时人工智能的军事应用也在第三次浪潮中兴起，人类战争中越来越多地出现了人工智能的影子。
- 前两次浪潮更多是提出问题，第三次浪潮更多是解决问题。

11.2 深度学习的主要技术

11.2.1 深度学习的基本流程

深度学习的一般流程如图 11-4 所示，包括数据集获取、特征提取、数据集构建、模型训练、模型预测和模型评估等几个过程。

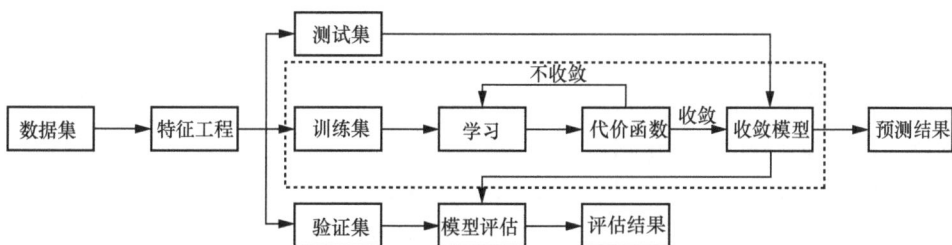

图 11-4 深度学习的一般流程

数据集获取是通过传感器、互联网等途径获取待分析数据的过程。如要想识别战斗机，就要到机场采集飞机照片，或者到互联网爬取照片，从而构建飞机数据集，为进一步识别做准备。

特征工程是深度学习的关键步骤，用于提取和归纳特征，让算法最大限度地使用数据，从而得到更好的结果。数据和特征决定了机器学习的上限，而模型和算法则是逼近这个上限而已。因此特征提取工作做得好，预期结果也会好。特征工程一般包括文本特征、图像特征、数值特征和类别特征等。由于计算机不能处理非数值数据，那么在将数据输入深度学习算法之前，必须将数据处理成计算机能理解的形式，有时需要对数据进行组合处理、缺失值处理和异常值处理等，如通信信号识别问题，还需要进行傅里叶变换等特定的处理方式。

数据集构建分为训练集、测试集和验证集，其中训练集是用于神经网络训练的数据集；测试集在训练后用于测试训练结果，一般来说训练集和测试集是同一个集合的不同部分；验证集用于验证算法的效果，有时验证集与训练集、测试集是同一个集合的不同部分，有时为了验证算法的泛化效果，验证集与训练集、测试集的来源不同。

模型的训练过程包括模型学习、代价函数比较和收敛 3 个过程。其中模型学习是通过搭建神经网络，将训练集中的数据在网络模型中实施学习的过程；每训练一次，就将训练结果与标签数据通过代价函数进行比较，若符合收敛条件，则将网络保存为收敛模型，若不符合收敛条件，则重新训练模型，直至收敛。

模型预测是将测试集送入收敛网络实施预测的过程。

模型估计是将验证集送入收敛网络实施评估的过程。

11.2.2 卷积神经网络

卷积神经网络是一类包含卷积计算且具有深度结构的前馈神经网络，是深度学习的代表算法之一。由于卷积神经网络能够进行平移不变分类（Shift-Invariant Classification），因此也被称为平移不变人工神经网络（Shift-Invariant Artificial Neural Networks，SIANN）。

对卷积神经网络的研究始于 20 世纪 80 至 90 年代，时间延迟网络和 LeNet-5 是最早出现的卷积神经网络；21 世纪后，随着深度学习理论的提出和数值计算设备的改进，卷积神经网络得到了快速发展，并被大量应用于计算机视觉、自然语言处理等领域。

11.2.2.1 CNN 的提出

分析 CNN 的特点，首先要看 CNN 解决了什么问题。在 CNN 出现之前，图像对于人工智能来说是一个难题，有 2 个原因：

一是图像需要处理的数据量太大，导致成本很高，效率很低；

二是图像在数字化的过程中很难保留原有的特征，导致图像处理的准确率不高。

问题一：需要处理的数据量太大。

图像是由像素构成的，每个像素又是由颜色构成的。现在任意一张图片都是 1000×1000 像素以上的，每个像素都由 RGB 3 个参数表示颜色信息。假如我们处理一张 1000×1000 像素的图片，就需要处理 300 万个参数！这么大量的数据处理起来是非常消耗资源的，而且这只是一张不算太大的图片。

卷积神经网络解决的第一个问题就是"将复杂问题简化"，把大量参数降维成少量参数，再做处理。在大部分场景下，降维并不会影响结果。比如 1000 像素的图片缩小成 200 像素的图片，并不影响肉眼认出来图片中是一只猫还是一只狗，机器也是如此。

问题二：保留图像特征。

图片数字化的传统方式我们简化一下，其类似图 11-5 所示的过程。

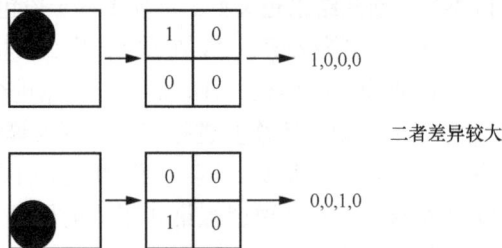

图 11-5　图像简单数字化无法保留图像特征

假如有圆形是 1，没有圆形是 0，那么圆形的位置不同就会产生完全不同的数据表达。但是从视觉的角度来看，图像的内容（本质）并没有发生变化，只是位置发生了变化。因此当我们移动图像中的物体时，用传统的方式得出来的参数差异会很大。这是不符合图像处理的要求的。而 CNN 解决了这个问题，它用类似视觉的方式保留了图像的特征，当图像翻转、旋转或者变换位置时，它也能有效地识别出来是类似的图像。

CNN 解决了以上两个问题，也就具有以下两大特点：

一是能够有效地将大数据量的图片降维成小数据量的图片；

二是能够有效地保留图片特征，符合图片处理的原则。

11.2.2.2　CNN 的基本原理

（1）人类的视觉原理

深度学习的许多研究成果离不开对大脑认知原理的研究，尤其是视觉原理的研究。1981 年的诺贝尔生理学或医学奖颁发给了大卫·休伯尔（David Hubel，出生于加拿大的美国神经生物学家）、托斯坦·维厄瑟尔（Torsten Wiesel），以及罗杰·斯佩里（Roger Sperry）。前两位的主要贡献是发现了视觉信息在大脑中的传递和处理过程，以及视觉皮层是分级的。

人类的视觉原理如下：从原始信号摄入开始（瞳孔摄入像素 Pixels），接着做初步处理（大脑皮层某些细胞发现边缘和方向），然后进行抽象（大脑判定眼前物体的形状是圆形的），最后进行进一步抽象（大脑进一步判定该物体是只气球）。图 11-6 是人脑进行人脸识别的一个示例。

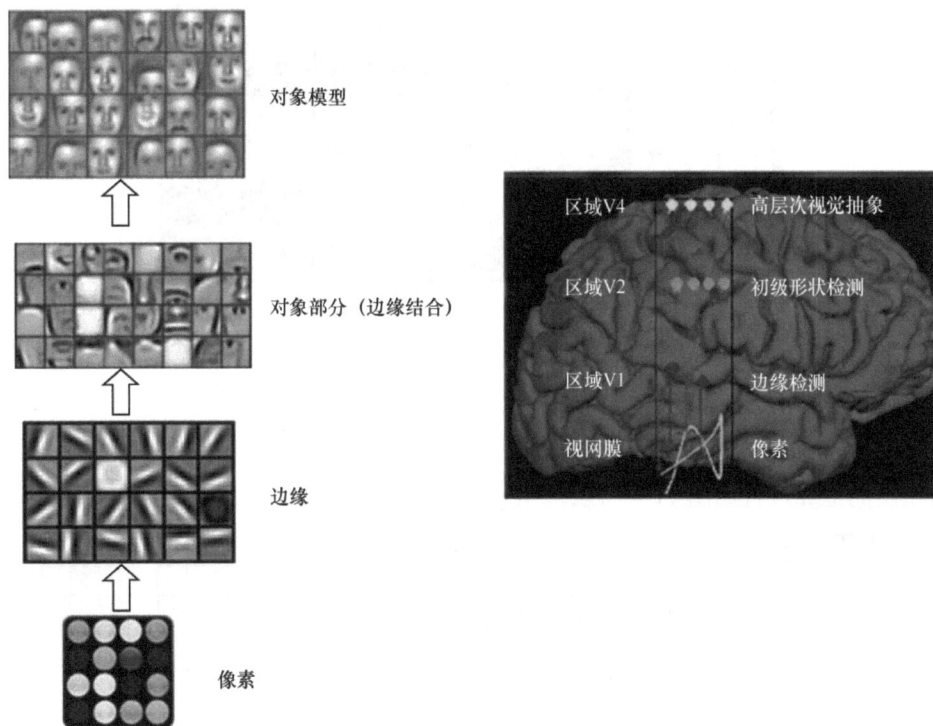

图 11-6　人脑进行人脸识别示例

对于不同的物体，人类视觉也是这样逐层分级来进行认知的。如图 11-7 所示，最底层的特征基本上是类似的，就是各种边缘，越往上，越能提取出此类物体的一些特征（轮子、眼睛、躯干等），到最上层，不同的高级特征最终组合成相应的图像，从而让人类准确地区分不同的物体。那么我们可以很自然地想到：可不可以模仿人类大脑的这个特点，构造多层的神经网络，较低的层识别初级的图像特征，若干底层特征组成更上一层特征，通过多个层级的组合，最终在顶层做出分类呢？

答案是肯定的，这也是许多深度学习算法（包括 CNN）的灵感来源。

典型的 CNN 由 3 个部分构成：卷积层、池化层、全连接层。卷积层负责提取图像中的局部特征；池化层用来大幅降低参数量级（降维）；连接层类似传统神经网络的部分，用来输出想要的结果。

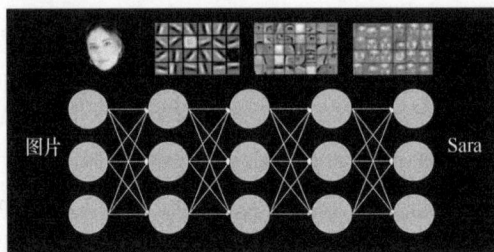
(a) 神经网络模仿人类视觉识别人脸

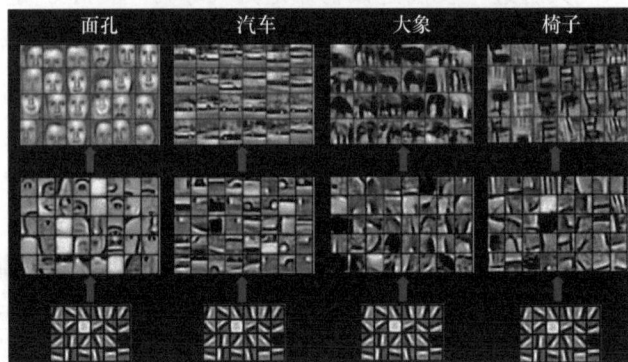
(b) 神经网络识别不同物体

图 11-7　人类视觉与神经网络对应关系

（2）CNN 的组成

① 卷积——提取特征

卷积层的运算过程如图 11-8 所示，用一个卷积核扫完整张图片。

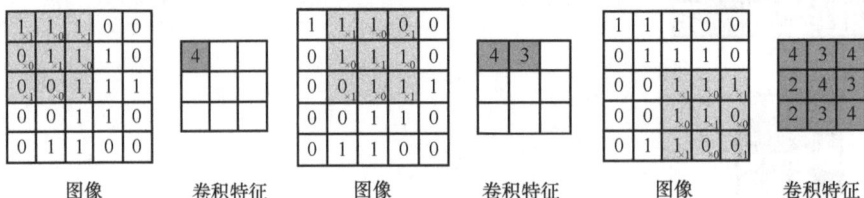
图 11-8　卷积层运算过程

这个过程可以理解为使用一个过滤器（卷积核）来过滤图像的各个小区域，从而得到这些小区域的特征值。在具体应用中，往往有多个卷积核，每个卷积核代表一种图像模式，如果某个图像块与此卷积核卷积出的值大，则认为此图像块十分接近此卷积核。如果设计 6 个卷积核，可以理解为：我们认为这个图像上有 6 种底层纹理模式，也就是我们用 6 种基础模式就能描绘出一幅图像。图 11-9 就是 25 种不同卷积核的示例。

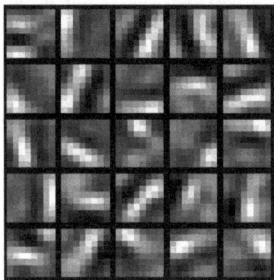

图 11-9　25 种不同的卷积核

总结如下：卷积层通过卷积核的过滤提取出图片中局部的特征，这跟前文提到的人类视觉的特征提取类似。

② 池化层（下采样）——数据降维，避免过拟合

池化层简单说就是下采样，它可以大大降低数据的维度。其过程如图 11-10 所示。

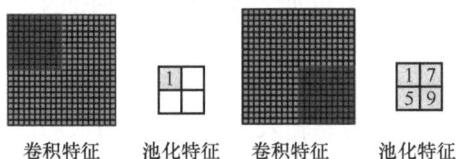

卷积特征　　池化特征　　卷积特征　　池化特征

图 11-10　池化层过程

如图 11-10 所示，原始图片是 20×20 的，对其进行下采样，采样窗口为 10×10，最终将其下采样为一个 2×2 大小的特征图。

池化的原因是即使做完了卷积，图像仍然很大（因为卷积核比较小），为了降低数据维度，进行下采样。因此，池化层相比卷积层可以更有效地降低数据维度，这么做不但可以大大减少运算量，还可以有效地避免过拟合。

（3）全连接层——输出结果

最后一步，经过卷积层和池化层处理的数据输入全连接层，得到最终想要的结果。将数据经过卷积层和池化层降维后，全连接层的计算量才会比较合适，否则数据量太大，计算成本高、效率低。

典型的 CNN 并非只是图 11-11 所示的 3 层结构，而是多层结构，例如 LeNet-5 的结构如图 11-12 所示。

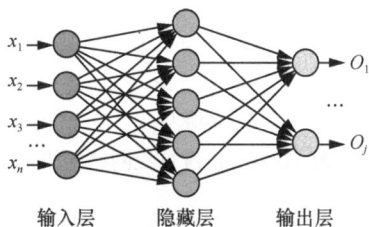

图 11-11　全连接层

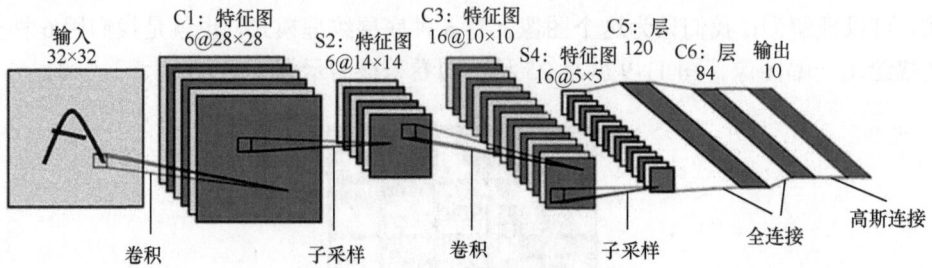

图 11-12 LeNet-5 网络结构

11.2.3 循环神经网络

循环神经网络是一类以序列（Sequence）数据为输入，在序列的演进方向进行递归（Recursion）且所有节点（循环单元）按链式连接形成闭合回路的递归神经网络（Recursive Neural Network）。

对循环神经网络的研究始于 20 世纪 80～90 年代，其在 21 世纪初发展为重要的深度学习算法，其中双向循环神经网络（Bidirectional RNN，Bi-RNN）和长短期记忆网络是常见的循环神经网络。

（1）RNN 的提出

卷积神经网络和普通算法大部分是输入和输出一一对应的，也就是一个输入得到一个输出。不同的输入之间是没有联系的。如一张图片是猫，那么它指示的就是猫，与其他动物无关。

但是在某些场景中，一个输入就不够了。比如在自然语言处理问题中，句子与句子之间、词与词之间是相互联系的；在通信信号分析问题中，信号与时间有相关关系。在解决上述问题时，我们不仅需要知道每个位置的词或者信号，还需要知道词之间或者信号之间的前后关系，因此，"直接"采用 CNN 来解决上述问题是不可行的（注：并非上述问题不能用 CNN 解决）。

比如，当我们理解一句话的意思时，孤立地理解这句话的每个词是不够的，我们需要处理这些词连接起来的整个序列；当我们处理视频的时候，我们也不能单独分析每一帧画面，而是要分析这些帧连接起来的整个序列。

这种需要处理"序列数据——一串相互依赖的数据流"的场景就需要使用 RNN 来解决。

典型的集中序列数据有：文章里的文字内容、语音里的音频内容、股票市场中的价格走势、通信信号数据、雷达信号数据、飞行参数数据等。

（2）RNN 的基本原理

传统神经网络的结构比较简单：输入层–隐藏层–输出层。如图 11-13 所示。

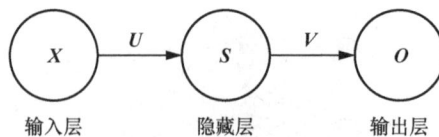

图 11-13 传统神经网络结构

RNN 跟传统神经网络最大的区别在于，每次都会将前一次的输出结果带到下一次的隐藏层中一起训练。如图 11-14 所示。

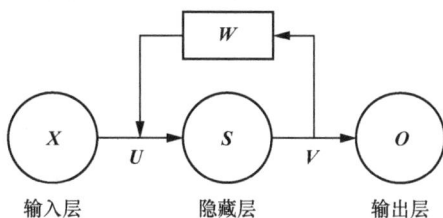

图 11-14　RNN 结构

X 是一个向量，表示输入层的值；S 是一个向量，表示隐藏层的值；U 是输入层到隐藏层的权重矩阵；O 也是一个向量，表示输出层的值；V 是隐藏层到输出层的权重矩阵。如果将 W 去掉，那么 RNN 与普通神经网络是相同的，加上 W 以后，循环神经网络的隐藏层的值 S 不仅取决于当前的输入 X，还取决于上一次隐藏层的值 S。权重矩阵 W 就是将隐藏层上一次的值作为这一次的输入的权重。

从图 11-15 能够很清楚地看到，上一时刻的隐藏层是如何影响当前时刻的隐藏层的。如果我们把图 11-15 展开，循环神经网络也可以画成如图 11-16 所示的样子。

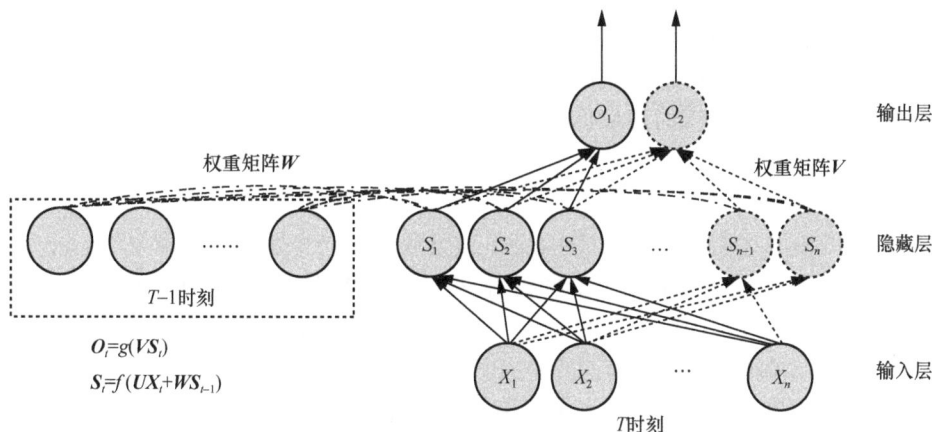

$$O_t = g(VS_t)$$
$$S_t = f(UX_t + WS_{t-1})$$

图 11-15　RNN 上一层隐藏层对当前时刻隐藏层的影响

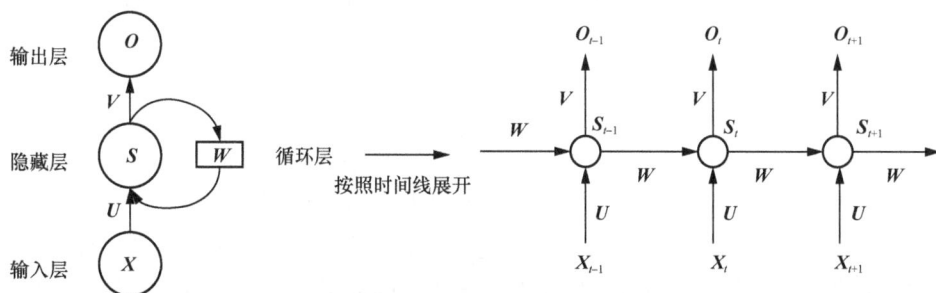

图 11-16　RNN 按照时间线展开

这个网络在 t 时刻接收到输入 X_t 之后，隐藏层的值是 S_t，输出值是 O_t。关键的一点是，S_t 的值不仅取决于 X_t，还取决于 S_{t-1}。我们可以用式（11-1）来表示循环神经网络的计算方法：

$$O_t = g(V \cdot S_t)$$
$$S_t = f(U \cdot X_t + W \cdot S_{t-1})$$

（11-1）

RNN 每一时刻隐藏层状态不仅与本时刻的输入有关系，还与上一时刻的隐藏层有关系，即 RNN 具有一定的记忆功能。但不难发现，RNN 的记忆仅为短期记忆，也就是越靠近网络，对最终输出的影响越大，因此：①RNN 存在短期记忆问题；②RNN 无法处理很长的输入序列，训练 RNN 需要投入极大的成本。

这就出现了 RNN 的优化算法——长短期记忆网络，该算法在本书中不再赘述，算法详情可参考伊恩·古德费洛（Ian Goodfellow）等人的著作《深度学习》。

11.2.4 生成式对抗网络

生成式对抗网络是一种深度学习模型，是近年来复杂分布上无监督学习非常具有前景的方法之一。模型通过框架中（至少）两个模块——生成模型（Generative Model）和判别模型（Discriminative Model）的互相博弈学习产生相当好的输出。原始 GAN 理论并不要求 G 和 D 都是神经网络，只要是能拟合相应生成和判别的函数即可。但实际应用中一般使用深度神经网络作为 G 和 D。一个优秀的 GAN 应用需要有良好的训练方法，否则可能因神经网络模型的自由性导致输出不理想。

（1）GAN 的提出

以图像生成模型举例说明 GAN 的用途。假设我们有一个图片生成模型（Generator），它的目标是生成一张真实的图片。与此同时我们有一个图像判别模型（Discriminator），它的目标是正确判别一张图片是生成出来的还是真实存在的。那么如果我们把刚才的场景映射成图片生成模型和判别模型之间的博弈，就变成了如下模式：生成模型生成一些图片→判别模型学习区分生成的图片和真实的图片→生成模型根据判别模型改进自己，生成新的图片→……

这个场景直至生成模型与判别模型无法提高自己——即判别模型无法判断一张图片是生成出来的还是真实的而结束，此时生成模型就会成为一个完美的模型。这种相互学习的过程听起来是不是很有趣？这样就得到了两个模型，一个生成模型，一个判别模型，也就是生成式对抗网络。

（2）GAN 的基本原理

生成式对抗网络由两个重要的部分构成。

- 生成器：通过机器生成数据（大部分情况下是图像），目的是"骗过"判别器。
- 判别器：判断这张图像是真实的还是由机器生成的，目的是找出生成器做的"假数据"。

第一阶段：固定判别器，训练生成器。先用相对稳定的模型作为判别器，使用生成器不断生成"假数据"，再送入判别器进行识别。最初生成器很弱，判别器很容易识别出"假数据"。随着不断地训练，生成器性能不断提升，最终超越判别器，此时判别器判断是否为假数据的概率为 50%。

第二阶段：固定生成器，训练判别器。当通过了第一阶段，继续训练生成器就没有意义了。这个时候固定生成器，开始训练判别器。判别器通过不断训练，提高了识别能力，能够判断出所有的假数据。最终生成器无法骗过判别器。

循环进行第一阶段和第二阶段，通过不断地循环，生成器和判别器的性能不断提高，最终得到了一个效果非常好的生成器，就可以用它来生成特定的图片了。

生成式对抗网络神奇的生成效果在人工智能应用中有详细介绍。

11.3　人工智能应用

11.3.1　通用应用类

11.3.1.1　计算机视觉

计算机视觉包括图片、图像和视频等数据的处理和分析，如常见的人脸识别、目标检测与识别、语义分割、三维重建等。计算机视觉使用的主要技术是卷积神经网络和生成式对抗网络。

（1）图像识别

图像识别的重点在于分类，如图 11-17（a）所示。图像识别是目前最常见的计算机视觉应用，也是计算机视觉最重要的应用，包括人脸识别、类别分类（猫狗分类）、手写体识别、车牌识别等。

（2）目标检测

目标检测的目标是从图像中检测出物体和位置，并给出每个目标的具体类别，如图 11-17（b）所示。多目标跟踪、行人重识别等方向的研究是目标检测的延伸。

（3）语义分割

图像分割类似于抠图，它将整个图像分割成像素组，然后对像素进行标记和分类。语义分割视图在语义上理解图像中每个像素是什么（人、车、狗等）。除识别人、道路、汽车等，图像分割还确定每个物体的边界，如图 11-17（c）所示。语义分割的主要应用包括街景图像分割、地图语义分割、车道线检测等，是无人机、自动驾驶的核心技术。

（4）实例分割

实例分割是目标检测和语义分割的结合，如图 11-17（d）所示。除了语义分割，实例分割将不同类型的实例进行分类，比如用 5 种颜色表示 5 种汽车。我们会看到多个重叠物体和不同背景的复杂镜像。实例分割不仅要将不同的对象实施分类，还要确定对象的边界、差异和彼此之间的联系。

图 11-18 所示为无人机航拍的原图、语义分割图和实例分割图，结果可以用于无人机自动驾驶。

（5）三维重建

三维重建作为环境感知的关键技术之一，目的是根据二维图像重建三维图像，也可以用于二维图像与三维图像的关联，可应用于自动驾驶、虚拟现实、运动目标监测、行为分析、安防监控和重点人群监护等场景。

（a）图像识别 （b）目标检测

（c）语义分割 （d）实例分割

图 11-17 图像识别、目标检测、语义分割和实例分割对比

图 11-18 无人机航拍的原图、语义分割图和实例分割图

（6）目标跟踪

顾名思义，目标跟踪是在视频中对目标实施跟踪，包括单目标跟踪、多目标跟踪、行人重识别、多目标多摄像头跟踪、姿态跟踪等，其应用领域包括对体育赛事转播中运动员、球类的跟踪，对自动驾驶中行人、车辆的跟踪等。

（7）视觉问答

视觉问答是一项结合计算机视觉和自然语言处理的学习任务。计算机视觉主要对给定图像进行处理，包括图像识别、图像检测等任务，自然语言处理对自然语言、文本内容进行理解。视觉问题需要对给定图像和问题进行处理，经过一定的视觉理解后，回答自然语言提出的问题。

（8）视频理解

视频理解与视觉问答类似，都是计算机视觉中对图片、视频等进行理解的过程。视频理解包含的内容更多，包括视频动作分类、视频动作定位、视频场景识别、原子动作提取、视频文字说明、集群动作理解、视频编辑、视频问答系统、视频跟踪、视频事件理解等。视频理解应用在多个领域，如在智能安防中取代人工对监控进行分析的系统、大学课堂分析学员课上状态的智能监控系统、营区分析行人行为的智能安防系统等。

（9）AI 换脸和人脸生成

AI 换脸是公众熟知程度较高的应用。2019 年 ZAO 软件出现，它可将视频中的人脸通过 AI 算法替换成另一个人的相貌，但是换脸也带来了许多法律问题。

脸部建模已经是计算机图像和视觉领域的热门话题，包括卡通人物建模、人脸艺术设计、人脸实时重构等。如图 11-19 所示，Nvidia 公司利用 StyleGAN 模型可以生成风格各异的人脸图像。随着生成式对抗网络的发展，电影、动漫等场景中的"假"人脸将越来越真实。

图 11-19　Nvidia 发布的人脸生成的视频中风格迥异的"假"人脸

（10）图片风格生成

图片风格生成指根据图片生成新的不同风格的图片。典型的应用主要有图片风格化，将原始图片变换颜色、滤镜等；图像到图像的转换，将语义图转换为街景图、将灰度图转换为彩色图、将航拍图转换为地图等；文本到图像的转换，通过一段文字描述生成图像，典型的应用如微软小冰的作画功能；局部遮挡恢复，将部分遮挡的图片还原至原图，如将半遮挡人脸还原出全部人脸、遮挡物体还原出全部物体等；分辨率增强，将低分辨率图片生成高分辨率图片，如将低分辨率卫片生成高分辨率卫片等。

生成式对抗网络的应用很多，本书不再一一列举。

11.3.1.2　语言应用

语言应用包括自然语言处理和语音处理。自然语言处理是机器语言和人类语言沟通的桥梁，以实现人机交流的目的。自然语言处理又分为自然语言理解（Natural Language Understanding，NLU）和自然语言生成（Natural Language Generation，NLG）。语音处理是基于语音的新交互方式，通过说话就能得到反馈结果。语言类应用主要有以下几个。

（1）自然语言理解

自然语言理解是希望机器像人一样，具备正常人的语言理解能力。由于自然语言在理解上有很多难点（语言多样性、语言歧义性、语言鲁棒性、语言依赖性、语言上下文等），目前自然语言理解的表现还远不如人类，典型的应用有快递地址识别等。情感分析是 NLU 的重要应用。互联网中有大量文本信息，这些信息想要表达的内容五花八门，但是他们抒发的情感不外乎积极的和消极的，通过情感分析能够快速了解用户的舆情信息。

（2）自然语言生成

自然语言生成的目的是跨越人类和机器之间沟通的鸿沟，将非语言格式数据转换成人类可以理解的语言格式，如文章、报告等。自然语言生成一般包括 6 个步骤：内容确定、文本结构、句子聚合、语法化、参考表达式生成和语言实现。

（3）机器翻译

机器翻译的准确率非常高，如百度翻译、有道翻译等软件翻译的结果完全可以让人看懂。此外"AI 同声传译"也取得了较大进展，在信息类学术会议上，经常会看到"AI 同声传译"的身影，翻译实时，效果也比较好。机器翻译在未来会比人类翻译更加出色、效率更高。

（4）语音识别技术

机器与人沟通有听懂、理解和回答 3 个步骤。语音识别（Automatic Speech Recognition，ASR）技术通俗地讲是使机器听懂人说的话，即将人类语音中的词汇转换为计算机可读的内容。典型的 ASR 技术应用包括 Siri、微软小冰等。此外，在微信中可以使用语音识别将语音转换成文字，高德地图中可以直接说目的地，老年人使用输入法也可以直接使用语音。语音识别应用领域比较多，实用性也很强。

（5）语音合成

语音合成（Textto Speech，TTS）是通过机械的、电子的方法产生人造语音的技术。语音合成又称文语转换技术，能够将任意文字信息实时转化为标准流畅的语音朗读出来，即让机器开口说话。

（6）语音合成标记语言

语音合成标记语言（Speech Synthesis Markup Language，SSML）是语音合成的升级版，实现的是在语音合成过程中对语言标记语调，即让机器模拟人类的朗读发音。

11.3.1.3　推荐和决策系统

推荐和决策是类似的概念，它们的应用对象分别是事物和事件，其背后的技术是类似的（图神经网络、知识图谱等，本书不涉及），因此本节合并阐述。推荐系统一般指信息过滤系统，用于预测用户对事物和事件的偏好，主要应用一般有以下 3 个。

（1）内容推荐

商品推荐是该领域最常用的应用，淘宝、京东、当当等主流购物 App 都有类似的技术，也就是"每个人打开 App 的主页都是不同的"。在知乎、今日头条等应用中，系统可以通过人工智能算法推荐符合用户需求的话题、新闻等。事件决策通过感知环境信息，实现对事物行为或事件的决策，典型的应用有滴滴派单，通过计算商家信息、路程信息和派送员信息实现最优的派单策略。

（2）商情和舆情预测

通过商品、金融、销售数据，可以构建商品特征，再通过用户画像，可以进行商情预测，典型应用包括高价值用户筛选、最优产品推荐、销售实际把控、营销方案决策、相关品牌市场分析和人群特征分析等。舆情预测和商情预测类似，通过分析互联网热点事件、传播分析、网民反馈等信息，实施舆情监控和预测，典型应用场景包括政府机构、光电传媒、金融理财、医疗卫生、旅游景区等。

（3）科学研究

科学研究也有推荐系统的身影。在化学中，分子和粒子之间的相互作用可以表示为图形，使用推荐系统可以预测分子之间的化学反应，最终找到诸如太阳能或风能之类的可再生能源。在物理中可以通过模拟复杂粒子系统的动力学，预测每个粒子的相对运动，实现整个系统的动力学重建；在生物学中，可以通过模拟分子之间的相互作用，进行分子特性预测、高通量筛选和新型药物设计。

11.3.1.4　智能控制

决策和控制都是在对环境理解和把握的基础上，通过人工智能算法实现最优的决策方式和控制策略，这归根结底是一个最优化问题。如果说以卷积神经网络和循环神经网络为代表的深度学习适用于非结构化的真实世界场景，那么以强化学习为代表的机器学习方式能够实现长期的推理，即能够在一系列决策中做出更好、更鲁棒的决策。

（1）游戏

人工智能在游戏领域取得了巨大的突破，大家熟知的 AlphaGo 在 2016 年击败了人类，拉开了 AI 在游戏领域应用的序幕。此后 AI 陆续被应用在国际象棋、得州扑克、星际争霸、Dota、麻将等游戏中。

（2）无人驾驶

无人驾驶系统通过获取周围环境中障碍物的位置、速度、可能行为、可驾驶区域以及交通规则等环境信息，通过雷达、相机等传感器信息，实现汽车的路径规划和自动控制，是决策和控制领域的重要应用。机器人控制和无人驾驶类似，区别在于机器人和无人驾驶所处的环境不同。

11.3.2　典型军事应用

为了直观理解，本书以未来概念空中作战场景为例，讲述人工智能在军事领域的重要应用。

图 11-20 为未来空中作战概念场景图，该场景模仿分布式空中作战，但又有所不同。战场上有 4 架蓝方飞机，我方派出 4 架飞机构成作战小组，其中包括 3 架无人机和 1 架战斗机。

我方的 4 架飞机中，无人机负责侦察、预警和攻击，战斗机负责情报分析、决策和攻击。对我方而言，与人工智能有关的作战行为主要包括：预警探测、电子对抗、通信组网、指挥控制、信息处理、态势评估和智能空战。

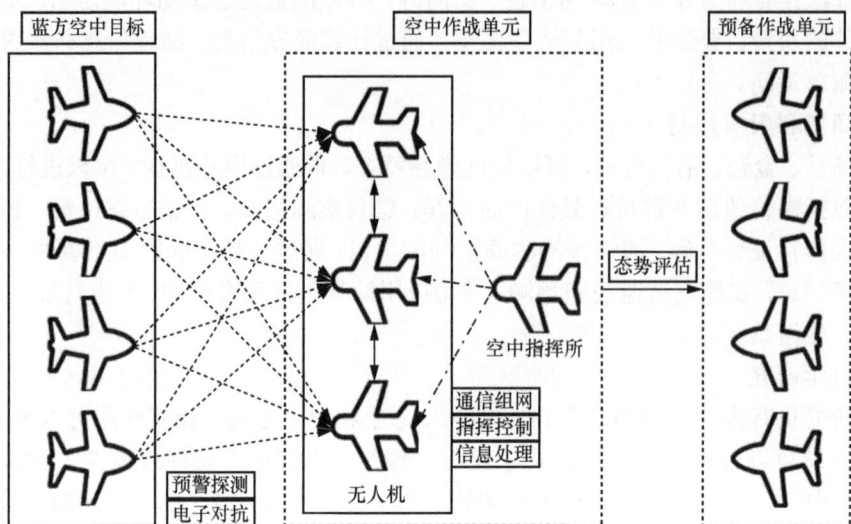

图 11-20　未来空中作战概念场景图

（1）预警探测

在预警探测领域中，通过感知战场态势能够实现战场监控、目标识别、态势感知、行为预测等功能。战场监控能够实现实时连续跟踪和监视敌方信号、预警探测隐身目标、破译破密截获情报等功能；目标识别指通过对战场传感器（雷达、红外等）信息实施目标识别和信息融合，实现战场目标智能分类，从而确定目标属性；态势感知指基于联合情报数据，实施军用、民用侦察信息的融合和扩展，获得目标的属性和方位，从而实现整个战场的态势感知；行为预测指通过敌方目标过往数据，区分敌我目标，同时根据过往目标行为数据，实现目标行动轨迹预测。

（2）电子对抗

在电子对抗领域，借助人工智能，能够实现频谱战、智能干扰与反干扰、虚假目标等技术。其中电磁频谱战是电子对抗向电磁空间的自然延伸和发展，是发生在电磁空间并依赖电磁空间能力的对抗行为，核心能力包括电磁空间的侦察、进攻防御和电磁战斗管理；智能干扰与反干扰基于人工智能的自主推理，自动形成优化干扰波形和干扰策略，实现实时快速对新型雷达、新型通信威胁的对抗和在线的对抗效果评估；虚假目标生成技术指通过软件无线电等技术生成具备特定目标特征的假目标，用于迷惑对手，延长对手反应时间。

（3）通信组网

通信组网主要包括压制条件下实现高度自适应和灵活性的通信技术、无人机之间的可靠通信技术，针对具备强大干扰能力的无线电电台，实施认知通信干扰等。特别是随着"马赛克战"等战术思想的不断发展，指挥控制流程也发生重大变革，对战术通信产生重大影响：一是摒弃层次化网络结构，取而代之的是超级扁平化的自组织网络；二是实现从静态组网到动态组网的演进、节点智能加入、参数动态调整和实时入网互通。

（4）指挥控制

智能时代的指挥控制将从"人为主体"演变为"人机共存"，直到"机器为主"的演变过程。随着智能推理、智能决策技术的发展以及战场态势感知的不断智能化，智能指挥控制的辅助决策作用将越来越明显。除此之外，针对全域战场的立体化兵力的动态分配、任务规划、路径规划等，也将不断依赖人工智能系统。

（5）信息处理

信息处理指在指挥所实施的日常情报处理，主要包括截获的雷达信号和通信信号的情报处理、演习演练的复盘分析等。人工智能算法可将低复杂度情报从以人工为主的分析，转变成以智能分析为主的分析，减轻指战员工作量，短时间内形成大情报。

（6）态势评估

针对战场态势认识上不确定的战场信息条件，以作战意图分析和威胁评估为落脚点，实施战场感知，为高层次辅助决策提供依据。态势评估分析预测结果直接影响兵力出动、任务规划等行为，智能化的态势评估系统能够在短时间内实现战场推演，给出推演结果和态势评估建议，提高指挥员决策时掌握的信息量。

（7）智能空战

随着多智能体技术在游戏领域的发展，智能算法逐渐应用于飞机的控制中，美国辛辛那提大学 2016 年开始进行智能空战的研究。2020 年 8 月，DARPA 组织了智能空战大赛，苍鹭公司团队以 5:0 大胜人类飞行员。未来随着智能技术的发展，智能无人机、无人船将出现在战场上，以人类不具备的快速感知能力和快速决策能力实施作战行动。

11.4　美军人工智能典型应用

作为现代战场的重要赋能技术，人工智能已从学术理论驱动逐渐转向应用场景驱动，与作战领域各环节的结合日益广泛和深入。各国围绕人工智能领域的竞争也日趋白热化。作为世界上最大的发达国家，美国也在该领域动作频频。在美军"马赛克战"、联合全域作战等多个新质作战概念中，人工智能作为概念目标实施的关键支撑技术，促进了数据处理、态势感知、智能化决策辅助等功能的实现。

11.4.1　美军战略

2019 年 2 月，美国政府出台了两份人工智能领域的战略文件。2 月 11 日，特朗普签署《维护美国在人工智能时代的领导地位》行政命令，启动"美国人工智能倡议"。12 日，美国国防部发布《2018 国防部人工智能战略概要：利用人工智能促进安全与繁荣》，系统阐述了五角大楼对人工智能的官方认知、战略部署及重点领域，旨在通过这一战略维持美军在人工智能时代的战略优势。这也标志着美军在继网络战略、太空战略后正式出台了人工智能这一新兴领域的军事战略文件，是美国推进人工智能军事化的里程碑式事件，将指引美军未来几年在人工智能领域的发展方向。在该战略中，增强感知和决策能力是美国国防部推进人工智能发展并重点解决的几大关键问题之一。

11.4.2　对新质作战概念的作用及影响

2020 年 2 月，美国战略与预算评估中心发布《马赛克战：利用人工智能和自主系统实施以决策为中心的作战行动》报告。该报告建议美国国防部采用"马赛克战"新型制胜理论和作战概念，将自身发展成一种能够承受系统战争并在系统战争中取胜的新型力量，侧重于比对手做出更快更好的决策，给对手造成多重困境，使其无法实现目标；利用信息网络、人工智能、自主系统和分散等功能重塑美军在未来高强度战争中的能力。人工智能技术将能推动以下新型作战样式，实现美军新质作战的概念。

（1）集群作战

集群作战是一种颠覆性技术，是人工智能参与未来作战的突破口。一方面，集群中的个体通过协同、涌现等技术可达到以量增效的目的，具有成本低、灵活性强、抗毁性高等优势；另一方面，集群中的个体以任务串联行动，自主进行信息交互，及时共享行动结果，确保合力高效地完成作战任务。

（2）自主作战

自主作战指人工智能深度融入各类武器装备，通过模块化组合，形成智能化战斗部队自主参与作战。智能化战斗部队包含作战所需的各种要素，具备自组织和自修复能力，能够自行感知、判断、决策、应对相应威胁，自主决策作战行动，还可根据战场态势发展和作战需要，自主调整指挥模式，谁合适、谁主导，谁有利、谁发射，形成"态势共享−同步协作−聚焦释能"的战斗力生成链路。

（3）全域作战

智能化时代的战争将不再局限于陆、海、空、天、电、网等战场，还可能拓展到政治、经济、科技、外交、军民士气等多个领域。人工智能可以深度参与各领域的行动决策，运用数据和算法通盘考虑各领域在作战中的权重和效费比，综合用力、全面出击、全维对抗。运用人工智能技术可以周密设定战争规模、作战目标、打击样式和毁伤程度，使作战对手遭遇全维立体打击，如国家机器瘫痪、作战体系失去效能，进而迅速达成作战目的。

11.4.3　重点项目

美国国防高级研究计划局为了快速推进人工智能技术发展，发布了下一代人工智能（AI Next）计划，标志着人工智能技术研究进入了第三次浪潮。在 DARPA 当前约 250 个计划中，约有三分之一的计划涉及构建下一代人工智能技术，目标是提升人工智能技术的鲁棒性、对抗性、可靠性，实现高性能，或将其应用于新领域。

（1）"指南针"

2018 年 3 月 14 日，DARPA 战略技术办公室公布了一项名为主动态势场景规划情报采集与监控（Collection and Monitoring via Planning for Active Situational Scenarios，COMPASS），又名"指南针"的项目，旨在开发一款高级软件，帮助作战人员通过衡量对手对各种刺激手段的反应弄清对手的意图。目前采用的 OODA 环在"灰色地带"作战中无效，因为这种环境中的信息通常不够丰富，无法得出结论，且对手经常故意植入一些信息来掩盖其真实目的。

（2）空战演进

2019 年 5 月，DARPA 宣布启动"空战演进"（Air Combat Evolution，ACE）项目。该项目的目的是为飞行员参与更广泛的空中指挥任务提供能力，编队中有人飞机及无人系统利用自主系统完成各自的任务。在该项目中，人类负责高层次的认知活动（如制定交战策略、选择目标、目标排序等），自主系统执行较低级别的自主任务（如飞机机动和交战战术的细节）。

（3）Alpha AI

2016 年 6 月 27 日，美国辛辛那提大学官方网站发布消息称，该校开发的人工智能系统通过了专家评估，并在空战模拟器中击败了有丰富经验的退役美国空军上校基恩·李（Gene Lee）。而此前，还没有任何人工智能模拟空战系统可以战胜人类顶尖的飞行员。阿尔法（Alpha）在空中格斗中快速协调战术计划的速度，比人类飞行员快 250 倍。除了作为人类战机飞行员的僚机之外，阿尔法飞行员还有其他的用途，如能够控制大批空军无人机，还可以在空中格斗中快速采集敌方战机的信息，研究其飞行作战特点。

Alpha AI 目前的主要目标是成为飞行员在模拟、集成和建模的高级框架（AFSIM）仿真环境中进行训练的智能假想敌对力量。目前，Alpha AI 具备同时躲避数十枚导弹并对多目标进行攻击的能力，还能协调队友、记录行动，同时观察学习敌人战术。在未来空战中，反应时间已经超越人类的极限。因此，需要整合 AI 僚机——可以执行空战的无人战斗机和有人战斗机，其中机载战斗管理系统将联网处理态势感知、反应判断、战术选择、武器管理和使用等任务。Alpha AI 虽未采用深度学习、强化学习等新技术，但也获得了成功。战术编队级的指挥控制相对简单，是发展智能指控不错的切入点，后续可逐步提升规模和层级。

（4）"受监督的自主城市侦察"项目

为帮助作战人员辨别威胁和非战斗人员，DARPA 于 2018 年 5 月发布了受监督的自主城市侦察（URSA）广泛机构公告，寻求新的方法，使用无人机和传感器来分析可能隐含敌对意图的人类行为。目前的技术无法有效地发现狙击手或隐藏的战斗人员，部队必须依靠徒步士兵在城市地区进行巡逻。为减少士兵面临的威胁，DAPRA 正寻求可第一时间探测并识别敌对人员的自主系统。

URSA 项目将使用无人机、一体化传感器和高级算法来辨别威胁和非战斗人员。该项目还会进一步观测相关人员对自然或人造刺激的反应并进行分析，以帮助推断受关注人群的意图。

DARPA 提供了一个实例说明 URSA 的工作过程。位于海外军事设施附近的传感器探测到一个人，他正穿过城市交叉口，并从正常行人通道向军事设施靠近。装有扬声器的无人机系统（Unmanned Aircraft System，UAS）向他发出警告信息，并观测到这个人进入了一个相邻的建筑物。之后，URSA 确认同一个人从建筑物另一侧的门出来，于是确认两者是同一个人并派遣另一架 UAS 进行调查。第二架 UAS 确定这个人继续向限制区域移动，它在安全距离释放非致命闪光装置，对这个人进行了第二次警告，同时拍摄这个人的视频，视频显示这个人的步态和方向仍保持不变。之后，第三架 UAS 直接飞到这个人的前方并用对人眼安全的激光照射他。URSA 向监视人员发出警报，并同时提供以上观测、警告行动、该人员响应和当前位置等的概要报告。

"马赛克战""联合全域作战"等新质作战概念，既是美军落实其战略意图的需要，更是技术发展推动的结果，其发展的"客观"性大于"主观"意愿。因此，对于我国而言，既要从"对抗性"角度进行审视，谋求自身优势建立；也要"客观"地看待该作战概念，进行深度研究分析，为我国军事理论和系统装备建设提供参考。

总之，人工智能技术无论在通用领域还是在军事领域，都将会有越来越重要的作用。因此在信息技术领域，学习人工智能技术至关重要。

11.5　本章小结

人工智能技术现已进入新的高速增长期，是公认最有可能改变未来世界的颠覆性技术。世界许多国家已将发展人工智能上升到国家战略，从政策导向、战略规划、资金预算层面予以大力支持。人工智能武器的出现将从根本上改变战争方式，即由"人对人"的战争变成"机器自主杀人"的战争。以美国为代表的世界军事强国预见到人工智能技术在军事领域广阔的应用前景，认为未来的军备竞赛是智能化的竞赛，并已提前布局了一系列研究计划，发布"第三次抵消战略"，力求在智能化上与潜在对手拉开代差。落后即意味着受制于人，为避免因丧失发展先机带来的巨大代差，我国亟待迎头赶上，大力发展人工智能技术的军事应用研究。

11.6　思考题

1. 蒸汽机出现后，机器取代了大量底层劳动力；互联网的出现影响了实体经济。那么如何看待 AI 的出现和人类工作之间的关系？AI 的出现对于底层工人是不是灾难？

2. 当前世界各国都在使用人工智能技术制造智能武器，未来人工智能武器将被应用到战争中，如何看待智能武器杀人和武器装备研发之间的伦理道德问题？

第12章

数字孪生和仿真技术

数字化转型是我国经济社会发展的必由之路。当前，世界正处于百年未有之大变局，数字化是大势所趋，已成为全球发展的热点。作为数字化领域热点之一，数字孪生逐渐成为从工业到产业、从军事到民生各个领域的智慧新代表。在工业界，无论是智能制造，还是工业4.0，这些智能化体系都需要网络化和数字化来支撑。在我国，工业互联网已经支撑起了网络化，而数字孪生即将成为数字化的基石。

12.1　基本概念

12.1.1　定义

（1）仿真技术

仿真技术是一门多学科的综合性技术，它以控制论、系统论、相似原理和信息技术为基础，以计算机和专用设备为工具，利用系统模型对实际的或设想的系统进行动态试验。仿真技术是一项国防关键技术，在提高武器系统的研制效率、改善部队训练和提高战斗力方面将发挥越来越大的作用，已成为发达国家实现质量建军的一种重要手段。

现代仿真技术是以相似原理、信息技术、系统技术及其应用领域有关的专业技术为基础，以计算机和各种物理效应设备为工具，利用系统模型对实际的或设想的系统进行试验研究的一种综合性技术。它是一种可控制的、无破坏性的、耗费小的并允许多次重复的试验手段。它综合集成了计算机、网络技术、图形图像技术、多媒体、软件工程、信息处理、自动控制等多个高新技术领域的知识，正在成为继理论研究和实验研究之后的第三种认识和改造客观世界的重要方法。

仿真技术在科技进步和社会发展中的作用愈来愈大，特别是在军事科学中也发挥了重要作用。高精尖武器系统的研制和发展对仿真技术的应用和研究提出了更高的要求。世界各军事强国竞相在新一代武器系统的研制过程中不断完善仿真方法，改进仿真手段，以提高研制工作的综合效益。军用仿真技术在"研试战训保"体系中的应用，已得到研制方和使用部队的承认和重视。

（2）数字孪生

数字孪生依靠包括仿真、实测、数据分析在内的手段对物理实体状态进行感知、诊断和预测，通过对虚拟孪生模型的仿真模拟找到最优解，然后基于依据最优解得到的决策由虚拟空间向真实物理空间提供回馈，进而优化物理实体，同时优化自身的数字模型，实现真实物理空间和虚拟数字空间之间不断地循环迭代。因此数字孪生需要用到的仿真是高频次、不断迭代演进的仿真，伴随产品的全生命周期，在此基础上实现数字孪生的保真性、实时性与闭环性。

尽管模拟和数字孪生都是利用数字模型来复制系统的各种流程，但数字孪生实际上是一个虚拟环境，对于研究来说内容特别丰富。数字孪生和模拟之间的区别主要是规模问题：模拟通常研究的是一个特定流程，而数字孪生本身可运行任意数量的实用模拟项目来研究多个流程。

当然，二者之间的差异远不止如此。例如，模拟通常不会从获得的实时数据中受益。但数字孪生是围绕双向信息流设计的。当对象传感器向系统处理器提供相关数据时，该信息流首次出现。然后，当处理器将其得出的洞察成果与原始对象共享时，该信息流会再次出现。

数字孪生拥有的数据更加优质并不断更新，且覆盖了更加广泛的领域；除此之外，虚拟环境还具备更强的计算能力，因此，与标准模拟相比，数字孪生能够从更有利的角度研究更多问题，具备更大的潜力来改进产品和流程。

然而，在大多数应用场景中，我们应用的都是仿真技术，与数字孪生的差距较大。

12.1.2 作用

12.1.2.1 数字孪生的作用

自概念提出以来，数字孪生技术在不断地快速演化，无论是对产品的设计、制造还是服务，都产生了巨大的推动作用。

（1）更便捷，更适合创新

数字孪生通过设计工具、仿真工具、物联网、虚拟现实等各种数字化的手段，将物理设备的各种属性映射到虚拟空间中，形成可拆解、可复制、可转移、可修改、可删除、可重复操作的数字镜像，这极大地加速了操作人员对物理实体的了解，可以让很多原来由于物理条件限制、必须依赖真实的物理实体而无法完成的操作，如模拟仿真、批量复制、虚拟装配等，轻松完成，更能激发人们探索新的途径来优化设计、制造和服务。

（2）更全面的测量

只要能够测量，就能够改善，这是工业领域不变的真理。无论是设计、制造还是服务，都需要精确地测量物理实体的各种属性、参数和运行状态，以实现精准的分析和优化。但是传统的测量方法必须依赖价格不菲的物理测量工具，如传感器、采集系统、检测系统等，才能够得到有效的测量结果，而这无疑会限制测量覆盖的范围，对于很多无法直接采集到测量值的指标，往往无能为力。而数字孪生技术可以借助物联网和大数据技术，通过采集有限的物理传感器指标的直接数据，并借助大样本库，通过机器学习推测出一些原本无法直接测量的指标。

例如，我们可以利用润滑油温度、绕组温度、转子扭矩等一系列指标的历史数据，通过机器学习构建不同的故障特征模型，间接推测出发电机系统的健康指标。

（3）更全面的分析和预测能力

现有的产品生命周期管理（Product Lifecycle Management，PLM）很少能实现精准的预测，因此往往无法对隐藏在表象下的问题进行提前预判。而数字孪生可以结合物联网的数据采集、大数据处理和人工智能的建模分析，实现对当前状态的评估、对过去发生问题的诊断，以及对未来趋势的预测，并给予分析结果，模拟各种可能性，提供更全面的决策支持。

（4）经验的数字化

在传统的工业设计、制造和服务领域，经验往往是一种模糊又很难把握的形态，很难将其作为精准判决的依据。而数字孪生的一大关键进步，是可以通过数字化的手段，将原先无法保存的专家经验进行数字化，并提供保存、复制、修改和转移的能力。例如，针对大型设备运行过程中出现的各种故障，可以将传感器的历史数据通过机器学习训练出针对不同故障现象的数字化特征模型，并结合专家处理记录，形成未来对设备故障状态进行精准判决的依据，并可针对不同新形态的故障进行特征库的丰富和更新，最终形成自治化的智能诊断和判决。

12.1.2.2　军用仿真的作用

（1）促进装备研制

利用仿真技术可以提前对研制的武器进行系统的仿真检验，在方案设计、仿真设计、原型研制等不同环节能够以非常低的成本降低研制过程中出现错误的概率，避免不断"迭代"甚至"归零"引起的研制周期变长。

（2）提升人员素质

在现代战争中，战场态势多变复杂，各种各样的新式武器装备都会投入战争中。通过仿真模拟的方式在战场环境中融入这些新的武器、新的战场特性，能够在极低的成本下让作战人员提前熟悉战场以及新式武器装备的特性，对于提升作战人员的素质有非常大的作用。

（3）创新的作战方法

仿真模拟的可操作性强，可以将地理上分散的各个单位通过网络连接成一个整体，随时进行聚合和解聚。高效的网络技术能够让参与者进行实时的交流沟通，及时布局、灵活指挥，培养出新的作战方法。

（4）国家战略研究

之前我们提到在战略决策层面的仿真考虑的不仅仅是作战方面的因素，更有政治、经济、文化、外交等各种因素。通过建立综合性的模型，实时更新真实信息能够快、准、真地模拟现实国家之间的战略对抗，对形成高效、强有力的战略决策有不可小觑的作用。

（5）降成本

武器平台的模拟仿真能够用计算机建模的方式提前预估武器形态、效能，同时减少研制过程中出错的概率。研究表明，在 20 世纪 80 年代导弹的研制过程中，采用仿真技术有效地减少了飞行试验数量（30%～40%），节约了研制经费（10%～40%），缩短了研制周期（30%～40%），大大降低了装备研制过程中的资金成本和时间成本。

（6）减少训练投入

我们知道像"朱日和阅兵"这样的大演练是必不可少的，是更加真实、全面的全军大演练，能够有效提升部队作战能力。但是在一些小的演练、单兵作战训练、分队战术训练等过程中，采用人在回路的仿真技术能够减少演习成本，同时能实现近乎相同的训练效果。

12.1.3 军用仿真技术分类

战略决策仿真是仿真层级中最高的层级，指利用现代计算机仿真技术，建立起虚拟的国家安全环境，对战略层次决策的问题进行研究评估、预测和模拟，利用高层模型的定量与定性运算，获得对高层决策比较可信的结果。战略仿真模拟可以帮助制定战略决策，评估战略方案，对危机进行预测和做出反应等，也可以对中高层决策人员进行战略决策和思维的训练。重点是建立宏观决策的虚拟环境，建立起支持决策的相关研讨与模拟的环境，着重对决策过程和决策行为综合后果进行仿真。

这个层次的仿真系统不仅需要把军事相关策略仿真融合在一起，还需要结合经济、政治、文化等非战场因素。而这些部分有的往往很难被抽象为软件程序。建模推演过程复杂甚至完全无法建立，因此需要人参与到整个仿真过程中。

军事仿真系统的中间层以部队作战指挥过程为对象，着重研究训练指挥的仿真，即作战仿真（Warfare Simulation），又称作战模拟。

一个部队有什么样的武器装备，拿着这些武器装备能够拥有什么样的作战效能，都是需要通过模型仿真得到的。

在作战仿真系统中，单兵和武器装备集中融合在一个整体的单位中，例如坦克营、步兵排、摩托化师、航母编队等，根据情况还可以进行聚合和解聚。解聚就是把大的作战单位拆分成小的单位，例如营拆为连；聚集则是将较小的部队合并成较大的部队。

作战单位的大小取决于作战的规模、仿真模拟的对象、训练的层次等。每个作战单位依据拥有的武器种类和数量、部队的编成方式和训练情况、作战样式和地理环境影响等，统一为作战效能指数。在作战过程中，根据这些基本数据和作战模型的运算结果判定交战双方战损的大小和过程。

作战指挥系统主要包括态势显示系统、仿真模拟系统、指挥作业系统、综合数据库系统等。依据不同的侧重点，仿真系统关注的实现点也不同。比如，如果我们关注的是对整个作战方案的评估而不是指挥过程的训练，那么系统中比较重要的就是系统作战模型和数据的合理性。如果重点在训练，那么一个逼真的、接近实战的指挥环境或指挥系统就尤其重要，指令的流程、响应、反馈及处理都需要近乎真实的环境。因此指挥环节的系统一般会融入真实的 C4ISR（自动化指挥系统）。

武器平台的仿真是整个仿真系统中最底层的、最需要经过反复试验、最接近作战武器形态的层级。这个层级的仿真主要包含了两种类型的仿真。

- 纯粹的武器仿真：核弹、导弹等，武器爆炸杀伤覆盖范围、当量预测等。
- 武器平台：飞机（航电系统、火控系统、动力系统等组成）、坦克（运动系统、炮塔系统、传动系统等）、装甲车、单兵武器（枪械、火箭弹等）等。

12.2　发展现状

2002 年 10 月在美国制造工程协会管理论坛上，当时的产品生命周期管理咨询顾问迈克尔·格里弗斯（Michael Grieves）博士提出了数字孪生最早的概念模型。但是，当时"数字孪生"一词还未被正式提出，格里弗斯将这一设想称为 PLM 的概念设想（Conceptual Ideal for PLM）。

2009 年，美国空军实验室提出机身数字孪生（Airframe Digital Twin）的概念，将数字孪生的概念应用于航空航天制造领域。2010 年，美国国家航空航天局在《建模、仿真、信息技术和处理》和《材料、结构、机械系统和制造》两份技术路线图中直接使用了"数字孪生"这一名称，并将其定义为"集成了多物理量、多尺度、多概率的系统或飞行器仿真过程"。2011 年，迈克尔·格里弗斯博士在其所著的《智能制造之虚拟完美模型：驱动创新与精益产品》中正式定义了数字孪生的概念，并一直沿用至今。

12.3　关键技术

12.3.1　数字孪生的功能划分

一个数字孪生系统，按照其能实现的功能，大致可分为以下 4 个发展阶段。

（1）数化仿真阶段

在这个阶段，数字孪生要对物理空间进行精准的数字化复现，并通过物联网实现物理空间与数字空间的虚实互动。这一阶段，数据的传递并不一定要完全实时，数据可在较短的周期内进行局部汇集和周期性传递，物理世界对数字世界的数据输入以及数字世界对物理世界的能动改造基本依赖物联网硬件设备。

这一阶段主要涉及数字孪生的物理层、数据层和模型层（尤其是机理模型的构建），最核心的技术是建模技术及物联网感知技术。通过 3D 测绘、几何建模、流程建模等建模技术，完成物理对象的数字化，构建出相应的机理模型，并通过物联网感知接入技术使物理对象可被计算机感知、识别。

（2）分析诊断阶段

在这个阶段，数据的传递需要达到实时同步的程度。将数据驱动模型融入物理世界的精准仿真数字模型中，对物理空间进行全周期的动态监控，根据实际业务需求，逐步建立业务知识图谱，构建各类可复用的功能模块，对所涉数据进行分析、理解，并对已发生或即将发生的问题做出诊断、预警及调整，实现对物理世界的状态跟踪、分析和问题诊断等功能。

这一阶段的重点在于机理模型及数据分析型的数据驱动模型的结合使用，核心技术除了物联网相关技术外，主要有统计计算、大数据分析、知识图谱、计算机视觉等。

（3）学习预测阶段

实现了学习预测功能的数字孪生能将感知数据的分析结果与动态行业词典相结合，从而进行自我学习更新，并根据已知的物理对象运行模式，在数字空间中预测、模拟并调试潜在的及未来可能出现的物理对象的新运行模式。在建立对未来发展的预测之后，数字孪生将预测内容以人类可以理解、感知的方式呈现于数字空间中。

这一阶段的核心是由多个复杂的数据驱动模型构成的、具有主动学习功能的半自主型功能模块，这需要数字孪生做到类人一般灵活地感知并理解物理世界，而后根据学习到的已知知识，推理获取未知知识。涉及的核心技术有机器学习、自然语言处理、计算机视觉、人机交互等。

（4）决策自治阶段

到达这一阶段的数字孪生基本可以被称为一个成熟的数字孪生体系。拥有不同功能及发展方向但遵循共同设计规则的功能模块构成了一个个面向不同层级的业务应用能力，这些能力与一些相对复杂、独立的功能模块在数字空间中实现了交互沟通并共享智能结果。而其中，具有"中枢神经"处理功能的模块则通过对各类智能推理结果的进一步归集、梳理与分析，实现对物理世界复杂状态的预判，自发地提出决策性建议和预见性改造，并根据实际情况不断调整和完善自身体系。

在这一过程中，数据类型愈发复杂多样且逐渐接近物理世界的核心，同时必然会产生大量跨系统的异地数据交换甚至数字交易。因此，这一阶段的核心技术除了大数据、机器学习等人工智能技术外，必然还包括云计算、区块链及高级别隐私保护等技术。

12.3.2 仿真的关键技术

仿真本质上是一种知识处理的过程。典型的仿真过程包括系统模型建立、仿真模型建立、仿真程序设计、仿真试验和数据分析处理等，它涉及多学科多领域的知识与经验。仿真技术的发展离不开应用需求的推动。当前各应用领域对仿真技术提出了许多新的要求，主要有：①提高仿真的逼真性、可靠性和精确性；②提高建模与仿真的效率；③改进仿真系统的体系结构。为满足这些要求，一系列新的技术方案相继被提出，这些新技术代表了仿真技术发展的主要趋势。

（1）虚拟现实技术

虚拟现实（Virtual Reality，VR）技术是在综合仿真技术、计算机图形技术、传感技术、显示技术等多种技术的基础之上发展起来的，它以仿真的方式使人置身于一个虚拟世界中，通过头盔显示器、数据手套等辅助传感设备，使人沉浸到一个由计算机系统创造的虚拟环境中，与虚拟环境发生交互，并得到与物理世界相同或相似的感受。

近年来，VR技术在航空航天和军事领域的成功应用取得了巨大的社会效益和经济效益，促进美国政府进一步加大了对VR技术研究的支持力度。VR技术在武器系统性能评价、武器操作训练、指挥大规模军事演习3个方面的仿真应用中发挥了重大作用：大幅度降低所需的费用，极大地提高效益，减少意外伤亡事故。因此，美国政府支持的VR技术研究也正是紧紧围绕着提高这3种能力的系统和环境而展开的，包括可交互环境数据库、虚拟环境显示、数据融合与输出、各个层次（包括地形绘制、天气描述、运动和传感、武器系统与效应、计算机生成的半自主兵力等）的逼真性、分布式多维人机交互及标准化等。

（2）分布交互仿真技术

美国是最早发展分布式交互仿真技术的国家。20世纪80年代初，美国国防高级研究计划局和陆军合作研究 SIMNET，为分布交互仿真（Distributed Interactive Simulation，DIS）的发展奠定了技术基础。1991 年，SIMNET 取得了从编队飞行到坦克作战等多种军事操作的实时网络模拟技术，这项技术随后被应用于海军、空军和陆军的培训和仿真领域。分布式仿真包括军事上公认的 3 类仿真——真实仿真、虚拟仿真、结构仿真，分布交互仿真技术的核心是仿真技术和网络技术的结合。

分布交互仿真是一种基于计算机及高速通信网络的仿真训练系统，它将分散于不同地点、不同类型的仿真设备或系统集成为一个整体，使之相对每个用户皆表现为一个逼真的浸入环境，并在此环境下支持高度的交互式操作。

分布交互仿真技术最明显的应用是多兵种联合作战训练，进行多武器平台作战仿真。在 DIS 生成的逼真战场环境支持下，可以进行作战仿真，熟练掌握合成作战技术、作战原则、发展新的作战方式和方法，提高各级指挥人员的战场指挥能力，并大大降低风险和高额开销。

高层体系结构（High Level Architecture，HLA）是一种广泛应用的分布式仿真技术，是一种在不同地域上分布的各种仿真系统之间实现互操作和重用的框架及规范。HLA 的基本思想是使用面向对象的方法，设计、开发及实现系统不同层次和粒度的对象模型，从而获得仿真部件和仿真系统高层次的互操作性与可重用性。HLA 只是分布交互仿真技术发展的新起点，它还存在不足之处，但它必将随着仿真需求、仿真技术和各种支撑技术的发展得到进一步的发展。特别是随着互联网、Web/ Web Service、网格计算（Grid Computing）等网络技术的发展，其技术内涵和应用模式必将得到不断的扩展和丰富。

（3）面向对象的仿真技术

面向对象的仿真（Object-Oriented Simulation，OOS）为人们研究现实世界提供了一种更自然的框架，它是当前仿真领域最新的研究方向之一。面向对象的观点把系统看作相互作用的对象，它能够以让人易于理解的形式构造现实系统的仿真模型，并能使人在一个具有实际含义的层次上观察模型的行为，有利于提高仿真软件设计的安全性和可靠性。

计算机辅助仿真（Computer-Aided Simulation，CAS）建立封装了对象相应的数据和数据操作的程序模块作为对象的模型，其整体行为由对象通过接口相互交换信息的联系来描述。这样系统与模型就具有直接的对应关系，这种直观与易理解性符合人们的自然思维方式，便于在实际含义的层次上观察模型的行为。

（4）智能仿真技术

基于建模与仿真技术研究人类智能系统机理，以及各类基于知识的仿真系统已成为仿真技术的重要研究与应用领域。

典型的有基于仿真的嵌入式智能系统。目前，应用智能体对复杂社会系统进行仿真是这一领域的研究热点。基于智能体的仿真技术也存在着挑战，例如，如何控制智能体的自治能力来保证它的可信度。其中知识模型及其表示标准化的研究，尤其是对面向智能体的模型、面向本体的模型、面向分布式推理的网络模型、面向移动通信的推理模型、能演化的模型、自组织模型、容错模型、虚拟人等的研究将是智能系统建模进一步的研究发展重点。

（5）综合自然环境仿真技术

无论是单武器平台性能仿真，还是多武器平台在对抗作战环境下的体系对抗仿真，综合自然环境仿真都是重要的组成部分。美国在环境仿真方面，研制了各种运动仿真器，如高精度飞行仿真转台、加速度模拟器、真空模拟器等，建立了逐步完善的各种实体模型数据库、战场环境（如地形、地貌、海洋、大气、空间等）数据库，并用虚拟现实技术，建立虚拟仿真环境、虚拟战场环境等，以支撑其各种仿真的需要。

综合自然环境的建模与仿真应包括对地理（地形、地貌和地质）、海洋、空间、大气、电磁等环境信息的仿真。在环境模型基础上进行的仿真应用体现了自然环境对实体运行和决策行为产生的影响。综合自然环境的建模采用静态或动态的多维数据场拟合方法，并对虚拟自然环境与实体的交互进行检测。

综合自然环境的建模与仿真必须解决两方面的问题：一是环境模型的建立。军事应用中的环境是千变万化的，不同的地形、地貌、气象、电磁干扰、噪声等都有不同的环境特征，要对其建立有相当置信度的模型是很复杂的，因此环境仿真建模工作应作为基础性研究进行。二是环境效应。这是一个更加复杂的问题，实际上也就是仿真环境动态变化时，对仿真结果产生的影响。例如，军舰、反舰导弹与海情、风力、风速、多路径等各环境因素之间是相互交互的，这些都增加了仿真达到相当置信度的难度。

当前，自然环境建模与仿真技术正向着多学科融合、实时动态化和分布式协同化方向发展，同时出现了相关的设计标准（综合环境数据表示与交换标准 SEDR IS）、规范和实现技术（地理信息系统、基于图像绘制、体绘制等）。

（6）建模与仿真的校核、验证与确认技术

建模与仿真的校核、验证与确认（Verification, Validation and Accreditation，VV&A）技术，即系统模型的校核、仿真模型的验证以及仿真结果的认可技术。VV&A 技术的应用能提高和保证仿真可信度，降低由于仿真系统在实际应用中的模型不准确和仿真可信度水平低所引起的风险。VV&A 技术已成为复杂系统建模与仿真技术中的重要课题，尤其受到军事部门的高度重视，并正从局部的、分散的研究向实用化、自动化、规范化与集成化的 VV&A 系统发展。

12.4 仿真工具和方法

12.4.1 仿真工具

仿真工具主要指的是仿真硬件和仿真软件。仿真硬件中最主要的是计算机。用于仿真的计算机有 3 种类型：模拟计算机、数字计算机和混合计算机。数字计算机还可分为通用数字计算机和专用数字计算机。模拟计算机主要用于连续系统的仿真，即模拟仿真。在进行模拟仿真时，依据仿真模型（在这里是排题图）将各运算放大器按要求连接起来，并调整有关的系数器。改变运算放大器的连接形式和各系数的调定值，就可修改模型。仿真结果可连续输出。因此，模拟计算机的人机交互性好，适合实时仿真。改变时间比例尺还可实现超实时的仿真。20 世纪 60 年代前，数字计算机由于运算速度慢和人机交互性差，在仿真中的应用受到限制。现代的数字计算机已具有很快的速度，某些专用的数字计算机的速度更快，已能满足大部分系统实时仿真的要求，由于软件、接口和终端技术的发展，人机交互性也已有很大的提高。因此，数字计算机已成为现代仿真的主要工具。混合计算机把模拟计算机和数字计算机联合在一起工作，充分发挥模拟计算机速度快和数字计算机精度高、逻辑运算和存储能力强的优势。但这种系统造价较高，只适宜在一些要求严格的系统仿真中使用。除计算机外，仿真硬件还包括一些专用的物理仿真器，如运动仿真器、目标仿真器、负载仿真器、环境仿真器等。

仿真软件包括为仿真服务的仿真程序、仿真程序包、仿真语言和以数据库为核心的仿真软件系统。仿真软件的种类很多，在工程领域用于系统性能评估（如机构动力学分析、控制力学分析、结构分析、热分析、加工仿真等）的仿真软件系统 MSC Software 已有 45 年的应用历史。

12.4.2　仿真方法

仿真方法主要指建立仿真模型和进行仿真实验的方法，可分为两大类：连续系统的仿真方法和离散事件系统的仿真方法。人们有时将建立数学模型的方法也列入仿真方法，这是因为对于连续系统，虽已有一套理论建模和实验建模的方法，但在进行系统仿真时，常常先用经过假设获得的近似模型来检验假设是否正确，必要时修改模型，使它更接近真实系统。对于离散事件系统，建立它的数学模型就是仿真的一部分。

12.5　LVC 技术

（1）定义和区别

在空战训练领域中，先后出现了联合虚拟训练（Live-Virtual-Constructive，LVC）、合成注入实装（Software in the Loop，SITL）、嵌入式训练等"热词"，它们的概念内涵既有区别又有联系。

LVC 的定义是将合成实体（V 或 C）从模拟器域等非机载来源注入实装平台，以及从本机机载 LVC 处理器的任务系统模型上自生成地仿真注入。

- L：真实环境，作战人员在现实中操作各自的装备，但不存在真实的敌人。
- V：虚拟环境，作战人员操作飞行模拟器或战术模拟器。
- C：构造环境，构造性仿真是一种计算机程序，确定了移动速度、与敌人交战的效果以及可能发生的任何战斗损伤，用于增强和加强真实/虚拟场景。

LVC 训练体系由人员、硬件和软件构成，以网络为中心，通过通用协议、规范标准和接口将 3 个不同的环境结合起来，进行数据收集、管理、检索、实时交换等。当前 LVC 技术已经得到了一定程度的发展，并且已经在 2018 年的美军红旗军演中初步应用。

SITL 的定义是通过地面站或其他方式建立从模拟器域到实装驾驶舱的联合互操作，即从 L 到 VC 和从 VC 到 L 的双向互通。SITL 跨 L、V 和 C 域出现，因此 SITL 一词是 LVC 的同义词。

综上所述，LVC、SITL 都涉及注入"实装"平台，并且 LVC 配置下连接必须是双向的。相比之下，"嵌入式训练"指真实构造训练（LC），通常作为飞机作战飞行程序（Operational Flight Program，OFP）的一部分。此类解决方案本质上是不可互操作的，其使用战术数据链作为训练支撑（如 Link-16），并且基本上按照脚本运行红、蓝双方兵力，因此"嵌入式训练"原则上不属于 LVC 范畴。

迄今为止，美国海军、空军中的许多 LVC 开发计划已经展示了 LVC 的某些典型但分散的要素，但在能力和规模容量方面较为有限，并且没有将联合互操作性作为关键性能参数，在通用技术和接口标准、通用功能和逻辑架构、数据结构等方面还有提升空间。为了实现"高端"训练要求 LVC 联合互操作性，需要在突破先进波形（指延迟和频谱效率）、专用 LVC 数据链、安全加密、跨域方案、高速 LVC 处理器等核心关键技术的基础上，开发出一套通用 LVC 系统。

（2）特点

LVC 建设是一个系统工程问题。LVC 涉及众多的领域和军方部门，并且建设周期长，经费需求大，因此需要各机构紧密配合，并致力于建立技术、管理、财政的路径。在过程中需要作战部门、采办部门和工业部门紧密沟通和协作，以定制功能完备、成本可控、使用方便的作战训练系统。同时，也要研究 LVC 训练理论，确定 LVC 在空战训练中的占比，调整传统训练科目，设计适合 LVC 的训练科目，也不能盲目地追求场景复杂、成员庞大的训练。

美军可能按照 LVC=L+VC 的发展模式。实装对抗（L）是 LVC 构建的基础，美军从 20 世纪 70 年代开始发展实装对抗，如今已经形成了完善的训练能力。其他各国空军也在积极推广实装对抗训练，但实装对抗需要投入的研发成本相对较高，对人力资源和硬件投产的要求高，而且很多工作是不可复用的。虚拟和构造（VC）成本相对较低，可复用。美军目前在 LVC 方面处于国际领先地位，通过研究 SCARS（Synthetic Combat And Reconnaissance System）实现虚拟和构造的集成，再利用更通用化的架构集成实装对抗已有的基础，在 2015 年实现了 F-35 IOC（Initial Operating Capability），即在 F-35 的开发过程中，进行飞行试验和测试飞行，然后进行系统测试和评估，最后进行实际战术应用的测试。

LVC 对训练网络集成架构有很高的要求。互用性、可集成性和可组合性被认为是自 1996 年以来 LVC-IA 最具技术挑战性的方面。一些问题源于仿真系统的能力限制、与其他系统的不兼容性，以及未能提供一个具体架构，导致在不同的系统之间不能实现完整的语义级交互。在 LVC 训练增强了场景复杂性后，收发数据量巨大和传输延迟的问题也会更加明显。

12.6　嵌入式仿真

军事训练历来是提高战斗力的基本手段，针对航空兵器的飞行训练更是提高飞行员实战能力的决定性因素之一。

在航空作战中，飞行员的反应速度和操作水平是影响作战成败的关键因素之一。为了提高战前飞行员作战训练的质量和水平，迫切需要在飞行训练中逼真地复现实战中最激烈、最富有挑战性的对抗态势，特别是在复杂的电磁作战条件下，必须尽可能让飞行员"身临其境"地进行感受、判断和操作，实现高效率、高水平、高质量的飞行体验和考核。

飞行员驾驶飞机在空中进行模拟的作战训练是确保训练质量和水平的有效方式。飞行状态下的作战训练有以下两种类型：采用"实兵"和实体飞机充当"敌军"进行的空中作战训练；采取机载嵌入式仿真设备进行的虚拟嵌入式训练（Embedded Training，ET）。前者的优势似乎更明显，但是其投入成本很高，对训练空域及装备的要求也很苛刻，保密性及安全性都很差，而且最致命的弱点是，虽然它表面上显得完全是"真刀真枪"，但是从深层次考虑，这样的"真刀真枪"未必"逼真"，因为往往由于敌我双方武器装备的差别，不可能真正复现敌军武器装备的高性能（包括飞机的飞行性能、隐身性能，电子战装备的干扰性能）。相比之下，机载嵌入式训练突显的优点是：能够通过高科技手段更逼真地复现对敌作战可能面临的激烈对抗，而且这种方式成本低、效率高。上述优势促使嵌入式训练技术近年来获得了飞速发展和广泛应用，也代表了军事训练技术的最新发展趋势。

（1）定义

嵌入式仿真飞行训练是指将仿真设备嵌入实际的机载装备中，仿真设备与真实机载装备融为一体，按照预先设定的空战环境和条件，通过仿真设备提供虚拟的目标、背景和电子干扰环境，在飞行员的亲自操纵下，完成作战飞行训练。仿真飞行训练可以使飞行员在战前获得尽可能与实战相符的心理与生理适应性，从而大幅度提升飞行训练质量。

（2）两种嵌入式方案

- 完全立足于数字化技术实现电子对抗环境的仿真，其重要特点是将机载雷达和电子战装备实物完全排除在飞行训练系统之外。根据这种思路产生的方案被称为嵌入式数字仿真训练系统（Embedded Digital Simulation Training System）。这种方案可以采取以下两种工作方式：一种是完全虚拟的工作方式，此时机载雷达和电子战装备不参与飞行训练；另一种是虚实同时存在的工作方式，此时机载雷达和电子战装备依然正常工作，其结果是虚拟的目标及电磁环境信号与真实飞行情况下获得的真实电磁环境信号同时存在。

- 采取射频信号注入的方式实现电子对抗环境的仿真，与上述方案不同的是，它将机载雷达和电子战装备（除天线之外）完全纳入飞行训练中。根据这种思路形成的方案被称为嵌入式射频注入仿真训练系统（Embedded RF Injection Simulation Training System）。

上述两种嵌入式仿真飞行训练系统的相同之处是：均可利用飞机航电总线的数据，均可使用机载综合显控系统向飞行员提供战场态势。然而，它们之间关键的不同之处在于：在飞行训练回路中，机载雷达和电子战装备究竟是以装备实物的形式接入，还是将装备实物排除在外，使用数学模型取而代之。

具体来说，嵌入式数字仿真系统提供的虚拟目标及电磁环境完全采用数学模型产生，并且绕过机载雷达和电子战装备的实物，直接以数字形式馈入机载航电系统的总线。然而，嵌入式射频注入仿真系统是通过仿真设备产生模拟目标和电磁环境的射频信号，并通过射频电缆注入机载雷达和电子战装备接收机的输入端。

（3）射频注入式仿真在技术上的优势

- 逼真度更高，而且作战时的目标电磁环境越复杂，逼真度的优势越突出。

- 能够在飞行训练中充分体现机载装备的个体性差异，充分展现个性化训练和个性化管理的特点。

- 能够真正实现虚实兼容，从而可以充分发挥嵌入式仿真系统的潜在优势，可以低成本、高效率、高逼真度地复现各种各样作战条件下的复杂电磁环境，使飞行员能够"身临其境"地经受富有挑战性的、高难度作战要求的飞行训练，大大提高仿真飞行训练的质量和水平。

12.7　仿真和数字孪生的应用

发电设备：大型发动机（包括喷气发动机、机车发动机和发电用汽轮机）因使用数字孪生而受益无穷，尤其是在帮助制定定期维护时间表等活动中时。

结构体及其系统：大型物理结构体（如大型建筑物或海上钻探平台）可通过数字孪生进行改进，尤其是在设计过程中。此外，在设计这些结构体内运行的系统（如暖通空调）方面，数字孪生也非常有用。

制造过程：数字孪生旨在反映产品的整个生命周期，因此，这样的运作已经很普遍了。数字孪生贯穿于制造的各个阶段，从设计到成品以及中间的各个步骤，数字孪生均可为之提供产品指导和建议。

医疗保健服务：正如可通过使用数字孪生描绘和反映产品一样，对接受医疗保健服务的患者也可以采用这种技术。可利用相同类型的传感器数据系统来跟踪患者的各种健康指标，并生成重要的洞察成果。

汽车行业：汽车代表的是许多种协同工作的复杂系统，数字孪生广泛用于汽车设计，既可以提高车辆性能，又能提高生产效率。

城市规划：土木工程师及其他参与城市规划活动的人员通过使用数字孪生获得了极大的帮助。数字孪生可实时显示 3D 和 4D 空间数据，还能将增强现实系统整合至各种内置环境。

12.8   本章小结

当下，我国制造业正处于迈向智能化、数字化的关键阶段，数字孪生、数物融合、人工智能、物联网等新兴概念的落地，离不开建模与仿真的支持。伴随新一代信息技术的爆发，仿真也迎来了巨大的发展机遇。下一步仿真技术如何发展？在 2021 年仿真技术产业高峰论坛中，中国工程院院士李伯虎提出以下观点。

其一，建模与仿真的模式、技术手段和业态正向数字/数据化、虚拟/增强现实化、高性能/并行化、网格化/云化、智能化、普适化发展。要重视新建模与仿真模式、技术与业态给"建模理论与方法、仿真系统与支撑技术及仿真应用工程"带来的新机遇与新挑战。

其二，新时代、新形式、新需求下，建模与仿真技术的模式、技术与业态发展需要"技术、应用、产业"及其创新体系的协调发展。其发展路线应是在"创新、协调、绿色、开放、共享"新发展理念的指引下，持续坚持和发展"创新驱动""问题导向""技术推动"的原则，新形势特别需要加快实现自主的数字化、网络化、云化、智能化技术、产业、应用的一体化发展。

其三，要在新一代人工智能技术的引领下，加快新建模仿真技术、新信息通信技术、新人工智能技术与应用领域新技术的跨界深度融合，引领中国智能制造发展。

12.9   思考题

1. 模拟仿真技术一般包括哪几类？
2. 飞行仿真技术的基本构成是什么？
3. 虚拟仿真技术和数字孪生的关系。

第 **13** 章

扩展现实和元宇宙

目前，元宇宙正在逐渐从虚无探讨走向共识推进，这是基于数字社会发展的必然，是技术、应用、资本从量变到质变的结果。VR、增强现实（Augmented Reality，AR）的设备、显示技术从 3D 向全真演进，5G、大数据、共享经济、区块链等基础设施的完善，电商、短视频、游戏社交等应用的爆发，都为元宇宙的到来奠定了基础。元宇宙不再只是简单的游戏堆砌，技术成熟度的衍生创新和实践操作的不断涌现，同时推动元宇宙实现更快的市场渗透和普及。

在人类第一部探讨虚拟现实的科幻小说《皮格马利翁的眼镜》中，主人公戴上一副护目镜就能够看到、听到、尝到、闻到甚至触摸到电影中的东西。未来，军事扩展现实（Extended Reality，XR）技术在 5G、人工智能、大数据等技术手段的推动下，将彻底打破虚拟与现实的界限，全面掀起人机交互方式的变革，能够使用户亲身经历和感受模拟环境，从而既规避实际风险，又节约战争成本，将作战领域向更深、更广的空间拓展。到那时，虚拟现实技术将以一个崭新的形式呈现在我们面前。

13.1 定义和特点

13.1.1 什么是 XR

从"缸中之脑"实验说起。缸中之脑实验示意图如图 13-1 所示。

假设一个疯狂的科学家、超智能机器人或其他外星生物将一个大脑从人体取出，并将其放入一个装有营养液的缸里维持它的生理活性。超级计算机通过神经末梢向大脑传递和原来一样的各种感官的神经信号，并对大脑发出的信号给予和平时一样的信号反馈。此时大脑体验到的世界其实是计算机制造的一种虚拟现实，那么此大脑能否意识到自己生活在虚拟现实之中呢？因为给了大脑各种感官输入和对应的反馈，大脑对自己正在划船这一点坚信不疑。也就是说，只要给大脑的输入和反馈足够全面、足够真实，虚拟的环境也能带来真实的体验。

真可谓，世间万物，皆是虚空。这个大胆的设想确实过于疯狂，目前在技术和伦理上都没有条件来做这个实验。但是其思想却和现在正在越来越火的技术——虚拟现实密切相关。

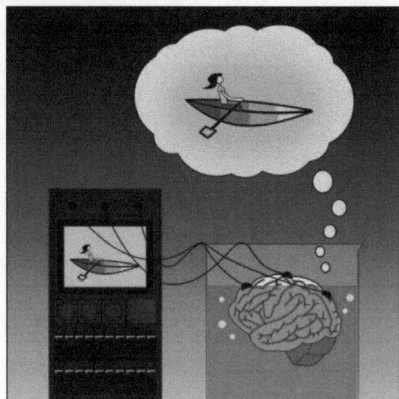

图 13-1　缸中之脑实验示意图

虚拟现实技术的核心思想是提供一种全新的、身临其境的体验，在一定程度上将用户带入另一个虚拟世界中。在虚拟世界中，用户可以进行各种体验和互动，并参与到虚拟世界的故事和活动中。与 IOC 类似，虚拟现实技术同样强调用户在虚拟环境中的体验和参与程度，在很大程度上也解决了"内部控制"和"内部依赖"的问题。

XR 是广义虚拟现实的代称，是 VR、AR 和混合现实（Mixed Reality，MR）等多种沉浸式技术的统称。后文将具体从概念、技术手段、落地场景、用户体验、主要产品等多个方面阐述 VR、AR 和 MR 的异同。

VR 是一种可以创建和体验虚拟世界的计算机仿真系统，它利用计算机生成一种模拟环境，使用户沉浸到该环境中。VR 主要依赖三维实体显示、三维定位跟踪、触觉及嗅觉传感技术、人工智能、高速计算与并行计算等技术。游戏是目前 VR 的重要应用场景之一，从传统直视手机、计算机等终端到戴上虚拟现实头盔置身于游戏场景中，用户体验逐渐升级。主要产品包括华为 VR Glass、三星 Gear VR、Oculus Quest 3、HTC Vive Pro、Pico Neo 4、爱奇艺 VR、NOLO Sonic 等。

在计算机等科学技术的基础上，AR 对现实世界中的实体信息进行模拟仿真处理，将虚拟信息内容叠加在真实世界中加以有效应用。真实环境和虚拟物体重叠之后，能够在同一个画面及空间中同时存在。技术支持主要包括多媒体、三维建模、实时视频显示及控制、多传感器融合、实时跟踪及注册、场景融合等。AR 的增强现实特性决定了其更偏向于与现实交互，主要产品包括 Google Glass、Magic Leap One、Think Reality A3、RealWear HMT-1、亮亮视野 GLXSS ME、亮风台 G200、Rokid Glass 2、联想晨星 new G2 等。

MR 通过在现实场景中呈现虚拟场景信息，在现实世界、虚拟世界和用户之间搭起一个交互反馈的信息回路，以增强用户体验的真实感。从概念上来说，MR 与 AR 更接近，都是一半现实一半虚拟影像，但传统 AR 技术运用棱镜光学原理折射现实影像，不如 VR 视角大，清晰度也会受到影响。MR 技术的虚拟与现实的交互反馈能够使人们在相距很远的情况下进行交流，极具操作性。目前几乎没有成熟的 MR 设备，主要产品包括 Microsoft HoloLens 2 等。

由于篇幅所限，本书不做特殊说明，后文中所指的虚拟现实均指 VR。

13.1.2　虚拟现实的特点

虚拟现实有沉浸性（Immersion）、交互性（Interaction）和构想性（Imagination ）三大特点（3I）。其中交互性有利于用户与虚拟环境进行交互，沉浸性反映的是虚拟环境展现给用户的真实程度，构想性指虚拟现实环境赋予了用户更大的发挥空间，从而超越真实，充分发挥用户的主观能动性。

（1）沉浸性

沉浸感的来源是机器通过模拟各种感官的输入来欺骗大脑，让大脑相信自己看到的、听到的、感受到的全部都是真实的，于是全身心地投入这个虚拟的世界中去。一般来说，我们是通过眼、耳、鼻、舌、四肢来感受世界的，对应的就有视觉、听觉、嗅觉、味觉、触觉等主要感官输入，再结合冷热感、痛感、平衡感、动感、加速感等的共同作用来精确地感知外部世界。在这些感官输入中，视觉和听觉输入占据了 90%以上。俗话说，"百闻不如一见""耳听为虚，眼见为实"，也就是说，听觉非常重要，但视觉也至关重要。因此，VR 设备主要在视觉和听觉上下功夫，营造水平和垂直两个平面，三维 720°的视觉输入，加上三维立体的听觉输入，虚拟世界基本上就可以让大脑信以为真了。

（2）交互性

有了沉浸感，但虚拟世界如果只能看不能摸，完全无法交互的话，大脑还是会回过神来，意识到这一切终究只是幻象，最终人会感到出戏，既影响了沉浸感，也让虚拟现实的乐趣大为降低。因此，虚拟现实必须提供各种输入设备，跟踪人手的精细动作或身体跑、跳等动作，并在虚拟现实中进行反馈。比方说，你举起手枪瞄准僵尸，在画面中那个僵尸砰然倒地；你拿起一块石头，应该能感受到石头的坚硬触感和重量。有了这些交互，虚拟世界将更加真实，也能迸发出更多的想象力，让虚拟现实更好玩。

（3）构想性

除了前面两点，虚拟现实的另一个重要特点就是构想。虚拟现实完全突破了对现实的模拟，可以模拟现实中完全不存在的场景、不存在的事物联系和运行规律，从而以和现实完全不同的方式来对大脑进行操控，创造出更多神奇的应用。

13.1.3　什么是元宇宙

2021 年 10 月，马克·扎克伯格宣布 Facebook 更名为 Meta（元，元宇宙的元）。Meta（元）是一个形容词，形容一个指向自己的物体，但很显然它也是元宇宙的缩写。

元宇宙的概念不是最近才发明的。然而，许多人却是第一次听说元宇宙。这个词最早出现在尼尔·斯蒂芬森 1992 年出版的小说《雪崩》中。在小说中，元宇宙是一个融合了虚拟现实、增强现实和互联网的虚拟共享空间。Facebook 和其他科技公司宣布的元宇宙概念似乎与上述描述非常相似。虽然其确切的定义似乎因人而异，但是它基本上是一个更强调虚拟世界的新版互联网。

与使用浏览器访问网站不同，用户将来可以选择使用 VR 和 AR 进入虚拟世界来获取信息。概念上，Metaverse 一词由 Meta 和 Verse 组成，Meta 表示超越，Verse 代表宇宙（Universe），合起来通常表示"超越宇宙"的概念：一个平行于现实世界运行的人造空间。回顾互联网的发展历程，从 PC 局域网到移动互联网，互联网使用的沉浸感逐步提升，虚拟与现实的距离也逐渐缩小。在此趋势下，沉浸感、参与度都达到峰值的元宇宙或是互联网的"终极形态"。现阶段，元宇宙并无统一的标准定义与"终极形态"描述。

根据维基百科的介绍，元宇宙是互联网的一个虚拟迭代，通过传统的个人计算以及 VR 头显和 AR 眼镜支持持久的在线三维虚拟环境。其实就是一个平行于现实世界，又独立于现实世界的虚拟空间，是映射现实世界并且越来越真实的虚拟世界。

在最开始，我们也有简单地谈到过什么是元宇宙，元宇宙可以笼统地理解为一个平行于现实世界的虚拟世界，现实中人们可以做到的事，都可以在元宇宙中实现。

互联网连接、社交网络生态、AR/VR 等沉浸技术的成熟是元宇宙实现的前提。元宇宙的兴起伴随着 AR/VR、云计算、AI、5G 等技术的进化，人类对虚拟世界的构建和发展将造就互联网的"终极形态"——元宇宙。

由此可知，VR 和 AR 等是元宇宙从概念走向现实的必经之路，元宇宙的发展也预示着 VR 和 AR 的崛起。元宇宙不是一家独大的封闭宇宙，而是由无数个虚拟世界/数字内容组成的不断碰撞并且膨胀的数字宇宙，正如同真实的宇宙一般（也如同互联网，因为元宇宙就是基于互联网而生的）。

13.2　虚拟现实的发展历程

第一阶段：幻想。

1932 年，英国著名作家阿道司·赫胥黎在长篇小说《美丽新世界》中，以 26 世纪为背景，幻想了未来社会中人们的生活场景，里面提到"头戴式设备可以提供图像、气味、声音等一系列真实的感官体验，以便让观众能够更好地沉浸在电影的世界中"。

1935 年，美国的斯坦利·威因鲍姆写了一篇名为《皮格马利翁的眼镜》的科幻小说。书中提到一位精灵族教授发明了一副眼镜，戴上这副眼镜后，就能进入电影当中，看到、听到、尝到、闻到和触到各种东西，成为故事的主角，还能跟故事中的人物交流。

这两篇小说是对虚拟现实带来的沉浸式体验的最初描写，这些有趣的头脑创造出来的神奇设备，在今天看来无疑就是 VR 头盔了。

第二阶段：萌芽。

1963 年，美国的未来学家雨果·根斯巴克发布了他的发明——Teleyeglasses，一款头戴式的电视收看设备。这个人造词由电视+眼睛+眼镜组成，虽说离今天所说的 VR 技术差距还有点大，但 VR 的种子已经埋下。

1965 年，美国科学家伊凡·苏泽兰提出了感觉、交互真实的人机协作新理论，之后，美国空军开始用虚拟现实技术来进行飞行模拟训练。

1968 年，伊凡·苏泽兰研发出视觉沉浸的头盔式立体显示器和头部位置跟踪系统，叫作达摩克利斯之剑。这种头戴式显示器相当原始，也相当沉重，不得不被悬挂在天花板上，但其形态已经接近我们现在看到的 VR 设备了。经过这些聪明大脑的不断努力，VR 终于不再是科幻小说中的情节，在现实中已经开始了萌芽。

第三阶段：破土。

1982 年，导演史蒂文·利斯伯吉尔执导的一部剧情片《电子世界争霸战》上映，第一次将虚拟现实带给了大众，这对后来 VR 的普及影响深远。随后，在 20 世纪 80 年代，美国科技圈掀起了一股 VR 热。1983 年，美国国防部与陆军共同制定了仿真组网计划。

随后，宇航局开始开发用于火星探测的虚拟环境视觉显示器。这款虚拟现实设备叫作 VIVED VR，能在训练时帮助宇航员增强太空工作临场感。

1984 年，贾瑞恩·拉尼尔创办的 VPL Research 公司推出了一系列的 VR 产品，包括数据手套、VR 头显、环绕音响、3D 引擎、VR 操作系统等。尽管这些产品价格非常昂贵，离普通人的生活还有相当大的距离，但毕竟贾瑞恩·拉尼尔是第一个将 VR 设备推向民用市场的人。

第四阶段：生长。

20 世纪 90 年代，VR 开启了全球第一波热潮，并迎来了 VR 街机游戏的短暂繁荣。与此同时，科技公司也纷纷布局 VR。

1994 年，虚拟现实建模语言出现，为图形数据的网络传输和交互奠定了基础。

1995 年，任天堂推出了当时最知名的游戏外设之一 Virtual Boy，但这款革命性的产品由于太过于前卫未能得到市场的认可。

1998 年，索尼也推出了一款类虚拟现实设备，极尽炫酷之能事。

1999 年上映的电影《黑客帝国》被称为最全面呈现 VR 场景的电影。它展示了一个全新的世界，异常震撼的超人表现和逼真的世界一直是虚拟现实行业梦寐以求的场景。

纵观整个 20 世纪 90 年代，基本当时的科技公司都投入 VR，但都以失败告终，原因主要是技术还不够成熟，产品成本奇高。

但这一代开拓者的努力尝试，为后面 VR 的积累和扩展打下了坚实的基础。与此同时，虚拟现实在全世界得到进一步的推广，尽管还未得到市场的认可，但该领域的技术理论却在悄然完善。

第五阶段：蛰伏。

在 21 世纪的前 10 年里，智能手机井喷式发展，VR 仿佛被人遗忘。尽管在市场尝试上不太乐观，但人们从未停止在 VR 领域的研究和探索。

由于 VR 技术在科技圈已经充分扩展，科学界与学术界对其越来越重视，VR 在医疗、飞行、制造和军事领域开始得到深入的应用研究。

2006 年，美国国防部花了 2000 多万美元建立了一套虚拟世界的《城市决策》培训计划，一方面可以提高相关人员应对城市危机的能力，另一方面可以测试技术水平。

2008 年，美国南加州大学的临床心理学家利用虚拟现实治疗创伤后应激障碍，开发了一款"虚拟伊拉克"的治疗游戏，以帮助那些从伊拉克回来的军人患者。

这些例子都证明，这段时间虽然不见 VR 明显地"开枝散叶"，其根系却开始渗透到各个领域，不断地吸收养分，不断地积蓄力量，等待着爆发的时刻。

第六阶段：爆发。

2014 年，VR 设备初创公司 Oculus 被互联网巨头 Facebook 以 20 亿美元收购，该事件强烈刺激了科技圈和资本市场，沉寂了多年的虚拟现实终于迎来了爆发。

得益于智能手机的高速发展，VR 设备所需的传感器、液晶屏等零件价格降低，解决了量产和成本的问题，VR 离普及越来越近了，全球的 VR 创业者数量暴增。

同年，各大公司纷纷开始推出自己的 VR 产品，谷歌推出了廉价易用的 Cardboard，三星推出了 Gear VR 等，消费级的 VR 开始大量涌现。

2015 年年末，一份高盛的预测报告引爆了 VR 业界。主流科技媒体再次把 2016 年扶到了 VR 元年的位置，虚拟现实正式成为"风口"，由此拉开了轰轰烈烈的 VR 创业热潮。

在巴塞罗那 2018 MWC 展会上，华为演示了其云 VR 方案。在该架构下，所有的 VR 应用均运行在云端，利用云端的强大计算能力和渲染能力实现 VR 应用运行结果的处理，并把云端处理过的画面和声音经过超低时延的 5G 网络发送到 VR 设备上。

该方案解除了线缆的羁绊，大幅降低了 VR 终端的硬件门槛，非常有利于 VR 的普及。从萌芽到爆发，历经了半个多世纪的蛰伏，VR 如今乘着 5G 的风帆，已经振翅欲飞。

13.3　典型虚拟现实设备

虚拟现实系统就是利用硬件设备来完成对人体的"视觉、听觉、触觉、平衡感，甚至味觉、嗅觉"的有效干扰，让体验者能最大限度地沉浸、感受虚拟世界。用户在实际使用中，可按照各硬件的特点和应用场景的需要，选择合适的产品组合搭配。优质的虚拟现实内容能让这些硬件发挥最佳效果，适合的虚拟现实硬件系统也能让虚拟现实内容充分展示其核心价值。

13.3.1　显示设备

为了实现虚拟显示的沉浸特性，VR 设备必须实现人体的感官特性，包括视觉、听觉、触觉、味觉、嗅觉等。本节主要叙述视觉显示系统。

VR，顾名思义，就是通过技术手段创造出一种逼真的虚拟的现实效果。虚拟现实技术发展的历史其实不短，但是真正将这项技术发挥出来并让人们体验到非常逼真的现实效果，得益于硬件技术和其他关键技术的突破。虚拟现实显示设备主要包括以下几部分。

（1）虚拟现实头显

虚拟现实头显是利用人的左右眼获取信息差异，引导用户产生一种身在虚拟环境中的感觉的一种头戴式立体显示器。其显示原理是左右眼屏幕分别显示左右眼的图像，人眼获取这种带有差异的信息后在脑海中产生立体感。虚拟现实头显作为虚拟现实的显示设备，具有小巧和封闭性强的特点，在军事训练、虚拟驾驶、虚拟城市等项目中得到广泛的应用。

（2）双目全方位显示器

双目全方位显示器（Binocular Omnidirectional-Oriented Monitor，BOOM）是一种偶联头部的立体显示设备，是一种特殊的头部显示设备。使用 BOOM 和使用望远镜类似，它把两个独立的 CRT（Cathode Ray Tube）显示器捆绑在一起，由两个相互垂直的机械臂支撑，这不仅让用户可以在半径 2 米的球面空间内自由用手操纵显示器的位置，还能将显示器始终保持水平，不受平台运动的影响。在支撑臂上的每个节点处都有位置跟踪器，因此 BOOM 和头戴式显示器（Head-Mounted Display，HMD）一样有实时的观测和交互能力。

（3）CRT 终端−液晶光闸眼镜立体视觉系统

CRT 终端−液晶光闸眼镜立体视觉系统的工作原理是：由计算机分别产生左右眼的两幅

图像，经过合成处理之后，采用分时交替的方式显示在 CRT 终端上。用户佩戴一副与计算机相连的液晶光闸眼镜，眼镜片在驱动信号的作用下，将以与图像显示同步的速率交替开和闭，即当计算机显示左眼图像时，右眼透镜被屏蔽，显示右眼图像时，左眼透镜被屏蔽。根据双目视察与深度距离正比的关系，人的视觉生理系统可以自动地将这两幅图像合成一个立体图像。

（4）大屏幕投影-液晶光闸眼镜立体视觉系统

大屏幕投影-液晶光闸眼镜立体视觉系统原理和 CRT 显示一样，其只是将分时图像 CRT 显示改为大屏幕显示，用于投影的 CRT 或者数字投影机要求极高的亮度和分辨率，它适合在较大的场景内产生投影图像的应用需求。

洞穴式 VR 系统就是一种基于投影的环绕屏幕的洞穴自动化虚拟环境（Cave Automatic Virtual Environment，CAVE）。人置身于由计算机生成的世界中，并能在其中来回走动，从不同的角度观察它、触摸它、改变它的形状。大屏幕投影系统种类越来越多，其中包括 CAVE、圆柱形的投影屏幕和由矩形拼接构成的投影屏幕等。

CAVE 投影系统是由 3 个面以上（含 3 面）的硬质背投影墙组成的高度沉浸的虚拟演示环境，配合三维跟踪器，用户可以在被投影墙包围的系统近距离接触虚拟三维物体，或者随意漫游"真实"的虚拟环境。CAVE 系统一般应用于高标准的虚拟现实系统。自纽约大学 1994 年建立第一套 CAVE 系统以来，CAVE 已经在全球超过 600 所高校、国家科技中心、各研究机构得到了广泛的应用。

（5）智能眼镜

智能眼镜是一个非常有创意的产品，可以直接解放大家的双手。智能眼镜配合自然交互界面，相当于手持终端的图像接口，不需要点击，只需要使用人的本能行为，如摇头、讲话、转眼等，就可以和智能眼镜进行交互。因此，这种方式提升了用户体验，操作起来更加自然随心。

13.3.2　交互控制系统

（1）数据手套

数据手套是一种多模式的虚拟现实硬件，通过软件编程，可进行虚拟场景中物体的抓取、移动、旋转等动作，也可以利用它的多模式性，将其用作一种控制场景漫游的工具。

目前的数据手套产品已经能够检测手指的弯曲，并利用磁定位传感器来精确地定位出手在三维空间的位置。这种结合手指弯曲度测试和空间定位测试的数据手套被称为"真实手套"。数据手套为操作者提供了一种通用、直接的人机交互方式，特别适用于需要多自由度手模型对虚拟物体进行复杂操作的虚拟现实系统。

数据手套可分为一般 VR 数据手套和力反馈数据手套。

- 一般 VR 数据手套：价格亲民，能采集 VR 数据并提供分析，但是体验真实度较差。
- 力反馈数据手套：体验真实度高，采集数据较精确，但价格高昂，应用相对烦琐。

注：数据手套本身不提供与空间位置相关的信息，必须与位置跟踪设备联用。

（2）光学式动作捕捉系统

动作捕捉是实时地准确测量、记录物体在真实三维空间中的运动轨迹或姿态，并在虚拟三维空间中重建运动物体每一时刻运动状态的高新技术。全息台、CADWALL、CAVE 等系统中都配备了动作捕捉系统。

光学式动作捕捉技术是基于计算机视觉原理，由多个高速相机从不同角度对目标特征点的监视和跟踪进行动作捕捉的技术。这类系统采集传感器通常是光学相机，不同的是目标传感器类型不一：一种是不在物体上额外添加标记，将基于二维图像特征或三维形状特征提取的关节信息作为探测目标，这类系统可统称为无标记点式光学动作捕捉系统；另一种是在物体上粘贴标记点作为目标传感器，这类系统被称为标记点式光学动作捕捉。

目前常用的光学式动作捕捉系统有 Optitrack、ARTtrack 等。

（3）VR 万向跑步机

VR 万向跑步机可以将用户的运动同步反馈到虚拟场景中，它会将人的方位、速率和里程数据全部记录下来并传输到虚拟场景，在虚拟世界中做出对现实反应的真实模拟。结合可选的 VR 眼镜或微软的 Kinect 配件，用户能够在现实中 360°地控制虚拟角色的行走和运动。VR 万向跑步机已被广泛用于安全演练、单兵训练等应用场景。

OMNI VR 和 KAT WALK VR 是目前市面上两款常见的万向跑步机。

13.3.3 其他设备

（1）半实物虚拟仿真平台

半实物虚拟仿真平台通过模拟出一个真实的驾驶舱，让体验者在一个虚拟的驾驶环境中，感受到接近真实效果的视觉、听觉和体感的驾驶体验。平台综合运用了三维图像即时生成技术、汽车动力学仿真物理系统、大视场显示技术（如多通道立体投影系统）、六自由度运动平台（或三自由度运动平台）、用户输入硬件系统、立体声音响、中控系统等。

半实物虚拟仿真平台一般用于虚拟驾驶训练，如汽车驾驶、大型机械设备虚拟驾驶、船舶驾驶模拟训练等。

（2）全自动环物摄影系统

全自动环物摄影系统主要用于对物体空间外形和结构及色彩进行扫描，建立物体表面的三维数据，是一种常用的虚拟现实数据获取、信息输入手段。

它的重要意义在于能够将实物的立体信息转换为计算机能直接处理的数字信号，为实物数字化提供了相当方便快捷的手段。全自动环物摄影系统常用于文物数字化、产品展示等领域。

13.4 关键技术

13.4.1 虚拟现实的关键技术

虚拟现实是一门直接来自应用的涉及众多学科的实用技术，是集先进的计算机技术、传感与测量技术、仿真技术、微电子技术等为一体的综合集成技术。在计算机技术中，虚拟现实技术的发展特别依赖人工智能、图形学、网络、面向对象、Client/Server、人机交互和高性能计算机技术。虚拟现实是多种技术的综合，其关键技术和研究内容包括以下几个方面。

（1）环境建模技术

虚拟环境的建立是虚拟现实的核心内容。动态环境建模技术的目的是获取实际环境的三维数据，并根据应用的需要，利用获取的三维数据建立相应的虚拟环境模型，以求实现真实感。三维数据的获取可以采用 CAD 技术（有规则的环境），而更多的环境则需要采用非接触式的视觉建模技术，两者的有机结合可以有效地提高数据获取的效率。

（2）立体声合成和立体显示技术

在虚拟现实系统中，如何消除声音的方向与用户头部运动的相关性已成为声学专家研究的热点。同时，虽然三维图形生成和立体图形生成技术已经比较成熟，但复杂场景的实时显示一直是计算机图形学的重要研究内容。

（3）传感器技术

在虚拟现实系统中，产生身临其境效果的关键因素之一是让用户能够直接操作虚拟物体，并感觉到虚拟物体的反作用力。然而研究力学反馈装置是相当困难的，如何解决现有高精度装置的高成本和大重量是一个需要进一步研究的问题。例如，显示以及拾取技术均依赖于传感器技术的发展。而现有的传感器的精度还远远不能满足系统的需要。例如，数据手套的专用传感器存在工作频带窄、分辨率低、作用范围小、使用不便等缺陷，因而寻找和制作新型、高质量的传感器变成了该领域的首要问题。

（4）交互技术

利用实时三维图形系统，可以生成有逼真感的图形，图像具有三维全彩色、明暗、纹理和阴影等特征。虚拟现实是一种交互式和先进的计算机显示技术，双向对话是它的一种重要工作方式，为虚拟环境提供了一种新的人机接口。

（5）开发和系统集成技术工具

虚拟现实应用的关键是寻找合适的场合和对象，即如何发挥想象力和创造力。选择适当的应用对象可以大幅度地提高生产效率、减轻劳动强度、提高产品开发质量。为了达到这一目的，必须研究虚拟现实的开发工具。例如，虚拟现实系统开发平台、分布式虚拟现实技术等。由于虚拟现实中包括大量的感知信息和模型，因此系统的集成技术起着至关重要的作用。集成技术包括信息的同步技术、模型的标定技术、数据转换技术、数据管理模型、识别和合成技术等。

13.4.2　元宇宙的关键技术

在一本名为《元宇宙通证》的书中，作者提出了元宇宙六大支撑技术"BIGANT"，即区块链技术（Blockchain）、交互技术（Interactivity）、电子游戏技术（Games）、人工智能技术（Artificial Intelligence）、网络及运算技术（Network）、物联网技术（Internet of Things）。

（1）区块链技术

区块链技术被广泛认为是支撑元宇宙经济体系最重要的技术。

元宇宙与以往基于数字技术的虚拟产品最大的不同在于：元宇宙世界真正实现了数据的确权、定价、交易和赋能，元宇宙世界得以成为一个以用户需求为导向，客观的、开源的、动态演化的人造虚拟平行世界。

区块链具有的去中心化、难以篡改、可追溯等特征使其成为元宇宙生态中必不可少的元素。

区块链能够协助构建若干个开源的元宇宙，并通过跨链实现互联互通，有利于元宇宙的长远发展。

（2）交互技术

交互技术是为元宇宙用户提供沉浸式体验的基石。

交互技术是一个达成交互目的的大类别，包含 AR、VR、无声语音（默读）、眼动跟踪、电触觉刺激、人机界面（人机交互技术）、多点触控、脑电波交互等。

交互技术的发展打破了现实世界与虚拟世界之间的界限，为元宇宙发展赋能。实时的音视频交互能够突破物理限制，构建人类与元宇宙的全新互动方式。

（3）电子游戏技术

游戏是元宇宙的呈现方式。

电子游戏技术既包括与游戏引擎相关的 3D 建模和实时渲染，也包括与数字相关的 3D 引擎和仿真技术。

元宇宙游戏的多样性与社区性能让用户获得强烈的沉浸感。而且元宇宙游戏具有极高的开放性，能催生很多经济活动。

（4）人工智能技术

人工智能技术为元宇宙大量的应用场景提供技术支持。

在元宇宙场景下，人工智能技术能够实现逼真的交互对象，建立用户的精确化身，让处于元宇宙中的用户得到真实还原，绘制各种面部表情情绪、发型，以及衰老特征等，使数字化身更具活力。

人工智能技术还可构建"数字人类"。其与化身不同，它们更像元宇宙中的"NPC"，与用户实现交互。

（5）网络及运算技术

网络及运算技术是元宇宙开发中基础的关键技术，分为网络技术及运算技术。

通信网络传输数据的提升一直是网络发展中的主调，随着 5G/6G、Wi-Fi 6/Wi-Fi 7 等的发展，场景和需求都与元宇宙的概念高度契合。越低时延、越可靠的网络状态，能越好地实现元宇宙世界的铺设。

运算技术则是计算机进行任何活动都需经历的步骤。元宇宙是当今计算机发展史上对运算技术要求最高的领域，它需要多项要求高的能力，如物理计算、绘制、数据协调和同步、人工智能、投影、动作捕获和转换。云计算、边缘计算和去中心化计算能辅助区块链和人工智能技术更好地运行。

（6）物联网技术

物联网技术为元宇宙万物互联及虚实共生提供可靠的技术保障。

物联网是一种计算设备、机器、数码机器之间相互联系的系统，它拥有统一识别代码（User ID，UID），并且能够在网络上传送数据，不需要人与人或人与设备之间的交互。

这一领域正因多种技术的融合而不断发展，在 5G 和 6G 的发展中，物联网的传输技术都被考虑在内，物联网传感器是人类五感的延伸，能够确保元宇宙世界从外部获得更多的信息。

总体来说，元宇宙概念虽然起源早，但直至 2021 年才开始在全球范围内迅猛发展，在未来将有极为广阔的空间和无限可能。元宇宙的发展需要整个产业的协同发展。元宇宙的未来，值得期待。

13.5　优势和瓶颈

13.5.1　虚拟现实的优势

（1）提高注意力

当前教育中越来越提倡"因材施教，寓教于乐"和"以学生为中心"的思想，单一的课堂模式已不再满足教育的需要，如何提高学生的注意力，使学生最大限度参与到教学活动中是一个重要的问题。在 6 倍专注度下，学生考试获得了比普通专注度下高 25.4% 的成绩。

沉浸式的虚拟现实环境更有助于提高学生的注意力，利用计算机产生的三维立体图像使学生置身于真实客观环境中，学生在触感、听觉和视觉上都有接近真实和即时的反馈，可加深学生对知识的记忆和理解。在沉浸式教学环境中，学生对学习的专注度是传统学习环境中的数倍。虚拟现实环境构造的沉浸式、真实感的环境，有助于学生从呆板的传统教学中解放出来，让学生从被动的接收学习转变为自主探究式、交互式的学习。

（2）突破时空限制

虚拟现实技术突破时空限制已屡见不鲜，常见的有淘宝网的 buy+计划，可使用户在虚拟场景下查看和购买商品，用户能够更直观地获取商品的外观和使用信息，避免传统交易方式中图文不符的尴尬。在虚拟现实教育领域，同样有众多的课程用 VR 来实现。在突破时空上，虚拟现实教育主要有两种应用：让课程内容突破时空和让学生突破时空。让课程内容突破时空，如在天文课程上，浩瀚的星空可以在虚拟现实场景中展示，火星的地貌、北斗星的分布可以"真实"地展现在学生面前；在地理课上，在上海就可以探索南极；在语文课上，在教室就能参观清明上河图中描绘的场景。让学生突破时空，使学生不必集中到某个特定的教室听课，清华大学的学生可以跟斯坦福大学的学生同堂而坐，甚至家庭主妇也能成为课堂的一员。

虚拟现实突破时空限制的应用使教育资源的分配更加合理，更多的在线课程开设有助于教育资源的公平，也更加有利于构建学习型社会，使人人共享优质教育资源，人人参与学习。

（3）逼真环境展示

虚拟现实的沉浸性和交互性决定了它构建逼真环境的能力。高度沉浸式环境的代入感更强，通过立体的三维模型和灵敏的人机交互操作构建了仿真虚拟世界，用户在虚拟世界中能够认知自我，迅速融入设计虚拟角色中进行知识学习，让课程教学目标更明确。有趣的沉浸式环境能够有效调动学生的积极性，从而提高教学质量。

此外，根据学生的兴趣，传统的课堂也可以构建在瀑布下面、高山顶上，甚至童话世界里，适应学生兴趣的课堂同样有助于学生将精力集中于课堂，增加学生的学习兴趣。

（4）风险可控

在构建逼真环境的同时，虚拟现实能够防范真实教育环境中的风险，如在飞行员培养的模拟训练中，虚拟现实将极大降低实装训练带来的风险。在虚拟现实场景中，可以建设各种实验室，让学生在仿真实验室中进行化学试剂的调配、汽车运动加速度实验等不同学科的实验操作。虚拟仿真实验室最大的优势就是避免了实验安全事故，学生不用担心操作失误带来的伤害。

（5）节约成本

虚拟现实的教学模式对降低高校的教育成本也有很大的作用。过去技工类专业需要进行大量的操作培训，要求学生熟悉各种设备的使用，例如大型挖掘机培训、化工实验、机械拆装工程等培训课程都需要耗费高校大量的教学经费。虚拟现实技术的高度仿真模拟能力可以最大限度地减少这方面的问题。虚拟现实技术能够对各种机械器材、化学药品等进行三维模型构建，学生只要戴上 VR 眼镜，通过人机交互技术就可以在虚拟场景中进行各种仿真操作培训。虚拟现实技术将完全改变高校技工培训的方式，在保证学生安全的同时确保操作能力的提升，让学校的实践操作培训更加成功。

13.5.2　虚拟现实目前的瓶颈

（1）使用复杂

相对于传统教学方式中使用的计算机、电视、PPT 等设备和软件，虚拟现实头盔的使用相对复杂，即便完全掌握了 VR 头盔的使用方法，从进入课堂到开始上课仍需要 10～20 分钟左右的准备时间，这与大多数学校的课程安排是冲突的。

（2）佩戴不舒适

VR 头盔目前大多体积较大，非一体机的 VR 头盔拖着长线，人们在佩戴头盔时舒适感较差。未来，随着显示技术的发展，VR 头盔将会进一步缩小。

（3）内容不丰富

虚拟现实技术方兴未艾，专注于虚拟现实技术研究的从业者较少，导致虚拟现实资源不多。目前在线的虚拟现实资源绝大多数是游戏和视频应用，教育类资源比较少。这个问题需要随着虚拟现实用户的不断增多，各大高校不断重视，才会有所改善。

（4）价格昂贵

目前主流 VR 头盔价格为 3000～10000 元，这不包含计算机的价格，假如每个学生都配备一台的话，学校的压力比较大。随着 VR 头盔技术的不断革新，其价格也在不断下降。

13.6　扩展现实应用

XR 应用可分为大众应用和行业应用，大众应用包括游戏、社交、影视、直播、文旅等，行业应用主要包括工业、医疗、教育、军事、电子商务等。XR 应用正在加速向生产与生活领域渗透。

（1）文旅方面

XR 技术重新定义博物馆。当你走进一家博物馆，发现身边的人用手机对着藏品指指点点，或者戴着 VR 眼镜上下左右摇头晃脑时，并不是他们走错了地方，而是他们正在见证一个跨越次元的博物展览世界。这就是即将被 XR 技术"重置"的未来博物馆。

XR 实现的导览技术，将实现故事化设计，给观众类似于游戏中的角色选择体验，并且为不同角色提供不同的导览路线，提出不同的展品打卡要求，为观众带来差异化和定制化的观展体验。沉浸式的智能视觉效果体验，通过各种 VR 展现元素的结合，运用开创性的多媒体技术，使用户在虚拟环境中感受到全新智能交互体验。这就是 XR 技术背后的科技革新，充满了技术"智"造的样子。

XR 技术改变文化遗产观赏模式。文化遗产是人类文明传承的重要载体，在历史的长河中占据着重要的位置。XR 技术以其虚实结合、实时交互与三维沉浸的特点，给文化遗产的保护式传播增添了更多可能。在不加大损坏风险的情况下，XR 技术为体验者带来深刻的体验感，让文化遗产焕发出新的生命力。

通过信息技术与互动装置，实现更具沉浸式的参观体验。例如，莫高窟数字展示中心的 4D 环幕电影，营造沉浸式的体验感，让观众仿佛穿越时间和空间，感受到站在窟底仰望壁画的震撼，还能看到仙女翩翩起舞，体会到传统艺术的飘逸之美。沉浸式的科普文娱空间，运营沉浸式科普文娱体验中心，打造高科技新型的文化科普教育培训基地，让更多的人学习真正的科技文化和自然文化。

（2）医疗方面

在医疗健康领域，虚拟/增强现实是传统医疗手段的有效补充。针对医生短缺、医疗资源分布不均、诊疗方式单一等看病难的问题，利用虚拟/增强现实技术实现远程医疗，可提高临场感极强的远程诊疗的感受。

此外 XR 技术可用于模拟医学、医疗工具、诊疗方案方面，主要涉及医学教育培训、心理/精神疾病治疗、强化临床诊治、医学康复护理和远程医疗指导等业务场景。外科医生可在重大手术前开展模拟和训练，进而提前预知手术过程中可能出现的问题。例如 Level Ex 通过对人体组织动力学、内窥镜设备光学和运动流体的现实模拟，为外科手术医生提供了一种避免对人产生伤害的手术训练方式。

心理/精神类疾病诊治中采用虚拟现实疗法可免于创建真实治疗环境，通过为患者模拟不同的环境场所，提供认知行为刺激或进行暴露疗法，刺激病患大脑中相关的感应区，提供了一种治疗心理精神类疾病的无药物方法，且患者可居家治疗。

（3）教育方面

XR 技术在教育方面的应用场景也很多。一方面是培训类，如前面医疗方面提到过的医疗培训，还有飞行员、驾驶员、宇航员仿真训练等。NASA 一直热衷于尝试各种 VR 技术，在它的喷气推进实验室里，可以看到各个 VR 厂商最新款甚至是未发行的头显设备，包括 Valve、HTC、微软、索尼、Oculus、三星等。

（4）军事方面

XR 技术可用于构建真实的战场环境。以往的演习推演主要以地图、沙盘或兵棋等方式进行，由人工主导进行模拟交战。受技术手段限制，态势感知多以二维平面模型方式展示，无法直观呈现真实的战场环境。随着现代战争向信息化、智能化方向发展，战场空间已拓展到陆、海、空、天、网等多域，这种传统推演方式已无法满足实际需求。利用 XR 技术可构建出信息融合、人机交互的虚拟战场环境，通过各类传感器让士兵拥有视觉、听觉和触觉，并能与虚拟世界进行互动，以此感受真实战场环境，掌握动态信息，增强训练效果。

XR 技术可用于开展实景展示教学。在传统教学中，面对复杂的装备系统，原理构造不直观、装备实操成本高、网络教学体验差等问题较为突出。通过将 XR 技术引入教学领域，构建实景展示模型，可有针对性地解决这些问题。例如，在航空发动机专业教学中，由于发动机系统构造复杂，难以通过二维平面图形展示，借助 XR 技术可在教室构建发动机立体仿真模型，学员可详细观察其内部构造和工作原理，大大提高教学效果与质量。

13.7 本章小结

从当前情况来看，XR 技术的军事应用仍处于探索阶段。相关应用主要集中在训练和作战两个方面，而且应用场景较少，相对比较局限。为进一步发挥 XR 技术在军事领域的赋能作用，要追踪 XR 的技术成熟度和商业应用进展，将 XR 技术优势与军事需求相结合，拓展 XR 军事应用场景，同时考虑 XR 技术应用的信息过载、安全问题等潜在风险。5G、边缘计算等技术的发展将进一步赋能 XR，扩展 XR 技术的应用范围。相关技术可以提高 XR 设备数据传输速率、增强用户密度、降低传输时延，支持大规模网络应用。

13.8 思考题

1. 试想一下未来可能存在的虚拟现实场景。
2. XR 的分类以及相互之间的关系。
3. 说明元宇宙与虚拟现实的关系。